本书是关于"爱"与"度"相融合的理论创新和深度思考的人生启迪。我们每一个中国人，包括正在阅读此段文字的你我他，都曾经或正在或将要搭乘中国从站起来、富起来到强起来的历史巨轮，奋斗并享受着。然而，我们思考过这其中所具有的思想精髓、文化传统、情感力量和道德信仰吗？曾有人说"中国人缺失信仰"，但是，一个缺失信仰的民族在贫弱的基础上、在不算长的时间里能够发展到今天这种程度吗？不管这个过程是多么曲折、艰难。传统的"仁爱"、"中庸"在作者看来，本质上就是"爱"与"度"，充满、拥有"爱"且讲求、运用"度"的人最终不可能被击垮，也绝不会失败的！何况还有包容、传承和借鉴古今中外一切优秀文化的我们！

爱度融合

——生命层级与人生境界的觉悟

简明 著

线装书局

图书在版编目（CIP）数据

爱度融合：生命层级与人生境界的觉悟/简明著
.—北京：线装书局,2022.9
ISBN 978-7-5120-5133-1

Ⅰ.①爱… Ⅱ.①简… Ⅲ.①人生哲学－研究 Ⅳ.
①B821

中国版本图书馆CIP数据核字（2022）第166065号

爱度融合——生命层级与人生境界的觉悟
Thoughts On Love And Propriety

作　　者：	简　明
责任编辑：	程俊蓉
出版发行：	线装書局
地　　址：	北京市丰台区方庄日月天地大厦B座17层（100078）
电　　话：	010-58077126（发行部）010-58076938（总编室）
网　　址：	www.zgxzsj.com
经　　销：	新华书店
印　　制：	浙江天台海帮印务有限公司
开　　本：	787mm×1092mm　1/16
印　　张：	19
字　　数：	287千字
版　　次：	2022年9月第1版第1次印刷
印　　数：	0001-30000册

线装书局官方微信

定　价：100.00元

目 录 / Contents

写在前面的话 / 001

Preface

(一) 为什么要写《爱度融合 —— 生命层级与人生境界的觉悟》? / 001
Why do we want to write "Fusion of Love And Moderation"?

(二) 为什么定名为《爱度融合 —— 生命层级与人生境界的觉悟》? / 005
Why is it named "Fusion of Love And Moderation—Enlightenment of Life Level and State of Life"?

(三) 怎样表达爱度融合才能更为清晰准确? / 010
How to explain "the fusion of love and moderation" clearly and correctly?

(四) 爱度融合与其他一些人生哲学有什么不同? / 011
How is "the fusion of love and moderation" different from other philosophy of life?

一 · 生来 · 生存 · 生活 · 生命 / 001
Birth, Survival, Life, Life

二 · 从哪来 · 在哪儿 · 去哪儿 · 怎么去 / 008
Where did it come from, where did it go, how to go

三 · 视觉 · 听觉 · 触觉 · 心觉 / 014
Vision, hearing, touch, mind

四 · 自然 · 必然 · 豁然 · 超然 / 020
nature, inevitability, Suddenness and detachment

五 · 上下 · 左右 · 内外 · 前后 / 025
up and down, left and right, inside, outside, front and rear

六 · 过去 · 现在 · 将来 · 最终 / 030
Past, present, future, and finally

七 · 学 · 知 · 乐 · 用 / 035
Learn, Know, interest，Use

八 · 想到 · 说到 · 做到 · 达到 / 041
Think of it, say it, do it, reach

九 · 高度 · 宽度 · 厚度 · 深度 / 046
height，width，thickness，depth

十 · 轻重 · 缓急 · 利弊 · 好坏 / 051
Severity, urgency, pros and cons, good and bad

十一 · 起点 · 节点 · 盲点 · 终点 / 057
Starting point, node, blind spot, destination

十二 · 复杂 · 简单 · 再复杂 · 再简单 / 062
The loop of Complex and simple

十三 · 真假 · 美丑 · 雅俗 · 善恶 / 066
true and false, beautiful and ugly, refined and popular, good and evil

十四 · 感性 · 理性 · 悟性 · 韧性 / 072
Sensibility, reason, perception and toughness

十五·预想·预知·预判·预案 / 079
Image, foresee, anticipation, plan

十六·本我·旁我·本人·他人 / 087
Natural instincts, Inner mind, appearance and essence

十七·潜在性·苗头性·倾向性·掩藏性 / 096
Potentiality, significance, tendency, concealment

十八·漏洞·死角·盲区·陷阱 / 102
Vulnerabilities, dead angle, blind spots, traps

十九·正向思维·逆向思维·平面思维·多元思维 / 107
Positive thinking, reverse thinking, plane thinking, multiple thinking

二十·等得·忍得·容得·舍得 / 114
To wait, endure, tolerate, and give up

二十一·全面·细致·准确·透彻 / 120
Comprehensive, detailed, accurate and thorough

二十二·积极性·主动性·能动性·创造性 / 124
Positivity, initiative, initiative, creativity

二十三·动机·目的·出发点·落脚点 / 131
Motivation, Purpose, Starting Point, Ending Point

二十四·人与人·人与物·人与事·事与事 / 136
People and people, people and things, people and affairs, affairs and affairs

二十五·从善·从严·从高·从众 / 143
Be kind, strict, high, follow the crowd

二十六·格物·致知·诚意·正心 / 148
Studying things, knowing, sincerity and righteousness

二十七 · 自我认知 · 自我评估 · 自我定位 · 自我管理 / 154
Self-awareness, Self-evaluation, Self-positioning, Self-management

二十八 · 人尽其才 · 物尽其用 · 用尽其能 · 能尽其效 / 161
People make the best use of their talents, use their abilities, use their abilities, and make the best of their effectiveness

二十九 · 真诚善良 · 尊重敬畏 · 感恩付出 · 奉献牺牲 / 166
sincere and kind, respect and awe, gratitude, dedication, dedication and sacrifice

三十 · 无意识 · 潜意识 · 显意识 · 超意识 / 177
Unconscious, subconscious, conscious, superconscious

三十一 · 问题聚焦 · 动力牵引 · 资源利用 · 目标导向 / 183
Problem focus, power traction, resource utilization, goal orientation

三十二 · 技术 · 艺术 · 学术 · 道术 / 193
Technology, art, academics, taoism

三十三 · 显微镜 · 放大镜 · 反光镜 · 望远镜 / 199
Microscope, magnifying glass, mirror, telescope

三十四 · 真心实意 · 真情实感 · 真学实用 · 真做实干 / 205
sincere, sincere, real feeling, real learning and practical, real hard work

三十五 · 存在感 · 呼应感 · 参与感 · 获得感 / 210
A sense of presence, a sense of echo, a sense of participation, a sense of gain

三十六 · 公开 · 公平 · 公正 · 公信 / 216
Open, Fair, Just, and Trustworthy

三十七 · 上善若水 · 厚德载物 · 道法自然 · 无为而治 / 220
The goodness is like water, the virtue is the essence, the way is natural and the rule of inaction

三十八 · 逆势待势 · 平势顺势 · 乘势借势 · 创势隐势 / 230
Contrary to the trend, balance the trend and take advantage of the trend, take advantage of the trend, create a hidden trend

三十九 · 本质特征 · 内在规律 · 关联关系 · 发展趋势 / 234
Essential characteristics, internal laws, association relationships, development trends

四十 · 赋予文化内涵 · 人本情感导向 · 服务至善理念 · 超然收益意识 / 241
Give cultural connotation, humanistic emotional orientation, service perfection concept, detached income consciousness

四十一 · 用脑思考 · 以情待人 · 用心做事 · 以身力行 / 250
Think with your brain, treat others with heart, do things with concentrate, experience for yourself

四十二 · 希望 · 理想 · 梦想 · 信仰 / 255
Hope, Ideal, Dream, Belief

四十三 · 大爱 中爱 小爱 自爱 / 264
Big love, middle love, little love, self-love

写在前面的话

我们其实一直都在思考这样的问题，人为什么而生？为什么而活？又为什么想活得久？身后到底要留下什么？这四个问题一直困扰着我们，但我们似乎还没有得到明确而清晰的答案。这本书试图就此做些思考探索，在写出自己感悟和体会的同时，力求找出一些依据、规律，以引发更多的人们一起去感受、探究，从而寻找出更为接近真相的答案。如此而已！

In fact, we have been thinking about such questions all the time, why are people born? Why live? Why do you want to live long? What do you want to leave behind? These four questions have been haunting us, but we seem to have not yet received a clear and clear answer. This book tries to do some thinking and exploration on this, while writing out my own feelings and experiences, it strives to find some basis and rules, so as to induce more people to feel and explore together, so as to find answers that are closer to the truth. that is it!

（一）为什么要写《爱度融合——生命层级与人生境界的觉悟》？
Why do we want to write "Fusion of Love And Moderation"?

思考这个问题，对我来说大概有十多年的时间，很长一段时间里都只是一些模糊的、浅显的认识，到了最近两三年，通过阅读、思考、体悟、实践和验证，思路才逐渐清晰、明白，才形成自己对人生意义基本认识的自我观点，觉得可以比较完整地记录下来，把这么多年本人工作和人生中主动引发和被动激发的所思所想、所证所验以及相关的所作所为集中表达出来，目的是把人生、人性之意义能否理解得更深一点、更透一些，从而提升人的心情之乐观、生活之质量、事业之成功、生命之效率。

It has been more than ten years for me to think about this problem. For a long time, it was just some vague and simple understanding. In the last two or three years, through reading, thinking, understanding, practice and verification, the thinking has been Gradually clear and understand, I have formed my own basic understanding of the meaning of life. I feel that I can record it more completely. I can record all my thoughts, thoughts, evidences and experiences that have been actively and passively stimulated in my work and life for so many years. Concentrated expressions of what he did, the purpose is to understand the meaning of life and human nature a little deeper and more thoroughly, so as to enhance people's optimism, quality of life, success of career, and efficiency of life.

在实际生活、工作中，困扰我们的大大小小的问题非常多，比如人与人的交往、事业上的不顺、未来的不确定性、各种困惑和失望的交织包括情感婚姻家庭的纠葛，等等，无法一一列举，而且问题集中起来很容易影响人的心理、击垮人的意志，让人望而生畏、止步不前，问题越积越多，容易导致恶性循环。这样下去，人生就很难过得好，人生的意义就不能充分体现。如果沉浸其中、不能自拔，就会犹豫不决、荒废时光，就会耽误人生！所以，先哲们早就思考过如何看待、怎样应对这样那样的人生问题。这里只举几例。

In real life and work, there are many big and small problems that plague us, such as interpersonal communication, career difficulties, future uncertainties, various confusions and disappointments, including emotional marriage and family entanglements. And so on, it is impossible to list them one by one, and the concentration of problems can easily affect people's psychology, destroy people's will, and make people daunting and stagnant. The accumulation of problems will easily lead to a vicious circle. If this continues, life will be sad and good, and the meaning of life will not be fully reflected. If you are immersed and unable to extricate yourself, you will hesitate, waste time, and delay your life! Therefore, the sages have long thought about how to view and how to deal with such and other life problems. Here are just a few examples.

中国传统国学中的儒释道尤其程朱理学、阳明心学等都教人怎么去看人看事和做人做事，从不同的视角、不同的心态、不同的方式阐明了一系列人生之道理、事物之规律等，尤其是从古至今传承下来的精华，给了我们后人取之不尽、用之不竭的思想、精神、意志、理念的力量源泉。

Confucianism, Buddhism, and Taoism in traditional Chinese studies, especially Cheng Zhu Lixue, Yangming Xinxue, etc. teach people how to look at people, see things and behave. They clarify a series of life principles from different perspectives, different mentalities, and different ways. , The laws of things, etc., especially the essence passed down from ancient times to the present, has given us future generations an inexhaustible source of thought, spirit, will, and ideas.

有人总结：儒家讲端正心、济世、平天下；释家讲明世理、普性、通万有；道家讲炼心体、修身、穷万物。我们重点说说阳明心学。传承于儒家的阳明心学，恐怕了解的人不如对"儒释道"知道的人多，影响也好像没那么大。但是，如果我们知道一些伟人一生的成就、功绩，了解日本明治维新为什么能够取得成功，其中阳明心学是发挥了一定的作用和功效的，就可能静下来思考一下，是不是应该花时间用心学习、了解、领悟阳明心学到底是一种什么样的学问了。阳明心学主要有三个核心观点：心即理，即心外无物、心外无事、心外无理；知行合一，即既要有知有智，又要实施践行，二者合二为一，才能有所成；致良知，即无名利、去私欲、存善心则可达到智慧、境界的高度,良知本自具足,无须繁文缛节,却须正心诚意,抵达真正良知,可随时随地启用,良者从善,善者更良,"致良知",于己于人有利,于国于世有益。

Some people summarized: Confucianism teaches righteousness, conserving the world, and peace of the world; Buddhism teaches the principles of the world, universality, and universality; Taoism teaches the cultivation of mind and body, self-cultivation, and impoverishment of all things. Let's focus on Yangming Xinxue. The Yangming Xinxue inherited from Confucianism may not have as many people as those who know "Confucianism, Buddhism, and Taoism", and the influence seems to be less significant. However, if we know the lifetime achievements and achievements of some great men, and understand why the Meiji Restoration of Japan was able to succeed, and Yangming Xinxue has played a certain role and effect, we may calm down and think about whether it should take time. Learn, understand, and comprehend what kind of knowledge Yangming's Mind School is. There are three core views in Yangming's Psychology: Mind is reason, that is, there is nothing outside of the mind, nothing outside of the mind, and no reason outside of the mind; the unity of knowledge and action, that is, both knowledge and wisdom must be implemented, and the two must be combined. Only by being one can you achieve something; to achieve conscience, that is, no fame and fortune, deprivation of selfishness, and kindness can reach the height of wisdom and realm. Conscience is self-sufficient, without red tape, but it must be sincere and sincere to reach true conscience, which can be anytime and anywhere Enabling, the good will follow the good, the good will be more good, "to the conscience", beneficial to oneself and others, and beneficial to the country and the world.

19世纪德国哲学家尼采是一位在伦理学研究领域很有成就的西方现代哲学的开创者,他提出的人的自尊、享受人生的快乐、超越克服自我以及创造人生、接受苦难与追求崇高意志等,在探索人生的意义方面都有深刻的哲学思考和独到见解。大家也可以作一些了解，实际上对形成本书中的一些观点也有较大启发。

In the 19th century, the German philosopher Nietzsche was a pioneer of modern Western philosophy with great achievements in the field of ethics. He proposed human self-esteem, enjoyment of life, surpassing oneself, creating life, accepting suffering, and pursuing nobleness. Will, etc., have profound philosophical thinking and unique insights in exploring the meaning of life. You can also get some understanding, and in fact, it will be more inspiring to form some of the views in this book.

但是，毕竟当代人类与世界已经发生了巨大变化，尤其是人们的思维方式以及面对的事物已经千差万别，需要把过去的理论与当代实际结合，深入、细致、全面地思考，从而形成一套思之有理、行之有效的系统方式来指导人们去进行人生的意义探索和哲学实践。本书只能说是一本对于我们的思维、生活和工作具有一定指导帮助作用的书，还不能说是一本探讨哲学问题的书，尽管涉及、运用了一些哲学概念和原理，那也只是在这个框架下思考得出的一些领悟。

However, after all, great changes have taken place in contemporary human beings and the world, especially the way people think and the things they face are vastly different. It is necessary to integrate past theories with contemporary reality and think deeply, meticulously and comprehensively to form a set of thinking. It is a reasonable and effective systematic way to guide people to explore the meaning of life and philosophical practice. This book can only be said to be a guide and helpful book for our thinking, life and work. It cannot be said to be a book that explores philosophical issues. Although it involves and uses some philosophical concepts and principles, it is only Some insights derived from thinking under this framework.

（二）为什么定名为《爱度融合——生命层级与人生境界的觉悟》？

Why is it named "Fusion of Love And Moderation——Enlightenment of

Life Level and State of Life"？

为什么取名为《爱度融合——生命层级与人生境界的觉悟》？

经过多年的思考、探求，从人的本性或本质特征出发，一个人从出生到死亡，一生之中活着的原动力到底是什么？为人处世（这里指对做人做事两层意思的表达，下同）靠什么力量来支撑？为什么是用这种方式待人处事而不是用另一种方式？其结果为什么又大不相同？过程中耗费的时间、精力以及心情、身体上的感受如此相异呢？等等。由此，我以为，人的一切本源力量源于——爱，当下的人们对一个人看来不管是从善还是从恶，"爱"是他的本源力量的来源，因爱的层次和爱的方向不同而导致的结果不一样而已。这一点后面有专门阐释，这里就不赘述了。

Why do we name the book like that?

After years of thinking and exploration, starting from the nature or essential characteristics of a person, what is the driving force behind a person's life from birth to death? Doing things with people (here refers to the expression of the two meanings of being a person and doing things, the same below) depends on what strength to support? Why do you treat people in this way and not in another way? Why is the result so different? Are the time, energy, mood, and physical feelings spent in the process so different? and many more. Therefore, I think that all the original power of man comes from-love, and people nowadays regard a person from good or evil, "love" is the source of his original power, because of the level of love and love. The different directions lead to different results. This point is specifically explained later, so I won't repeat it here.

那么，决定一个人的行为方式的核心因素，除了知道人的一切原动力来源于爱，还要知道为什么这样去爱而不是那样去爱。这种选择的不同是因他对"度"的理解、把握造成的，即对爱的方式、方法、途径和尺度的选择，也包括爱的能力。

Then, the core factor that determines a person's behavior is not only knowing that all the driving force of a person comes from love, but also knowing why to love this way instead of that way. This difference in choice is caused by his understanding and grasp of "moderation", that is, the choice of the way, method, approach, and scale of love, as well as the ability to love.

"度"这个词从哲学意义上来说，是指事物保持自己质的稳定性的数量界限，或某种质所能容纳的量的活动范围，即质量统一原理。德国哲学家黑格尔认为"尺度是有质的定量"(《小逻辑》)。辩证唯物主义认为，度是从与其他事物发生关系的系统中分出来的某事物的规定，任何事物都有自己的度。把握这个度，现实意义重大。做到"心中有数"，除了"量"之外还特别指向合乎规律的现象。何况要准确把控这个度，必须要有正确的方式、方法和途径。综合合乎规律的现象所表达的某种意义以及以上的分析解释，度可以理解为方式、方法、途径和尺度。另外，爱的能力还有强弱、大小之分，这种强弱、大小会直接影响爱的表达和爱的结果，也可以把它归结为度的范畴。爱的能力越强，可供选择的爱的方式、方法、途径就越多，爱的尺度就能掌握得更好。所以，本书所指的度也包括爱的能力。从广义上讲，度是指爱的方式、方法、途径、能力和尺度。

From a philosophical sense, the word "moderation" refers to the quantitative limit for things to maintain their own qualitative stability, or the range of activities that can be accommodated by a certain quality, that is, the principle of quality unity. The German philosopher Hegel believed that "the scale is a qualitative quantification" ("Little Logic"). Dialectical materialism believes that degree is the regulation of something separated from the system that has relations with other things, and everything has its own degree. It is of great practical significance to grasp this degree. Achieving "knowledge in mind", in addition to "quantity", also points to phenomena that conform to laws. Moreover, to accurately control this degree, there must be correct methods, methods, and approaches.

Combining a certain meaning expressed by a phenomenon that conforms to the law and the above analysis and explanation, degree can be understood as a way, method, approach, and scale. In addition, the ability of love is divided into strength and weakness, and size. This strength and size will directly affect the expression of love and the result of love, and it can also be attributed to the category of degrees. The stronger the ability to love, the more ways, methods, and ways to choose from, and the better the scale of love can be grasped. Therefore, the degree referred to in this book also includes the ability to love. Broadly speaking, moderation refers to the way, method, approach, ability and scale of love.

懂得了爱是人的一切原动力和怎样去爱才是正确的以及符合爱是人的本性的这一特征，我们就不难理解爱度融合的含义：爱与度的无缝衔接、高度融合、合二为一、即时完成是爱度融合的基本原则和必然境界，也是爱度融合的内容与形式的辩证统一。在现实世界中充分产生和发挥它的能量和效应，能让每一个人从中受益，从爱度出发，去感受爱的快乐，奔向幸福的彼岸。

Knowing that love is all the driving force of human beings and how to love is correct and in line with the characteristics of human nature, it is not difficult for us to understand the meaning of "the fusion of love and moderation" : the seamless connection and high integration of love and moteration, Combination of two into one, instant completion is the basic principle and inevitable state of "the fusion of love and moderation", and it is also the dialectical unity of the content and form of "the fusion of love and moderation". Fully producing and exerting its energy and effects in the real world can make everyone benefit from it. Starting from the degree of love, to feel the joy of love, and run to the other side of happiness.

概括起来，爱度融合的哲学解释就是：爱是世界观，度是方法论。二者融合成就哲学新的理解！

To sum it up, the philosophical explanation of "the fusion of love and moderation" is: love is the worldview, degree is the methodology. The fusion of the two results in a new understanding of philosophy!

本书的内容是关于爱度融合的，那么怎样表达呢？即用何种方式来描述爱与度的融合呢？经过思考和论证，试着用"四维"方式或形式，即从四个方面、四个层次或四个维度来表述，且简单地称之为"四维人生"，把人生涉及看人看事、为人处世的各大小主题、相关内容都划分为四维、四项或四层，便于我们理解，帮助我们去实践人生的真正意义。比如把人生的阶段分为自然、必然、豁然（自由）、超然，把事物的特征把握与问题解决的基本问题分为本质特征、内在规律、关联关系、发展趋势，把爱分为大爱、中爱、小爱、自爱，等等，也许我们就不难认识和解决人生的一些难题了。

The content of this book is about "the fusion of love and moderation", so how to express it? In other words, how can we describe the fusion of love and degree? After thinking and argumentation, try to use a four-dimensional way or form, that is, to express from four aspects, four levels or four dimensions, and simply call it "four-dimensional life." All themes and related content are divided into four dimensions, four items or four layers, which is convenient for us to understand and help us to practice the true meaning of life. For example, the stages of life are divided into natural, inevitable, sudden (free), and detached, and the basic problems of grasping the characteristics of things and solving problems are divided into essential characteristics, internal laws, correlations, and development trends, and love is divided into big love, Zhong Ai, Xiao Ai, self-love, etc., maybe it is not difficult for us to recognize and solve some of the problems in life.

（三）怎样表达爱度融合才能更为清晰准确？

How to explain "the fusion of love and moderation" clearly and correctly?

除了用"四维"的形式来表达，本书首先把相关问题大致由初始起源逐渐提升至爱的高度，从人生的微小基础逐渐扩展至成熟的为人处世，一层一层地递进、延伸，力求包括、涉及人生可能遇到的方方面面的问题并作出解答；其次对每一组的"四维"之"四词"进行释义，阐明"四词"之间的相互关联性和关联度，有些则运用直观的表达方式进行辅助性说明；再次尽量从哲学层面分析其原理、意义和效用，努力让人们从简单朴实的话语中去理解比较深刻的人生哲理，帮助人们重塑自身定位、外在形象，修炼内在涵养并确定努力方向；有些地方通过设置一定场景、讲述古今故事或泛举例子加以解释说明，便于理解、运用。

In addition to expressing in the form of "four-dimensional", this book first gradually raises the related issues from the initial origin to the height of love, from the tiny foundation of life to the mature dealing with people, step by step and extend layer by layer. Strive to include and relate to all aspects of life that may be encountered and answer them; secondly, explain the "four words" of each group of "four dimensions", and clarify the interrelationship and correlation between the "four words", some It uses intuitive expressions for supplementary explanations; once again try to analyze its principles, meaning and utility from a philosophical level, and strive to make people understand the deeper philosophy of life from simple and plain words, and help people reshape their own positioning and external appearance. The image, the inner cultivation of cultivation and the determination of the direction of effort; some places are explained by setting certain scenes, telling ancient and modern stories or general examples, which are easy to understand and use.

（四）爱度融合与其他一些人生哲学观有什么不同？

How is "the fusion of love and moderation" different from other philosophy of life?

先说说本人对哲学的几点理解和认识，不对之处敬请大家批评指正。

Let me talk about my understandingof philosophy first. Please criticize and correct any errors.

第一，哲学是统领、指导其他所有学科最高层面的学科。亚里士多德曾经说过：有一门学问，专门研究"有"本身，以及"有"凭本性具有的各种属性。这门学问与所有特殊科学不同，因为那些科学没有一个是一般地讨论"有"本身的。他们各自割取"有"的一部分，研究这个部分的原理，例如数理科学就是这样做的。也就是说，哲学所关注的问题是关于宇宙或世界的一般性问题，是探讨万物的本源问题，具有无限性和终极性特点，它是通过抽象和逻辑思辨的方法去分析、综合、归纳、演绎、概括和推理。哲学思想表现为智慧，而其他学科比如自然科学表现为知识。研究自然科学首先必须确定研究本身对推动社会运行、人类发展所具有的价值，如知识价值或科学价值，去激发人们研究的动力。而用什么方法去研究，如何掌握研究的方向、进展和研究对象的本质特征、内部规律及其与相关学科和事物的相互关系、自身发展趋势等，都需要运用哲学思维来引导和支持。可以说，具体的学科研究不仅要运用到相关学科知识，也要依靠抽象和逻辑的辩证思维，通过具体到抽象，再从抽象到具体的多次反复思维、研究过程，才能完成具体的学科研究。而且从众多具体学科中总结、概括、抽象出它们的一般性原理、规律，就可以逐步上升到哲学层面并将这些哲学层面的问题进一步充实、升华、完善，再精深化、系统化就可能成为哲学。其他社会、人文学科的形成原理也不例外。

First, philosophy is the discipline that commands and guides all other disciplines at the highest level. Aristotle once said: There is a science that specializes in the study of "being" itself and the various attributes that "being" possesses by nature. This science is different from all special sciences, because none of those sciences discuss "being" itself in general. They each cut off the "being" part and study the principles of this part, for example, mathematical sciences do just that. That is to say, the problem that philosophy focuses on is the general problem about the universe or the world, and it is the question of the origin of all things. It has the characteristics of infinity and ultimateness. It is analyzed, synthesized, summarized, and summarized through abstract and logical speculative methods. Deduction, generalization and reasoning. Philosophy is expressed as wisdom, while other disciplines such as natural sciences are expressed as knowledge. To study natural sciences, we must first determine the value of the research itself to promote the operation of society and human development, such as knowledge value or scientific value, to stimulate people's motivation for research. What methods are used to study, how to grasp the research direction, progress and the essential characteristics of the research objects, internal laws and their interrelationships with related disciplines and things, and their own development trends, all need to be guided and supported by philosophical thinking. It can be said that specific subject research must not only apply relevant subject knowledge, but also rely on abstract and logical dialectical thinking. Only through repeated thinking and research processes from concrete to abstract, and then from abstract to concrete, can concrete subject research be completed. . Moreover, by summarizing, generalizing, and abstracting their general principles and laws from many specific disciplines, they can gradually rise to the philosophical level, and these philosophical issues can be further enriched, sublimated, and perfected, and then refined and systemized. philosophy. The formation principles of other social and humanities are no exception.

第二，对于我们每一个人而言，哲学是无时无刻、无处无事不在，就像人身后的影子一直伴随。这似乎有点绝对，但仔细想想，在我们日常生活、工作中，经常遇到各种各样的场景，无论你是有意识还是无意识，你总要在那一时间点上选择你所想的、所说的和所做的，再回过头来看，它们都是唯一的。我想，我们为什么选择了这样的唯一，而不是另外的所想所说所做？比如开车路线、速度的选择，与人交流时音量和用语的选择，你都或多或少、有意无意地运用并通过辩证思维而做出选择性决定或选择性动作，也即运用了哲学思维或映画出了哲学的影子，尽管许多人尤其是不懂哲学是怎么回事的人对此是无意识的，即日用而不知，从而证明了哲学的存在。如果涉及更广更大范围和更高层次的战略性考量、决策性事项，恐怕不运用哲学思维，失败就完全有可能成为当然的结果了。

Second, for each of us, philosophy is all the time and everywhere, just like the shadow behind the person who always accompanies it. This seems a bit absolute, but think about it carefully. In our daily life and work, we often encounter various scenes. Whether you are conscious or unconscious, you always have to choose what you think at that point in time. What is said and done, in retrospect, they are all unique. I think, why did we choose such a unique one instead of other things like what we want to say and do? For example, the choice of driving route and speed, the choice of volume and language when communicating with people, you use it more or less, intentionally or unintentionally, and make selective decisions or selective actions through dialectical thinking, that is, you use philosophical thinking. Or it may show the shadow of philosophy, although many people, especially those who don't understand what philosophy is, are unconscious about it, that is, they don't know about it, which proves the existence of philosophy. If it involves broader, broader and higher-level strategic considerations and decision-making matters, I am afraid that failure may become a natural result without using philosophical thinking.

第三，哲学归根结底是一门关于快乐的学问。我的理解是，通常讲，哲学是关于世界观和方法论的学问，它具有无限性和终极性的特征。一方面，无限性是指事物的答案始终不是最后的，其本身也没有终极答案，不像1+1=2；另一方面，没有任何一门学问能超越哲学，哲学作为一门学问或学科相对于其他学问或学科具有终极性。这两个特征之间的关系是辩证的。

Third, philosophy is ultimately a subject of happiness. My understanding is that, generally speaking, philosophy is about worldview and methodology, and it has the characteristics of infinity and ultimateness. On the one hand, infinity means that the answer to things is never the final, and there is no ultimate answer in itself, unlike 1+1=2; on the other hand, no science can surpass philosophy, philosophy as a science or discipline Compared with other studies or disciplines, it is ultimate. The relationship between these two characteristics is dialectical.

真正的哲学是指导人们确立正确的世界观，寻求正确的方法论，正确的世界观和方法论教人树立正确的思想、表达正确的观点、说出正确的语言、做出正确的行为、处理正确的事情、得到正确的结果。在理想状态下，有了这么多的"正确"，作为当事人的我们，心情会怎么样？一定是轻松、充实、开心、快乐的，这些进步和成就，积累起来就是成功，成功使人更快乐。其实从这个意义上说，哲学本质上是关于快乐的学问。

The true philosophy is to guide people to establish a correct worldview and seek the correct methodology. The correct worldview and methodology teach people to establish correct thoughts, express correct views, speak correct language, make correct behaviors, and handle correct things. Get the correct result. In an ideal state, with so many "rights", how would we as the parties feel? It must be relaxed, fulfilling, happy, and happy. The accumulation of these progress and achievements is success, and success makes people happier. In fact, in this sense, philosophy is essentially a learning about happiness.

20世纪英国哲学家伯特兰·罗素就是一个珍视快乐的人，集哲学家、数学家、逻辑学家、教育家、散文家于一身的他享年98岁，用自身实践快乐哲学既能享受快乐生命，又能创造卓越成就，是一个伟大的奇迹。

The British philosopher Bertrand Russell in the twentieth century is a person who cherishes happiness. He was 98 years old as a philosopher, mathematician, logician, educator, and essayist. He can enjoy himself by practicing the philosophy of happiness. It is a great miracle to live a happy life and create outstanding achievements.

古希腊伊壁鸠鲁学派作为最有影响的哲学学派之一延续了四个世纪，他提倡寻求快乐和幸福，证明了快乐为善、痛苦为恶这一常识的正确性，显示了趋乐避苦的自身性和自明性。他所主张的快乐不是简单的肉欲、物质享受之乐，而是排除情感困扰后的心灵宁静之乐，且心灵快乐高于身体快乐，快乐是一切善的起始和根源。所以，他的生活简朴而又节制，抵制住了奢侈生活对身心的侵袭。

The Epicurean School of Ancient Greece, as one of the most influential philosophical schools, lasted for four centuries. He advocated the search for happiness and happiness, proved the correctness of the common sense that happiness is good and suffering is evil, and showed the tendency to avoid pleasure. The self and self-evidence of suffering. The happiness he advocates is not simply the pleasure of carnal and material enjoyment, but the tranquility of the soul after eliminating emotional troubles, and the happiness of the soul is higher than the happiness of the body, and happiness is the beginning and source of all goodness. Therefore, his life is simple and restrained, resisting the physical and mental intrusion of luxury life.

从哲学角度讲，快乐的伦理价值是显而易见的。另外，以快乐为研究内容的哲学家还有昔兰尼派，他们倾向于把快乐归结为自然欲望的满足，他们提倡的快乐主义流俗为享乐主义；柏拉图和亚里士多德倾向于把快乐视为幸福的外在条件或标志，不承认快乐与道德之间的内在联系。

From a philosophical point of view, the ethical value of happiness is obvious. In addition, philosophers who study happiness include Cyreneists. They tend to attribute happiness to the satisfaction of natural desires. The hedonistic popular they advocate is hedonism; Plato and Aristotle tend to regard happiness Regarded as an external condition or sign of happiness, it does not recognize the internal connection between happiness and morality.

第四，本人对部分哲学观念、思想的理解和看法。提出来供大家批评。

Fourth, my understanding and views on some philosophical concepts and thoughts. Put it forward for everyone to criticize.

——对"一分为二"的理解。《黄帝内经·太素》撰著者隋代杨上善提出："一分为二，谓天地也。"北宋哲学家邵雍在解释《易经·系辞》中的"易有太极，是生两仪"时曾用此语（见《皇极经世·观物外篇上》）。南宋朱熹在说明"理一分殊"时认为："一分为二，节节如此，以至无穷，皆是一生两尔。"其中含有朴素的辩证法思想。我们现在所提到的"一分为二"，主要是指一切事物、现象、过程都可分为两个互相对立和互相统一的部分，说的就是全面地看问题，完整地认识世界、改造世界。因此，一分为二是矛盾的普遍性原理的表述，是唯物主义世界观所要求的认识论。

The understanding of "one divided into two". Sui Dynasty Yang Shangshan, the author of "Huangdi Neijing · Taisu", put forward: "One is divided into two, which means heaven and earth." The Northern Song philosopher Shao Yong used this term when explaining the "Yi has Taiji, which is the life of two yis" in the "Book of Changes · Xici" (see "Huang Ji Jing Shi · Guan Wu Wai Pian"). In the Southern Song Dynasty, Zhu Xi said that when he explained "Li Yi Fen Shu", "One is divided into two, every section is like this, and even infinite, it is two times in a lifetime." It contains simple dialectical thought. The "one divided into two" we are talking about now mainly means that all things, phenomena, and processes can be divided into two mutually opposed and mutually unified parts. It means looking at the problem in a comprehensive way, understanding the world completely, and transforming it. world. Therefore, the division into two is the expression of the universal principle of contradiction and the epistemology required by the materialist world outlook.

大约在2002年，周德义教授出版过一本《我在何方——一分为三论》，提到《老子》的"道生一，一生二，二生三，三生万物"，以及《易传》"六爻之动，三极之道也"等。周教授认为，作为"一分为三"理论的古老来源、支撑，"三"是数量多与少的分界点，并认为三分的方法在数学、物理学、化学等学科领域广为应用，以此证明"一分为三"具有基础性、普遍性。这一观点也似有道理。

Around 2002, Professor Zhou Deyi published a book "Where Am I-One Is Divided into Three", which mentioned that "Tao begets one, one is two, two begets three, three begets all things" in "Laozi", and "The Book of Changes""The movement of the six lines, the way of the three poles" and so on. Professor Zhou believes that as the ancient source and support of the theory of "one divides into three", "three" is the dividing point between more and less, and that the method of thirds is widely used in the fields of mathematics, physics, chemistry, etc. This proves that "one divides into three" is basic and universal. This view also seems reasonable.

通过对以上观点的思考、论证，我觉得时代发展到今天，将事物"一分为二""一分为三"好像已不够用，因为当代事物存在的状态或形态已不仅是对与错、好与坏、上与下、快与慢等简单的二元对立，也不仅是周教授在书中提到的数学中简单地将数分为正数、零和负数，物理学中将原子结构分为质子、中子和电子，并以此作为提出"一分为三"理论的依据是不充分的。当今世界，呈现的是多维细分、纷繁复杂、不可限性的实际状态或形态。再者，事物还可以划分为物理性、特征性、耦合性、派生性，更存在多样性。何况"三生万物""三极之道"中的"三"不仅指"三"本身，而是含有"多"之意。因此，我以为，"一分为三"的论据是否成立，是值得商榷的。也不知道，"一分为三"论对于分析事物、解决问题、达成目标能起到实质作用或有实际意义？比如，本书中我们将道家的道法自然衍生出顺其自然之势能作用，可至少延展至八个层次，即逆势而动、待势而定、平势而行、顺势而为、乘势而上、借势而谋、创势而就、隐势而成，它们所处层次相异、含义各不相同，这只是一例。由此，我以为，提出"一分为多"是符合现实世界实际状况的，不同的事物可划分的维度、层次、方面也不一样，要根据具体事物作具体分析、具体划分。甚至有些事物就跟汽车挡位一样，呈现出的不仅是五挡，而是像无级变速一样，可以无级划分、无限细分。

Through thinking and demonstrating the above viewpoints, I feel that the era has developed to this day, and it seems that "one into two" and "one into three" are no longer enough, because the state or form of contemporary things is not only right or wrong. The simple binary opposition of, good and bad, up and down, fast and slow, etc., is not only the mathematics mentioned in the book by Professor Zhou, who simply divides numbers into positive, zero and negative numbers. The atomic structure is divided into protons, neutrons and electrons, and it is not sufficient to use this as a basis for proposing the theory of "one divided into three". Today's world presents a multi-dimensional, subdivided, complex, and unrestricted actual state or form. Furthermore, things can be divided into physical, characteristic, coupling, and derivation, and there is more diversity. What's more, the "three" in the "three births of all things" and the "three-pole way" not only refers to the "three" itself, but contains the meaning of "many". Therefore, I think it is debatable whether the argument of "one divides into three" is valid. I don't know that the theory of "one divides into three" can play a substantial role or have practical significance in analyzing things, solving problems, and achieving goals? For example, in this book, we naturally derive the Taoist method of Taoism to follow the flow of potential energy, which can be extended to at least eight levels, namely, going against the trend, waiting for the situation, walking in balance, taking advantage of the situation, and taking advantage of the situation. On the other hand, they seek from the momentum, create the momentum, and become hidden. They are at different levels and have different meanings. This is just one example. From this, I think that the proposal of "one divides into many" is in line with the actual situation in the real world. Different things can be divided into different dimensions, levels, and aspects. It is necessary to make specific analysis and specific divisions according to specific things. Even some things are just like the gears of a car, showing not only five gears, but like a continuously variable transmission, which can be divided infinitely and subdivided infinitely.

——对"知行合一"的理解。按照阳明心学的解释,"知"是"良知",是真的智慧和善知,或者说是纯净的德智。"行"是指"好好色"中第一个"好"、"恶恶臭"中的第一个"恶",即喜好漂亮、讨厌恶臭中的动作成分。当喜好漂亮、讨厌恶臭与见到漂亮、闻到恶臭一并完成时,二者一体就叫知行合一。但我们设想一下,"知"从何而来?人们能不能自觉地去"知"?"知"的原动力来源于哪里?阳明心学并没有解答。我以为,这一切来源于一个字"爱",有爱就有善、有爱就有德、有爱就有智、有爱就有成。因为有爱,一切的可能性才能存在。

Understanding of "the unity of knowledge and action". According to Yangming's interpretation of Xinxue, "knowledge" is "conscience", true wisdom and good knowledge, or pure virtue and wisdom. "Xing" refers to the first "good" in "good sex" and the first "evil" in "bad smell", that is, like the action component in being beautiful and hating bad smell. When the liking of beauty and the dislike of foul smell are completed at the same time as seeing beauty and smelling foul smell, the two are called the unity of knowledge and action. But let's imagine, where does "knowledge" come from? Can people consciously "know"? Where does the driving force of "knowledge" come from? Yangming Xinxue did not answer. I think all this comes from the word "love", where there is love, there is goodness, where there is love, there is virtue, where there is love, there is wisdom, and where there is love, there is success. Because of love, all possibilities can exist.

所以，不讨论"爱"的人生哲学是不完整的、不透彻的、不明亮的。正如有人说，哲学除了要讨论生与死，剩下的就只有"爱"了，当然这里指的是广义的爱。也就是说，在生与死之间，爱是不可避免的，或者说，人生是由生、爱、死组成的，也许这才叫完整的人生。

Therefore, the philosophy of life that does not discuss "love" is incomplete, impenetrable, and not bright. As someone said, in addition to discussing life and death in philosophy, all that is left is "love." Of course, it refers to love in a broad sense. In other words, between life and death, love is inevitable. In other words, life is composed of life, love, and death. Perhaps this is a complete life.

——对"辩证法"的理解。辩证法经历了通过辩论达到真理的思辨阶段、揭示宇宙发展的普遍规律的实证阶段、思辨与实证相统一的辩证阶段。这三个阶段，即认识论的辩证法、本体论的辩证法和二者相统一的对称辩证法，逐渐发展，达到最高阶段，成为科学的世界观和方法论。辩证法最早源于一种化解不同意见的辩论方法，是两个或以上对自然、社会、历史以及思维等方面就某一个主题持不同看法的人之间的对话，通过这种有充分理由的对话建立起对真理的认识。

Understanding of "Dialectics". Dialectics has experienced the speculative stage of reaching truth through debate, the empirical stage of revealing the universal law of the development of the universe, and the dialectical stage of the unity of speculation and positivism. These three stages, namely epistemological dialectics, ontological dialectics, and symmetrical dialectics unified between the two, gradually developed and reached the highest stage, becoming a scientific worldview and methodology. Dialectics originated from a debate method to resolve different opinions. It is a dialogue between two or more people who hold different views on a certain subject in the aspects of nature, society, history, and thinking. Through this dialogue with good reason Build up an understanding of the truth.

对于"联系发展"观点的认识。相对于形而上学"孤立静止"的观点而言,"联系发展"的观点是辩证法的主要观点之一。世界上万事万物相互都是可以联系起来的,无论在空间地域的哪一个方位或者看上去不属于同一类型的事物之间都是相互联系的。同时,宇宙的存在包括我们人类社会从古到今,都是一条永恒流淌的河流,从未停止,亘古向前。时间不断流、思维不断层、联系不断线。有人说过,世界上任何两个人一定可以通过六个人就能认识、产生交集,可称之为六度分隔理论、六度空间理论或者叫小世界理论的运用。这是数学领域的一个猜想,它说明了联系的普遍性原理。比如我们过去谈风马牛不相及,实际上通过一定介质、途径,风马牛是相及的,马在牧场吃草产生粪便,肥了草,长了籽,籽被风吹到某个地方重新生长,刚好这种草是牛饲料,用来养牛。这种循环就证明了这一观点。另外,从甲骨文开始,经过金文、篆体、隶书、楷书、行书、草书而演绎、发展,形成为今天的文字及样式,其中体现着中国人特有的民族起源、特征、性格、精神,这些都是几千年联系发展的结果,客观存在的联系发展过程毋庸置疑,记录着中华文化和文明不间断的发展历程。

Recognition of the view of "connected development". Compared with the metaphysical view of "isolation and static", the view of "linked development" is one of the main points of dialectics. Everything in the world can be connected to each other, no matter which position in the space or region or things that don't seem to belong to the same type are connected to each other. At the same time, the existence of the universe, including our human society, has been an eternal flowing river from ancient times to the present. It has never stopped, eternally moving forward. Time keeps flowing, thinking keeps layering, and connection keeps on line. Someone once said that any two people in the world must be able to understand and produce intersections through six people, which can be called the application of the theory of six degrees of separation, the theory of six degrees of space, or the theory of small worlds. This is a conjecture in the field of mathematics, which illustrates the universal principle of connection. For example, we used to talk about the unrelatedness of wind, horses, and cows. In fact, through certain media and channels, wind, horses and cows are related. The place regrows, and it happens that this kind of grass is cattle feed, used to raise cattle. This cycle proves this point. In addition, starting from the oracle bone inscriptions, through bronze inscriptions, seal style, official script, regular script, running script, cursive script, it has been interpreted, developed, and formed into today's characters and styles, which embodies the unique national origin, characteristics, character, and spirit of the Chinese. It is the result of thousands of years of contact development. The objectively existing contact development process is undoubtedly a record of the uninterrupted development of Chinese culture and civilization.

对于"对立统一"观点的认识。"对立统一"是描述事物内部的矛盾性的，科学地解释了事物发展的方向、道路、形式等问题，揭示出了对立面的统一和斗争的规律。事实上，事物内部的矛盾斗争推动了事物的发展，推动力之一是产生于矛盾斗争解决过程中，矛盾斗争的解决之后，要么打破打碎旧事物以新的事物形态出现而告终，要么以保留原事物基本形态并在此基础上发展、改变、进步、提升，达到一个新的层次高度、范围广度、精细深度。有一点是不是可以这样理解，我们面对"对立统一"的事物，重要的是摸清本性、采取措施、运用方法并化解、消除，转变对立，使它达到新的统一。就跟用水壶烧水达到100摄氏度时蒸汽会顶开壶盖，这时人们可以移开水壶或关掉火焰，以达到新的平衡（统一）状态。这说明，"对立统一"也有外部力量施加影响的结果。

Recognition of the "unification of opposites" view. "The unity of opposites" describes the contradictions within things. It scientifically explains the direction, path, and form of the development of things, and reveals the unity of opposites and the law of struggle. In fact, the contradictory struggle within things promotes the development of things. One of the driving forces is generated in the process of contradictory struggle resolution. After the contradiction struggle is resolved, the old things will either be broken and broken and the new things will end up in the form of new things. Keep the basic form of the original things and develop, change, progress, and upgrade on this basis to reach a new level of height, scope, and depth. Is it possible to understand one thing like this? In the face of the "unification of opposites", the important thing is to understand the nature, take measures, apply methods, resolve and eliminate them, change the opposition, and bring it to a new unity. Just like using a kettle to boil water to 100 degrees Celsius, the steam will lift the lid of the kettle. At this time, people can remove the kettle or turn off the flame to achieve a new equilibrium (unity) state. This shows that the "unification of opposites" is also the result of external forces exerting influence.

对于"肯定否定"观点的认识。"肯定否定"观点表明了事物自身发展是由肯定、否定和否定之否定各环节构成的，其中否定之否定是核心，是事物完善自己、发展自己的一个规律性过程。人的发展和完善与此同理。一个人只有在不断地肯定相信自己、反思反省自己、否定之否定自己的过程中才能取得进步、发展、完善。这与"吾日三省吾身"相吻合。而且，要想真正弄懂事物的这一规律，一定要真正懂得并先于自己身上运用这一规律，同时，积累经验、反复验证。这也符合俗话说的"做事先做人"的道理。具体内容后面有阐述。

Understanding of the "positive and negative" viewpoint. The "positive and negative" viewpoint shows that the development of a thing itself is composed of affirmation, negation, and negative negation. The negation of negation is the core, which is a regular process for things to improve themselves and develop themselves. The same is true for human development and perfection. A person can only make progress, development, and perfection in the process of constantly affirming his belief in himself, reflecting on himself, and negating himself. This is consistent with "My day and my body". Moreover, if you want to truly understand this law of things, you must really understand and apply this law before you, and at the same time, accumulate experience and repeatedly verify it. This is also in line with the old saying "be a man beforehand".

The specific content is explained later.

　　由此，从中大致可以看出爱度融合与其他哲学观念的联系与不同之处了。

From this, we can roughly see the connection and difference between "the fusion of love and moderation" and other philosophical concepts.

　　最后，提出一个关于人的"生命效率"的概念。"生命效率"是指一个人一生中所完成的事项、发挥的作用、取得的成效以及留下的物质和精神遗产，等等，与他所消耗的时间、衣食住行成本、精力体力（健康）等资源的比值。这里没有包括自身的快乐与烦恼以及给他人带来的快乐与烦恼这个指数，也许我们可以把它们包含在精力体力（健康）这一指标里，因为我认为快乐与烦恼这个情绪因子对人的精力体力（健康）的影响度大约占50%以上，加上中医学上俗称的"憋屎、憋尿、憋瞌睡"（"憋气"是包含在前面所说的情绪因子里）等占10%～20%，剩下的30%～40%的因素才是基因遗传、饮食空气等。当然，这一概念与人对世上万事万物的态度即珍视程度或"爱"的程度也密切相关。虽然它不一定与人的寿命长短存在必然的直接关联或成简单的正比例关系，但是，用人的生命效率来丈量人的寿命长短与活着的价值大小是有意义的。

Finally, a concept about human "life efficiency" is proposed. "Life efficiency" refers to the things that a person accomplishes, the role played, the results achieved, the materials and spiritual heritage left, etc., and the time consumed by him, the cost of food, clothing, housing, energy, physical strength (health) and other resources. ratio. This index does not include our own happiness and troubles and the happiness and troubles brought to others. Maybe we can include them in the index of energy and physical strength (health), because I think that the emotional factors of happiness and troubles have an effect on people's energy. The influence of physical strength (health) accounts for more than 50%, and the commonly known Chinese medicine "holding down feces, holding back urine, and holding back doze" ("holding breath" is included in the aforementioned emotional factor), which accounts for 10% − 20%, the remaining 30% − 40% are genetic inheritance, dietary air, etc. Of course, this concept is also closely related to people's attitude towards everything in the world, that is, the degree of cherishment or "love". Although it is not necessarily directly related to the length of human life or has a simple proportional relationship, it is meaningful to use human life efficiency to measure the length of life and the value of life.

生来·生存·生活·生命

我们首先谈谈与"生"相关的话题，分四个层次来谈。一个人出生出世叫"生来"，从第一声"哇"的哭声算起，就开始了与这个世界的接触、拥抱、相处、相融，生命的旅程也就开始了。

宇宙的起源可以从大约135亿年前谈起，即经过"大爆炸"之后，宇宙的物质、能量、时间和空间才慢慢进化成现在的模样。而在大约38亿年前，地球上有些分子结合起来，形成了庞大而精细的"有机体"结构，这大概就是生命的起源。早在250万年前出现了类似现代人类的动物，200万年前的东非就已经留下了人类休养生息、劳作奔忙的影子。大约7万年前开始出现"智人"这一物种的生物，并开始创造"文化"，从而开创了人类历史。达尔文的生物进化论可以理解为黑猩猩是我们人类的祖先。分子生物学发现了所有的生物都是用同一套遗传密码，生物化学指示了所有生物在分子水平上有高度的一致性。这些都告诉我们，地球上所有的生物都来自共同的祖先，都与人类有或远或近的亲缘关系，从而打破了人类自高自大或者说一神之下、众生之上的愚昧式自尊。

这也更证实，作为目前地球包括太空使用者或部分主宰者的人类，到了该静下来认真、深刻地思考其定位和自身存在的价值、意义的时候了，这种思考已刻不容缓。事实上，本书就是试图作一些思考，从而提出我们应该拥有的一种共通之情、共同之魂——无以替代的、伟大的"爱"。当然，首先提倡的是人的大爱博爱，而且这个过程是从自爱开始，渐进上升为小爱、中爱、大爱。关于"爱"

的基本原理本书最后部分将作专门解释。

我们应该有过如此的体验，第一次乘坐飞机时体会到人的渺小，是当飞机爬升的时候，俯瞰人们行走其上的地球，让人联想到关于我们人自己的许多疑惑。当长江只是像一条被风吹起来在时空中飞舞的飘带，芸芸众生就像搬家的蚂蚁在地球上缓缓爬行……再上升后，连这样的影像都消失了，剩下的就是在蓝天白云间穿行，与天空从未有过的亲近，开始思考天外的宇宙又是什么样子呢，又有多少东西我们未知。坐在机舱里，我们会陷入沉思，也会感到震撼，人类原来如此渺小，在大自然面前，在地球宇宙空间里，在历史长河中，人，到底处于一个什么样的位置。毫无疑问，人是那么的渺小。同时，人因持续不断认识、改造而主宰世界，又是如此的强大。所以，人是不是应该懂得尊重、敬畏和被尊重、被敬畏呢？是不是应该去真诚地尊重和敬畏大自然、地球、宇宙以及历史，包括人类自己呢。因为人"生来"要经历磨难、艰辛、痛苦，虽然未来也会有开心、快乐、幸福。所以每一个人"生来"都值得被尊重和敬畏，他们或者说我们"生来"都是平等的，这是从人的本质属性和人性特征上说。

人在出生、出世后，就直接面临"生存"，吃喝拉撒睡，一样不能少。生存的状态与出生和出生后所处的环境、条件相关。

人类大概有 250 万年的时间靠采集与狩猎维生，而不会去特别关注和主动干预动植物的生长情形。大约 1 万年前，人类开始投入几乎全部的心力，操纵部分动植物的生命，诸如播种、浇水、除草、放羊等。一心想得到更多的谷物、水果和肉类。直到现在，这一切还在继续。1 万年前开始的农业革命实现了人类对自然的有限改造，改造成果为人类的生存和发展所需所用。虽然这样的改造方式改变不大，有的完全沿袭至今，但人类社会结构、宗教信仰、政治状态以及生存法则发生了翻天覆地的变化，从而大大改变了人的生存模式，也带来了人类的文明与野蛮、奉献与贪婪、善良与险恶、真诚与虚伪等，交替存在、融合前行、此消彼长、驰而不息。这一切都决定了人类不同阶段不同的生存状态。

每一个人也如此。有的人生在东半球，有的人生在西半球，有的人生在城市，有的人生在农村，有的人生而含着金钥匙，有的生而缺暖少饱，不一而足，生存环境、条件千差万别。但环境、条件的不同，并不能决定人一生的状态。恰恰相反，人的生存状态是不断通过外因内因的作用而不停地发生改变，只是改变的方向、速率、大小、内容有区别而已。本人此时此刻正在书写此段文字，就是一种生存状态。

按照一般解释，"生存"是指生活存在，只要人在生活过程中，只要人还存在，人就在生存。生存是一切存在的事物和人保持其存在及发展变化的总称，通常指生命系统的存在、延续和生长，具体可指一切事物和人的适应、生长以及可能的繁殖。对此，有一句话说，"人没有勇气就不能生存"，确实，人的持续生存需要勇气，相反，自杀者缺乏的就是这种勇气。

录用几句名人名言，让大家更好地理解生存的含义。

西汉·刘向《说苑·尊贤》："夫圣人之于死尚如是其厚也，况当世而生存者乎。"

南朝宋·鲍照《松柏篇》："生存处交广，连楣舒华茵。"

宋·叶适《福建运使直显谟阁少卿赵公墓铭》："慨其生存，孰与死灭！"

金·元好问《高平道中望陵》诗之一："一片青山几今昔，百年华屋记生存。"

鲁迅《华盖集·北京通信》："意图生存，而太卑怯，结果就得死亡。"

巴金《朋友》："友情在我过去的生活就像一盏明灯，照彻了我的灵魂，使我的生存有了一点点光彩。"

管桦《惩罚》二："如果我们这些人能用鲜血和生命换来民族永久的生存，换来劳动人民的解放，那就是我们最大的光荣。"

周海中："保护母语，就是守护自己的精神家园，也是守护自己赖以生存的文化基因。"

古希腊亚里士多德说过："人类最终的价值在于觉醒和思考的能力，而不只在于生存。"

如果说"生存"是"生来"之后首要面对的人生课题，那么，处于"生存"

状态的人们就要思考如何"生活",如何有质量、高效率地"生活"。

"生活"是指人类生存过程中的每项活动的总和,它包括人类在社会中与自己所有相关的日常活动,和由此伴生的心理、精神投射,如饮食、起居、穿衣、行走、学习、工作、休闲、旅游、娱乐、社交,还有喜、怒、哀、乐、忧、燥等情绪状态。生活是比生存更高层面的一种状态,也是人生的一种真实描述和观念态度。

动物的生活是指动物生存、延续后代等本能性的活动,而人类的生活则是指在动物基础上实现人的本质社会属性的活动,比如有目标、有理想、有宗教、有社会交往、有价值追求等。我们几乎每个人都会问一个问题:生活的意义到底是什么?人的一生从生到死,赤裸裸来,赤条条去,来到世间走一遭,走与不走到底有什么不同?生活的动力源又是什么?到底为什么是"我"来到这个世界,而不是另一个未出世的"他"或"她"?到目前为止,还没有一个令人信服的答案。

这些问题与人的出生源、从事的职业、生活的过程、生命的长短可能没有直接关系,但对这些问题的理解和回答对人的职业、生活、生命等都会产生不同的效果,值得我们每一个人去思考、去研究、去探寻。所以我们在这里要一起讨论这些问题。

每一个人来到世上,都是一种客观存在,从生物学的角度看,是父母基因的结合与延续。而每一个人的个体都只是宇宙中的一个点,行走在地球上的物理意义上的人体我们可称之为"行尸走肉"(撇开精神、灵魂、性情而言),从这个视角看,每一个"行尸走肉"都没有什么区别,他们本来就是平等的,没有什么高低贵贱之分,来到这个世界都在行走着,其过程叫生活着。生活着的人一旦带着精神、灵魂、性情而生活,生活才有了现在我们看到和感受到的五花八门、多姿多彩,痛苦、烦恼、开心、快乐就有了依据,组成了这样一个真实的世界。看来,生活只是一个过程,它要尽可能去满足每一个人不同的身体、生理和精神、心理需求,而在通往"满足"的过程中,又有各种各样的沟坎、阻碍、困难、矛盾和挑战,人们就是在这种满足需求与应对挑战的矛盾中生活着。应对挑战成功了,需求就得到了满足,快乐就随之而生;相反,挑战失败,需求得不到满足,烦恼甚至痛苦就由之而起。所以，我们每一个人都生活在挑战与满足中，生活的意义就是为了不断满足需求而持续应对挑战。撇开成功与快乐与否，至少得到了充实的过程，充实的过程其实也是用来享受的。

当然，以上所讨论的问题与人的心理因素即主观想法有直接关联，心理因素的影响作用有时甚至处于主导位置。正如生活一般是指为幸福的意义而存在的，实际上是对人生的一种诠释，而幸福主要来自心里感受或心理作用。后面将有具体分析。

古人提到"生活"的有不少，这里罗列几例。

战国·孟子《尽心上》："民非水火不生活。"

春秋·尹文子《道德》："老子曰：自天子以下至于庶人，各自生活，然其活有厚薄。"

东汉·班固《汉书·萧望之传》："人情，贫穷，父兄囚执，闻出财得以生活，为人子弟者将不顾死亡之患、败乱之行以赴财利，求救亲戚。"

唐·杜牧《祭城隍神祈雨文》之二："疽抉其根矣，苗去其秀矣，不侵不蠹，生活自如。"

明·吕坤《反挽歌》："人生亦大难，安用苟生活。"

清·蒲松龄《聊斋志异·仇大娘》："且恩义已绝，更何颜与黑心无赖子共生活哉？"

谈到"生命"，人们的联想更广泛、更多维、更丰富。简单讲，生命是指一种"东西"的存在，也是人类对生命现象存在的解释，是生物体所具有的存在和活动的能力。其内涵是指在宇宙发展过程中所有"东西"自我生长、繁衍、进化、互动以及能够主动或被动感知、意识、反应内外部作用的一类现象。可以预言，人工智能发展到一定程度，具备了某种符合生命内涵的基本属性的现象也将纳入生命的范畴，有可能包括人机混合体、纯自由意志人工智能机器人等。

与"生活"不同的是，生命是存在的能力，而生活是存在的过程；生命是活动的能量，而生活是活动的总和。生活以生命为基础，生活是生命的存在形式；生命是生活的累积，生命以生活为延续，且生命与生活相互提供动力来源，二者你中有我，我中有你，不可分割。

人的生命意义与价值到底是什么？很难说清楚。有一个事实，就是我们诞生在这个世界是被迫的，被迫来到并成为世界的一员，这个身份能持续多久呢？

一个人的生命一般只有几十年，活到百岁的极少。中国人均寿命大约 77 岁（2018 年度统计数据），世界人均寿命大约 71 岁，最高的平均寿命是日本，大约 83 岁。在最低人均寿命的非洲，还有许多国家达不到 50 岁，世界上最低人均寿命和最高人均寿命相差接近 40 岁。人生短短几十年，多的也就一百年左右的生命旅程值得每个人去珍惜，因为每个人都有离开世界的那一天。那么，在那一天到来之前，我们应该想些什么、说些什么、做些什么，来让这场短暂的人生变得更有意义？许多人还来不及思考这个问题就遗憾地离开了这个世界，还活着的人们是不是应该少些遗憾、少些后悔才对呢？不同的人对生命的意义与价值的理解各不相同，甚至大相径庭。我们得承认，每一个人不可能对某一事物看法完全一致，即使一致，那也是从某个角度、某个层次、某个方面、某个维度或者说从总体上看基本一致。如果再细分或拔高去看，肯定有不一致的地方。那么读过本书后，是不是就能让大家这个"观"那个"观"一致起来呢？不是，也不可能，但是至少可以让各位能够调整、修正自己的"三观"，使"三观"更能接近或符合各位所处当下的现实社会与人际世界，并能正面影响、感化社会与世界，使这个社会和世界会变得更加和谐、越来越美好，进而反过来帮助、影响每一个人，使各位变得更加胸怀宽广、视野开阔、心情舒畅、生活愉快，那幸福就离我们越来越近。还是从我们每一个人自身开始吧，从自己做起，从点滴做起，从现在做起，我们的世界从此会不一样。即使原来也不错，那以后还会更好，何乐而不为呢？！

生命的价值与意义，从"爱度融合"的视角去观察，从缘起到终结，是伴随人们一生的连线，而离不开的是"爱"，爱自己、爱家人、爱别人、爱周边、爱社会、爱国家、爱民族、爱人类、爱地球、爱动物、爱植物、爱所有事、爱所有物、爱宇宙……说到底，真正之爱用心，永恒之爱在心，人类和世界需要的是这样的真爱之心和它所激发出来的真爱，这也是人类从事一切思想和行为活动的原动力之所在。

人应该运用好"死亡权利"这项人生最重要的权利。

生命的长度无须受制于肉体自然的衰败，它是受你的心灵、你的快乐、你的需要而去自主选择。

人生就是由欲望不满足而痛苦和满足之后的乏味而再欲望这两种情绪所构成。

我们总害怕死亡，而如果人真的可以永远活着，我想人们同样会像害怕死亡一样害怕永恒或厌倦永恒。

生命的意义其实很简单，就是好好活着。

生命的舵在每个人心里，由他自己掌控。

关于生命，记录几例名言供大家思考。

秋瑾：芸芸众生，孰不爱生？爱生之极，进而爱群。

杨沫：人的一生，应当像这美丽的花，自己无所求，却给人间以美。

爱迪生：我们的生命是三月的天气，可以在一小时内又狂暴又平静。

奥斯特洛夫斯基：人的生命似洪水奔流，不遇着岛屿和暗礁，难以激起美丽的浪花。

诺贝尔：生命，那是自然给予人类去雕琢的宝石。

卢梭：生命不等于是呼吸，生命是活动。

如果没有死亡，生命的意义又在哪里？

生命意义的最高境界就是无意义。

二

从哪来·在哪儿·去哪儿·怎么去

定下这一组词，想到了与第一组词的关联性和它自身的独特性。关联性在于"生来"与"从哪来"，有相同或相近的内容表达，另外，如果这四个问题只涉及人或人类，那么，与第一组许多地方或内容也有相同、相近之处。但这一组词的独特性，更多地在于除了讨论人之外，还包括所有事、所有物，比如企业管理、科学研究、社会发展等，都与这四个问题相关。本节不可能涉及所有方面，我们还是从"人"开始谈起，辅助以其他方面的阐述，来说明这一组词所具有的哲学内涵。

从人具体的日常运动方面打个比方，此刻身处某一特定地方的自己一定要了解、知晓是从哪儿来？目前所在什么具体位置？是什么方位？下一步可能要去哪个地方？是步行还是乘坐什么交通工具去，等等。

从人生的角度，我们一定想过我从哪儿来的？现在在人生的哪个阶段？在所处的社会和生活中处于什么地位或位置？下一个人生目标是什么？最终除了走向死亡还有什么想要达成的目标？通过什么方式、方法、途径去实现这些目标？

人从哪儿来的，第一组词已经描述过。这里就某一"事"从哪儿来做个探讨。比如要研究一个企业从哪儿来，有两点，一是企业的初创，是因什么而起要创办企业？有哪些投资者共同投资控参股，是通过收购还是重组方式形成或组建？有哪些经营范围？二是经营一段期限后，企业自己跟自己比进步、发展了多少？目前到什么程度或阶段？把以上二者结合起来，就是要搞明白最初是什么让企业走到现在并达到现在这种阶段和境界？

凡事问个起因、缘由，弄清楚"从哪来"这个问题，对于准确、全面了解和掌握事情、事物的原委、来龙，而且对于下一步把控事情、事物的走向、去脉有很大的帮助。这也是研究事情、事物本质特征及其内部规律的基础，不可或缺。

"在哪儿？"是指在什么位置？如果就企业而言，它在行业、领域处于什么位置？即外部具有什么样的经营环境、发展条件，所处哪个阶段，拥有哪些资源，优劣势是什么，所占份额多少等，企业内部具体还应该包括企业资产、机构、人员、财务基本状况，尤其是管理团队的个性化、协调性、合作度情况，作用发挥怎么样？结果好不好？通过以上问题和情况的把握，找准自身坐标。目的是摸清家底，了解自我，知己知彼，顾内顾外或顾此不失彼，才具备实现目标的基础。

就"人"而言，自身一定要明白，比如一个男人在家里处于什么角色，是父母的孩子、老婆的丈夫、孩子的父亲、亲戚朋友眼中是被重视仰慕、平视尊重还是无足轻重甚至不屑一顾，个人在工作单位或工作场合是普通员工、中层管理人员还是高级管理人员，在大家眼中会是什么印象；走入公共场合或人流中、大街上是言行礼貌、优雅尊贵、正直和蔼、气场充足还是反之，等等，都应一一对号入座，正确定位自己，确立自身所处位置。不同的位置，有不同的想法、说法和做法相对应，"合适"是最和境界，即达到让彼此、让周围人和事的氛围舒适协调、安宁祥和，还能积极引导、推动正能量或散发或积累或发挥效用。所以不可不弄清弄准"在哪儿"。这就要求我们自己始终保持清醒，正确看待自己、认识自己，要具有较强的自我反思反省意识，才有可能做到这点。

写到此，让我想起阳明心学，一个"致良知"的人，其所思所想、所言所语、所作所为，都不会有什么大的偏差，不会犯明显错误。如果一个"致良知"的人还懂得如何去从良知出发，采用正确的方式、方法和途径去达到"致良知"的目的，那他就具备了达到成功的必要条件，再加上天时地利，就具备了成功的充分条件。从这个意义上说，与本书的"爱度融合"本身的含义是吻合的。

"去哪儿"是关于"人"要到什么地方去的一个目的地。

每一个具体的我们，在日常生活、工作中都会遇到这个问题。学生早上起床去上学，那目的地是学校；上班族早上起床去上班，那目的地是单位；旅行者早上起床出发旅行，那目的地是机场、火车站或汽车站、码头等，更远的目的地是你所要到达的旅游地……不一而足。一个人的人生目标可分为希望、理想、梦想、信仰四个阶段（也是人生的四个直接动力来源），后面用专门部分作阐述。

那么人类呢？自从有了人类，人类"去哪儿"的问题就开始摆在人类自己面前，它伴随着人类的诞生而产生，也伴随着人类的消失而消亡。那么人类会消失吗？没有人能告诉我们。据说玛雅人公元前1500年前预言地球毁灭是错误的，被验证也确实错了。人类究竟要去哪儿？从有人类开始，人类就试图为了自身的生存、生活、生命，把地球上包括宇宙所有可为人类所用的资源进行重新组合、加工、改造、装饰等方式而逐步、充分地利用，自然资源被迫遭到破坏，被破坏的自然资源也反过来报复人类。这就是今天我们所看到的环境污染、地球变暖、许多自然资源短缺、部分动植物品种灭绝、人类战争频发、杀戮从未停止的根本原因所在。比如，地球上本没有路，走的人多了，便成了路。鲁迅的话告诉我们最早地球上的路是因为人要行走，从一处到另一处，踏走、踩行的人多了，原来的这一条路上的草木、荆棘或凹凸不平就被踩死、踏平，路就逐渐形成了。到后来路越来越长、越来越宽，由此就开始有了马路。人类不可能满足于此，以至于到后来有了更长更宽的公路、高速路、铁路、航路等，是靠消耗、破坏自然资源而获取的。这就是一部人类生存、生活、生命的残酷现实和辛酸历史。如果沿着这条路走下去，总有一天人类就会因为将资源消耗殆尽，彻底破坏我们赖以生存的自然环境而宣告自身的消亡。也许人类最终要去的目的地就是自身的消亡，但我们自己不会承认，至少中间目的地还有人类的膨胀、人类物质财富的增加、人类的阶段性开心快乐、人类自身的满足幸福，尽管伴随的也有人类的血泪、痛苦、挣扎、惨烈甚至生命的牺牲。但我们能改变吗？不能，至少现在不能，将来呢？也许能，至少希望能。我们共同期盼着。

再拿企业来举例。一个企业的发展，需要明确企业战略方向、经营定位、发展目标，要把握全局、统筹规划，设计企业愿景，确立远期、中期、近期想要达成的目标。企业一旦明确了目标，就能集聚起最大的激发动力和团队奋发的意志，目标越正确，成功的概率越高。这是企业要经营发展得好就必须要做足做好"去哪儿"这一战略功课的原因。

"怎么去？"是指为了达到某一目的或目标而采取的方式、方法、策略和途径。比如我们上学、上班、去旅游在选择合适的路线、途径之后，是乘汽车、坐地铁还是自驾车，或者乘飞机、坐高铁、乘游轮等，就是回答"怎么去"的问题。

那么人生呢？应该怎样去达成希望、理想的目标，或更可能地去实现心中的梦想，支撑起人生的信仰？其方式、方法、途径有很多种选择。但有一点是肯定的，基于"爱"的方式、方法、途径选择是没有错的，只是在具体的多种方案中可以选择最适合人生的当下境况、氛围和条件，由此需进行比较轻重缓急、优劣好坏。这是一道道复杂的比选题，也许其中还包括较多的第一直觉选择。具体情况、具体选择、具体分析，让人生的选择少一些遗憾，多一些欣慰；少一些后悔，多一些确信，人生也就多一些完满，多一些快乐。

还是拿企业做例子。在企业制定目标之后，摆在面前的是怎么去实现这个目标。大致可以用十问式，即（1）哪些人员；（2）使用哪些资源性工具；（3）分哪些步骤；（4）走什么路；（5）什么时间；（6）到达哪些分步目标；（7）采取哪些措施；（8）可能出现什么障碍和困难；（9）怎么清除和解决；（10）需要制定哪些预案等，以确保按期完成、实现最终的目标，包括遇到最坏情况下的应对、补救办法。

对企业而言，需要弄清楚发展理念、发展途径、发展方式。发展理念是指靠人才、科技、创新为主，还是靠产品生产、品牌销售以及后续服务为主，是以聚集定力、程序不变为主要方向还是以不断求变、灵活适应的策略作为企业发展理念，从而发挥主导作用。发展途径是要确定路径、执行者及团队，具备什么条件、优势，需要经过哪些步骤才能去实现。发展方式是指采取什么方法、措施、手段，包括是采用壮大规模外延式扩展还是利用现有规模、资源并挖掘其潜力去充分发挥它们的效用即通过内涵式去发展。这样大致明确企业"怎么去"，解决实际操作实施的方法和步骤等问题。

我们来看一看曾国藩治军的例子。

曾国藩统率湘军，战功卓著，其成功所采用的重要方式、方法或途径之一是对人才的选用和他独特的兵韬战略。它自创湘军，独立纲纪，并尊崇"诸将同心，万众一气，而后可以言战"的兵韬理念。他用儒学治军，讲仁守义，"带兵如父兄带子弟一语，最为仁慈贴切"，反映他仁礼治兵、爱民为本。

曾国藩对于带兵、练兵本是十足的外行，可他凭着读书、修养的一套"明理"功夫，竟把一支地主武装练就出来。他治军把选将作为第一要务，"行军之道，择将为先"。其标准是德才兼备、智勇双全，而把德放在首位，德即"忠义血性"，第一要才堪治民，第二要不怕死，第三要不计名利，第四要耐受辛苦。在曾国藩所带的、可查的湘军将帅179人中，儒生出身的104人，占58%，以如此众多的儒生为将，这在历代军事史上都是罕见的。简明描述一下他的做法：

一是将清朝的世兵制改革为募兵制，招募的兵员朴实壮健，有利于灌输忠义伦理思想和便于适应艰苦残酷的战争环境。

二是对绿营的编制方法也进行了改革。湘军以营为基本作战单位，营以下设哨，哨以下陆师为队，水师为船，马队为棚。营以上不再设官，各营全辖于曾国藩一人。

三是要求将必亲选、兵必自找、层层节制，改变了绿营中"兵与兵不相知，兵与将不相习"的弊病，开创了近代中国"兵为将有"的先例。

四是儒学治军，用封建伦理纲常去教育官兵，以仁礼忠信作为治军之本去陶冶官兵，以此来维系军心，绝对服从。不仅要求在营要做良兵，还要外出能做良民。

五是"礼""仁"对待官兵，在湘军内部，官兵无论职务，政治上一律平等，身处高位不盛气凌人、高高在上，威严来自衣冠、举止、气质、示范；而将帅对待官兵如同父兄对待子弟一样，总是希望帮助他们建功立业、兴旺发达，官兵自会感恩戴德。

六是治军之道，勤练熟练。"国勤则治，怠则乱；军勤则胜，惰则败。"日常勤学苦练是胜之保证。募兵也要具备"勇毅、团结、尚志、勤劳"四种品格。

七是注重"心战"对战争的重大作用，一方面要稳定自己的军心，还要瓦解敌人的斗志。攻敌心战采用四种方法，即谕义夺心、谕威夺气、先声夺人、挫敌锐气。

当然辅助手段也有许多，如厚饷养兵，兵乐从军；兵贵稳慎，反对浪战；以退为进，以主待客；兵无常法，活兵多变；兵不厌诈，本强示弱；等等。

三

视觉·听觉·触觉·心觉

  人有六觉，除了上面说的四觉外，还有嗅觉、味觉。这里主要探讨四觉，表明这四觉在"认知"人和事物过程中的重要作用，还有其普遍性和层次递进关系。当然嗅觉、味觉也很重要，只是有其应用的特征性、辅助性更多一点而已，我们也会在本节中阐述。

  一般意义上理解，视觉、听觉、触觉、嗅觉、味觉共同组成了感觉，与不同的感官即目、耳、手（或身体其他各部位）、鼻、舌相联系、相对应，它们一起在认识、认知中发挥着基础性、来源性、重要性以及外在性的作用。

  认识、认知一个人、某事物一般从视觉开始，因为"目"是最直接、首要的、第一的认识、认知感官，而且绝大部分外界信息是经视觉获得的。所以，我认为视觉应放在首位来探讨。如认识一个人，这个人由远而近，除了个别特殊情况下可能是先闻其声，即使先闻其声，也未必在见到人后能对上号，普遍情况是，先映入眼帘的是这个人的外在体形特征，是高是矮，是胖是瘦？再是身体各部分比例，走路的基本姿态；其次才是服饰颜色、款式及其搭配，再次是肤色、头发长短样式，进而是长相即五官特征及其搭配构成，还有辅助性印象是站姿、坐姿和谈话时的眼神、唇形和肢体动作等。而对于某事物的认识、认知就较为复杂。单就认识、认知某一物还算简单，那视觉更是第一位的，如物的外形尺寸大小、方圆结构、色泽纹样是直接的第一印象；其次才是物的材质、硬度、内部构造、功能作用等，由表及里。对于某事物的认识、认知，除了用到以上提到的"五官五觉"外，更多的还要用到思想，即思考的过程、方法及其形成的结论，不管它是对还是错，对错问题是其他章节要讨论的问题，这里暂不涉及。这就要用到"心觉"，有人也称它为直觉或意识，也有人说是"第六感"，或许还有人称它为知觉。后面再做进一步说明。

而视觉对于颜色是最为敏感、最为管用的，运用色彩表达情绪、状态也是较为普遍的，所以我们应了解几种色彩的意义。

红色——代表热情、积极、喜气，给人以力量。

蓝色——让人遐想、安静、严肃，带来宁静安详。

绿色——表达自然生命，象征年轻、清新、和平，给人清凉、爽快感觉。

黄色——明亮，容易被注意、吸引。

橙色——温暖、舒适、活泼。

粉色——平静、安稳、舒适。

紫色——尊贵、刺激、梦幻。

青色——坚强、古朴、庄重和希望，还有神秘。

听觉是人出生时的本能，人天生对于声音的感受力特别强，听觉也是人类最重要的感觉之一，它不仅为人们交流知识、沟通感情所必需，而且是使人们感知环境、认知事物、判断安全感的重要途径。

听觉首先感知的是声音的大小、音色、高低、强弱和长短，当然也包括情绪表达的急缓张弛或悲喜忧乐，也是有助于通过声音作出判断的一种要素。我们通常所说的听音乐，就是通过乐器演奏或人声演唱的节奏和旋律听到作品中所表现人的情感和情绪，即指听觉形象——由人的"耳"直接感受到的艺术形象，这种艺术形象是通过音响在时间上的流动乐音有规律的变化组合，而构成由人们的听觉感官能够感受到的艺术形象。

更多的听觉应用于日常生活、工作中来帮助认识、认知人和事物。愉悦的声音带给人的情绪也是愉悦的，所有人都希望生活在愉悦的情绪中，声音和听觉恰恰是这一情绪最重要的发出、接受和表达。从两个方面来探讨。

一是一个人所发出的声音方面。声音发出首先是意思的表达，在表达意思的时候难免会带有情绪，心情好则声音清亮、快慢适度偏快、高低适宜偏高，有嘴角轻微后拉的感觉，你有意无意都会有程度不同的类似表现，心理学者对此就能做出区别判断，想刻意隐藏是很难的。再者正常情绪的声音表达则显声音松弛、速度适中、高低平常、强弱正常的感觉，由此不会给别人以情绪波动的印象；还有就是激动或愤怒情绪的声音表达则是声音急促、音量较大、振幅较强，带有明显气息冲击声带的感觉，让人一听即明白声音发出者的激动或愤怒的情绪；最后一种是忧伤、愁苦情绪的声音表达则是声音缓慢、低沉、弱小也带有明显气息声音的感觉，这种情绪声音也很容易鉴别和判断。正如小提琴表达欢快情绪、大提琴表达忧伤情绪相对多一些，其中就有这个道理。

二是一个人所接收的声音方面。声音的接收对不同的人有不同的主观理解、判断，并且有不同方式的反应、对待，其结果是很不一样的。虽然对声音的接收所形成的信息，人们大致上是一致的。比如听到哭声，直觉上是悲伤；大而急的声音，一般是吵架等。但是听到哭声，有人会觉得烦躁、讨厌，而有人会觉得同情、可怜；听到吵架声，有人会感到幸灾乐祸、旁观可笑，而有人会感知着急担心、想要调和劝架。这里的不同其实是"心觉"在起作用。

触觉是接触、滑动、摩擦和压觉等机械刺激的总称。它有着更为直接而神奇的作用，即用来表示亲密、善意、温柔与体贴或者相反之情。触觉可以是反映人们心灵的一个窗口。如恋人之间的一个拥抱、夫妻间的相互亲密、朋友间的热情握手时，都会感到亲切、温馨、暖心等；反之，如某人打出一巴掌、一拳头，则是感到气愤、躁动、敌意等触觉情绪的表现。对于我们每一个人来说，触觉是必不可少的，而且有"触觉"的社会才是完整的社会。我们提倡的是人与人之间积极正面的触觉，它表达了人的肉体和感情系统的需要，但也不是说人们可以毫无顾忌地随意、到处去用触觉表达情绪，而应在内涵修养、气质雅致、自尊自爱的基础上，把握好触觉的适度与美感。

由于触觉是人类最早出现的感觉之一，发展到今天，触觉的方式也越来越多样化，能够表达丰富而细腻的情感，通过触觉传送到大脑的讯息，对情绪的表达和发展也有重要影响。所以人们在相互接触的过程中，既要学习和运用如何正确适当地主动发出触觉动作而表达或收敛情绪、情感和思想活动，也要学会准确接收、把握别人的触觉信息，许多是约定俗成的，但部分是需要用心体会、领悟的，这样才能了解到更细微的意思表达，无论是个人交往、集体活动、关系把控、主动争取、被动避免上都会有很好的帮助作用。

心觉是应该重点表述的内容。

心觉是超感官知觉的俗称，是通过"五官五觉"综合讯息分析加工形成或通过正常感官之外的管道接收讯息，能预知将要或可能发生的事情，也能感知现时的快乐、悲伤、恐惧、痛苦等心理感觉，可以说是意识的感觉或存在的感觉。如梦醒后要证明自己确实不是在做梦，可拍打自己一下或轻咬自己一下，如有触动感或微痛感即可证实。如果一个人没有心觉就不会有存在感，如死亡后。

有人说：是非皆不见，真心自悠闲，和中清此意，尚道净身安。讲的是一种心觉的人生智慧，即多事糊涂，烦事无缘，万事顺心，幸事美满。

心觉的作用之大小无法简单判断，但心觉的主观能动作用可以没有限制。比如，知觉是客观事物在心上产生的印象，对同样的高温和冰冷，有人敏感惧怕，有人却不以为然，至少很大程度上是心觉在起作用。有人认为，一切知识都开始于感官知觉，因此认识的全部历程是从感官原始知觉开始的，感觉为一切思想提供材料。我认为思想的力量是无穷的，正如拿破仑所说思想和利剑哪一种力量更大，毫无疑问是思想的力量。证明心觉的影响和思想的作用无法估量。

王阳明的心学从某个角度也说明了心觉的作用，尽管心学也有不完整、不透彻、有疑问的地方，但心学理论的"致良知"，阐明了"良知"对于人生的重要性，包括心灵的纯粹无私、洁白无瑕、善良诚心、真知灼见、将心换心、灵魂相通等，可以主宰人自身的所思所想、所言所语和所作所为，并且形成某一场域的气场，进而影响别人，影响到更大范围，具有强大的感召力和作用力。

想起王阳明龙场悟道前的1506年冬，因反对官宦刘瑾被廷杖四十，下锦衣卫狱至1507年春天，又被贬到贵州龙场驿站担任站长至1510年初期满。在锦衣卫狱的短暂几个月时间里，他把无聊时间用在了钻研《周易》上，《周易》是周文王在监狱里写的一本卦书，正好环境与心境吻合，也想读出一些天机来，加之此前翻过佛经，练过导引术，也不成功地格过竹子，却是打下了1508年在龙场悟出真道即心学的诸多基础。

去龙场途中，又被刘瑾派人追杀，因灵机一动伪造跳水自尽假象躲过一劫，后来其父王华劝慰他还是去了少数民族杂居、非常落后未开化的龙场任职，他并没有气馁，反而觉得"大明帝国在那儿有驿站，就有人在那里生活，为什么我不能？大牢都蹲过，我不也出来了吗？总比牢里强吧"。他就这样想着，也这样安慰自己。即使如此，他还担心当时天下，圣学不明，说书人只讲口耳之学，不谈身心之学。可谓王阳明大半生无论对生活还是对理想从未绝望过，只要能发挥主观能动性，一切事都不是事。他悟道的一个细节有必要向各位读者介绍：王阳明在听天由命时，每天用静坐沉思的方式让自己的心彻底放松安静，之后他就问自己这样一个问题，如果是一个圣人处在我这样的环境下，他如何想，又该如何做？最后得到结论——圣人也没有办法改变外部客观环境，他们只是努力去适应环境，同时尽力去改造、改变这样的环境，哪怕只是一点点。这就要靠自己的主观努力，即心力。

种种经历、遭遇，使得王阳明通过日夜反省、顿悟，提出"圣人之道，吾性自足"，"心即理"，即心外无物，心外无事、心外无理，"知行合一"，"致良知"等学说，以至于在他此后的从政征战生涯中，顺风顺水，屡战屡胜，从未打过败仗。后心学传到日本，在一定程度上引导并兴起了明治维新，才有了日本后来的强盛。其成效不一而足。只是因程朱理学的包围、占据以及朝代的更迭、封建社会的瓦解等一系列历史原因，而不如包括程朱理学在内的儒释道学说对我们国人传播和影响得那么广而远。

由此可窥一斑，与心学紧密关联的心觉对于我们人自身和他人及社会的影响作用巨大而深远。

日常生活中不乏此类例子。有两对恋人出外旅游遇到了沿路都是坑坑洼洼的路况，车子很颠，其中一个男朋友对他的女朋友抱怨说"什么路嘛，简直像麻子一样，颠得人都要吐了"之类的话，还责怪导游的安排。而另一个男朋友对他的女朋友却说："我们现在正在赫赫有名的迷人酒窝大道上，跳着欢快的迪斯科呢！"如果是你，该喜欢谁呢？不言而喻！不同的心觉，不同的意念，产生不同的态度，导致不同的结果，从而形成不同的思想。思想的妙趣就在于此，而思想的决定权在于我们每个人自己，尽管思想的形成要经过长期的学习、领悟、修炼、实践等艰苦的过程，但它确实具有强大甚至超强的力量。

让我们一起让心觉悟吧！

四

自然·必然·豁然·超然

写下这组词语,是想把人生的主要阶段从四个方面或者说四个维度表达出来。人的一生一定会经历这四个阶段,虽然这是一个大致的划分,但是这样划分有它确切的意义。

子曰:"吾十有五而志于学,三十而立,四十而不惑,五十而知天命,六十而耳顺,七十而从心所欲不逾矩。"影响了我们两千多年,今天,我们还可以应时加上一句,"八十而清欲寡求不忧愁",进而达到一种超然境界。

人刚出生的几年里,生命存在于一种自然状态,吃喝拉撒睡,全是自然使然,也处于自然生长阶段。大致从上学开始,就不能随心所欲、自然使然了,而是进入了必然阶段,不想做而必须做的事情开始显现并逐渐增多起来;活到耳顺之年以后,人生遇到的绝大部分事情、疑问大概都想清楚了,而且越来越明白,基本上不存在什么疑惑的同时,还能帮别人释疑解惑,宽慰劝导别人,把这一解惑的领域一步一步无限扩展,至更多人、更多事、更大的社会范围甚至延伸到人类和世界,达到一种自由的境界,进入一种豁然的高度和阶段;往后,便是超然阶段,近乎圣贤心境、神仙界别、超自然状态。从某种意义上说,从接近于终点又回到起点——自然,一种更高层次的自然,只是叫它超自然罢了。

《道德经》里说:"人法地,地法天,天法道,道法自然。"这里的自然是指非人为的本然状态。亚里士多德认为，自己如此的事物，或自然而然的事物，其存在的根据、发展的动因必定是内在的。因此"自然"就意味着自身具有运动原动力的事物本质，本性就是自然万物的动变源泉，从而从原始的"自然"含义引申出作为自然物之本性和根据，即"存在"本身的自然概念。人处于自然存在与生长状态是最具有人的本质属性的，或叫自然属性。借用马克思所说的"人化的自然界"这一观点，我们也可以称这个阶段为"人化的自然"阶段。

人出生后至上学的儿童阶段，父母或社会抚养者应给予他们充分的、足够的自然生长环境和条件，如果他们对某项玩具、游戏或事物有兴趣，在不影响正常健康生长的前提下，应尽可能予以满足，并引导他们朝着正确的方向和目标，去玩玩具、做游戏、看事物，从兴趣中认识、认知、学习、了解这样那样的东西、事物和知识，并培养他们更多有益的兴趣。所有的前提是根据他们自己的特点和规律，顺其自然地安排他们的吃喝拉撒睡，个别时间和事项因做不到或是有负面影响，也要有针对性地说理引导，适当管控教育，帮助他们了解、理解、配合，逐步养成良好的、正常的生活习惯和学习兴趣。尽量避免让他们看到或听到家庭和周围负面的现象或行为，如父母吵架、亲热，不好的习惯性动作，不礼貌的说话用语和待人接物方式等，父母用自己良好的言谈举止作为引导，其实是对孩子最好的潜移默化、榜样示范、润物无声的教育方式。他们能否记得住、记得清不清楚是次要的，关键是从小就把影响性格的各种习惯烙在心坎里、嵌到骨子里、融入血液里去，再要改变就很难了。

必然，就人生的阶段而言，是指在自然生长阶段上的提升，由自然王国走向必然王国，不想做的事情因为到了这个阶段，也不得不去做，再不能随心所欲、没有约束，比如天气很冷不想起床，但为了上学必须起来，还不能迟到。

从哲理上讲，必然是指某种事物的客观规律，即事物变化的种种现象是不以个人意志为转移的，是肯定会发生的，如同冰一定会让人觉得寒冷、火一定会让人感觉到灼热，春夏秋冬四季轮转，人会慢慢长大，每个人都会有衰老和死去的必然规律，不可抗拒。

人的一生中必须直面"必然"，而且"必然"是一生之中最为主要、最为关键的阶段，在各阶段中起承上启下、奠定基础的作用。在这一阶段中，人要步入正规学堂学习知识、提升智慧，面对社会练达情商、自我控制、锤炼本领、增长才干，审视人生力求成功、避免挫折减少失败等，都是在这一阶段形成、进而达到的。

所以，在想与不想、敢与不敢、能与不能、成与不成中，每一个人都曾经矛盾过、彷徨过、挣扎过，也努力过、奋斗过、欣喜过，这就是"必然"阶段的真实生活、客观写照。当然也一直在争取少一点迷茫、多一点努力，少一点挣扎、多一点奋斗，少一点矛盾、多一点欣喜，最终奔着希望、成功和幸福而去。

必然阶段是人生遇到困难、挑战最多的阶段，也是充满最多机遇和希望的阶段，同时也恰逢人生最重要、最为关键的阶段。如上学（尤其是大学）、工作、结婚、生子，以及赡养老人等都处于这个阶段。怎么看待、适应、应对和迎接这些困难和挑战，让这个阶段过得尽可能充实而富有意义，能够感受到跨越艰难历练，享受雨后彩虹的满足，关键能否获得更多的成功和成就、快乐和幸福，这正是本书想要寻求的答案。回到人的本质特征和原动力，一切都源于爱归于爱，并且懂得怎么去爱——爱度融合，就找到了打开成功人生的正确钥匙，顺利实现人生目标就只是时间问题了，懂得爱度融合越早，就有可能更快地实现这一目标。

"豁然"是指人生的自由阶段，人生由必然王国达到自由王国，即"豁然"阶段。"豁然"字面意义是形容开阔或通达，开通或敞亮，自由通常字面意义是在法律规矩的范围内随自己意志活动的权利，哲学意义是指人认识事物发展规律性，自觉地运用到日常生活和工作及事业发展、人生提升中去。而平时应用较多的是指不受拘束、不受限制，如自由表达、自由行动等。

我们谈及豁然，前提是在一定自然、社会规律约束下的豁然，遵循、顺从客观规律，迎合必然现象发生的豁然，才是真实存在的、能够持续的，无限的、没有约束的豁然是不存在的，它必须服从客观的变化结果。从另一角度说，人们只有适应、掌握并且自如运用客观事物的规律和结果，才可能达到豁然的境界。豁然就是人所追求的本质特性，是自由决定自己的选择和命运的高尚需求，激励着人们不断地去认识规律、追求自由、争取豁然，所以约束性的规律是打开豁然王国大门的钥匙,是通向豁然王国的真正捷径。从某种意义上说,自由就是习惯了的约束。所谓明白了,就开朗了、敞亮了,心胸就大了,就是这个道理。

比如,你知道这个世界上每个人的性格、学识、修养、思考和处理问题方式等都不一样,这是一个规律,是一个不可改变的客观结果,那么,在生活与工作中,你就一定会遇到语言表达、行为举止与你不一样甚至与你相反,使你感到难堪甚至无法接受的人,你还会大为光火、自寻烦恼吗？你还会像有的人一样去直面辩理、争斗相加吗？我认为,我们至少会自我控制情绪、宽慰自己心情、自寻烦恼出口、减轻负面影响,何况诸多情况下时过境迁、物是人非,随着时间流逝,它已发生改变,有的已被人们淡忘,客观上不能也不会对你造成什么显现的负面后果,只是觉得原来和当时的计较是一场空罢了。人们往往放大了别人对自己的负面意图或恶意,也放大了别人对自己的负面影响力或造成的负面结果,也即是不能客观正确地看待和评价别人而导致的结果。认识到这点并努力改变,做到更好,豁然离我们还会远吗？其实,我们大致可以推论,多数人的90%以上的烦恼实际是不存在的,都是自我单方面心理因素造成的,或者说是自寻烦恼。

"超然"直意为超凡脱俗、置身物外、出于事外之境界。如指一个人态度超然,那么超然就使得此人少了许多心乱和麻烦,更不为一般之事和凡俗之人所左右、控制而导致烦恼。用爱度融合的原理解释,就是一个人只要去从爱出发、经过爱的驿站、奔向爱的终点,不管路途遇到什么人、经过什么事,即不管对象是谁,相互发生何种事情,你都用爱的心灵对待,只是运用好爱的方式、掌握爱的尺度,就不会犯错或少犯错,就基本上不会遗憾或很少后悔,在爱、超然与成功三者之间就比较容易形成一种人生的良性循环轨迹。

超然并不是消极的逃避或态度的世故。如:

春秋·老子《道德经》:"虽有荣观,燕处超然。"

汉·董仲舒《春秋繁露·服制象》:"圣人之所以超然,虽欲从之,末由也已。"

汉·董仲舒《春秋繁露·天地阴阳》:"以此见人之超然万物之上而最为天下贵也。"

晋·陶潜《劝农》:"若能超然,投迹高轨,敢不敛衽,敬赞德美。"

唐·李德裕《舴艋舟》:"永日歌濯缨,超然谢尘滓。"

宋·陆游《哭杜府君》:"超然众客中,可慕不待揖。"

宋·叶梦得《石林诗话》:"渊明正以脱略世故,超然物外为适,顾区区在位者,何足概其心哉?"

明·王守仁《答陆原静书》:"岂良知复超然于体用之外乎?"

明·吴承恩《西游记》第九十三回:"无爱无思自清净,管教解脱得超然。"

清·姚鼐《祭朱竹君学士文》:"海内万士,于中有君。其气超然,不可辈群。"

超然在人生中处于清欲寡求不忧愁之年代,这个年代也不见得非到八十岁,"八十"只是一个数字概念,讲的是一个大概年岁,至多也只指八十岁前后阶段,至于进入什么阶段,因人而异,有的人因思考、思维、思想之成熟程度不一样,进入对应阶段的年岁差距也会比较大,有的人在某个阶段会提早进入或推迟进入,不同的人在不同的阶段表现存在较大差异,有的人虽然过程有差别,但最终进入某个阶段的年龄段又有可能基本一致,类似情况经常发生。所以,如果我们在青少年时代或者处于中年时代比其他同龄人落后或相比有差距,那可能只是阶段性的差距罢了,并不代表永远都存在这样的差距。

我们期待人生超然阶段能够提前,此后生活得更加轻松自在、舒适快乐、美满幸福,它不一定与物质财富和曾经的权力地位成完全正比关系,尽管存在一定程度上的关联,但超然人生是人生的最高境界,是一生都在为此打基础和所追求的人生真谛。

超然人生阶段还有一种含义,即为他人、为社会有正影响、少负作用,比如能够正示范、讲事理、指方向、明心境,甚至因为自身的存在,其气场的无形牵引、扩散、弥漫,就能正心定气、爱溢驰闲、身同恩随、乐海无边之圣相,真是人生之大趣、世间之大美也。

超然之于你我,莫过于此。

五

上下·左右·内外·前后

　　一看就明白，这一组词讲的是空间概念。但我们不仅讲空间，还跟个人以及人生有关的关系、场域、理念和涵养等相关。

　　以人所处的位置为中心，一定有上下、左右、前后之分，从人的物理属性——身体来讲，还有内外之别，直白地说，就跟医院分内科、外科一样容易区分。以人所处的关系划分，则有纵向的血缘上下辈关系、工作上下级关系；左右横向的血缘同辈关系（兄弟姐妹）、因婚姻所结的法律夫妻关系、工作上的同事关系、社会人与人之间的普通关系等；内外关系则分属为个人的内心与外在、家里与家外、单位内与单位外、族内与族外、国内与国外等；前后关系则表现为回首与前行、曾经与将来、总结与预测等。

　　从物理位置来看，人走到哪里，必然会有与周边环境的位置关系，比如在家里和单位、静坐与行走、陆地与海上、乘车与乘机等都有不同，其心里感受也有区别。每一个人身处一处，需要尽可能熟悉、了解、掌握上下、左右、前后相关位置属性，包括所在方位、环境，周边有什么物、什么人，所处范围安全性怎么样，最好扫视、观察如遇紧急情况有什么方式、什么通道可以应急处置，以便实施自我包括对他人的保护？虽然不可能每时每刻每到一处都能做到这些，但是直觉意识、经验判断是起作用的。同时，对重要场合、处理重大事件、面对重要对象时要有冷静、理智的观察、考量和判断，便于适时准确、快速、有效地应对。

　　从关系角度来看，上下关系主要是前辈晚辈、上级下级关系。

处理前辈晚辈关系，中国讲的最多的是"百善孝为先。"《孟子·万章上》有云："孝子之至，莫大于尊亲。"《晋书·列传三十七》中，"史臣曰：忠臣本乎孝子，奉上资乎爱亲"。明朝阳明家训之一便是"要孝悌"，"孝"是排在"悌"前面的。检验真孝的标准是"让父母心安"。当然孝不是孤立存在、单向成立的，它必须有被孝的对象——长辈的参与，也就是父仁子敬、母慈子孝，两方是相互依存、相与渗透、相互影响的，当然孝为主、孝为先、孝为大。从爱讲起，就是连自己父母长辈都不爱不敬不孝，怎能想象他对别人怎么会有爱之心呢？所以孝是检验一个人是否有爱心的最基本的试金石。有年轻人在谈朋友时认为对象对自己特别好，但对他父母却缺乏孝心和孝行，对身边其他的人就更不用说了，如果你还觉得他可靠、可托付终生，那就是极大的误区，或者说这样的人在本质上是存在问题或缺陷的，不可能做得到对你一辈子都好。

处理上下级关系，共产党内有一个准则，叫下级服从上级，还有个人服从组织，对上要有尊重、敬畏之心，体现为忠信之德、竭尽忠仁、报效组织。忠信乃君子为人之准则。晚清重臣曾国藩在《曾国藩全书·日记》里说："欺人自欺，灭忠信，丧廉耻，皆在于此。切戒切戒！"立诚居敬，可见一斑。

另外，居于上级者，不可高高在上、颐指气使。曾国藩说："君子大过人处，只在虚心而已。"后人评价曾国藩"不贵权术，最贵推诚；知人善任，量才器使；纳言保荐，厚待良才"。值得我们借鉴。

处理左右横向关系，如兄弟姐妹，中国传统则讲"悌"，指弟弟敬爱兄长，妹妹恭敬姐姐，同理，也是需要双方配合与感应，才能真切表现与存在，即哥哥姐姐要诚爱弟弟妹妹。"恕"道告诫我们：吾兄弟须从恕字痛下功夫，兄友弟恭，手足至诚。

夫妻关系古人讲究举案齐眉、夫妻情深，"几回南国思红豆，曾记西风浣碧沙。"曾国藩曾在家训中提倡："至于家族姻党，只宜一概爱之敬之。"家和才能万事兴。夫妻关系是家庭关系中最重要的关系，如何处理好夫妻关系，提出几点想法，目的是希望大家能从中得到一些启发。

一是不管谁对谁错，先表明自己有错。因为有爱之人真爱对方，所以自己认错，自然而然。家庭问题本没有什么绝对的对错，双方有矛盾，一般不可能是单方面的，只是谁错大小、谁错主次、谁错先后的问题，即使自己错在小、次、后，也先用适当方式表明承认这个小错、次错、后错，剩下的大错、主错、先错就不言自明了。如果自己是后者，更要主动认错。当然这样认错还是丈夫主动为好，因为丈夫毕竟是家庭第一责任人，也是第一主人或叫户主，一个家庭的氛围好不好，关键在丈夫主导，所以还是丈夫主动最好，男子汉大丈夫！当然也不排除妻子以认错为大气、示爱的绝好方法。在主动认错一方认错之后，另一方也因心有爱意而回应，表明"自己也有错"。在家里分清谁对谁错没有实际意义。这样的夫妻关系才会更好。即使涉及因为对错而影响到实际后果，也是在主动认错之后，冷静下来再商量研究防错改错的措施办法，并且一起去面对、解决，家事才会兴。

二是拿自己说事，幽自己的默。黑自己是最好的幽默，是不会犯错的幽默，尤其夫妻关系，揭自己之小短，赞对方之所长，是无不胜之法宝，其实也是自信的表现。做丈夫可以多思多用。

三是对对方的优点和爱意要善于表达。中国人表达感情往往过于含蓄，夫妻之间需要有效沟通，直接的、隐含的、转述的、行为的各种方式都可以，而且从细节、微小处说话、入手，不能千篇一律，一样的话听多了就腻了、烦了，只有从不同角度用不同方式表达，才能起到好的实际效果。但是这要用心才能做到。

四是夫妻角色互换巧用。俗话说生活就是舞台，角色互换就是生活的自表演，徒生许多乐趣，无时无刻、随时随地都可能成为生活的舞台，也是人生小中见大的舞台，可以是对话、举止、服饰，也可以是个小故事、小段子，当然也可以让孩子参与进来，与孩子也可以互换角色。这里就不一一罗列可以互换哪些角色了。情趣由此而生，浪漫顺势而至。

夫妻关系涉及很多具体的、复杂的事情及问题，就不多说了。

左右横向关系中同事关系也很重要，影响到事业成功、进步快慢与否。处理同事关系与处理上下级关系一样属于情商范畴，但所有关系处理的根本源头、关键动力不是情商本身，那是什么呢？我们可以称其为不是情商的情商，或者说情商本源，或者说有了它，不必过于在意情商是什么，也不必花太多精力去培养所谓的情商，情商是不难拥有的东西，说到底，那就是发自心底的爱。一个真心爱他人的人一定会站在他人的角度想问题、说真话、办事情，即想他人之所想、急他人之所急、行他人之所需，那么，情商自然就高了。如爱再加上度，把爱度融合在一起，协调处理好关系就更不是什么难事了。

作为单位里的一员，首先要爱这个单位、爱这个集体、爱所有同事，我们暂且称这种爱为"小爱"中的一种；其次，真心希望这个单位、这个集体、所有同事都有好的现在、好的将来；最后是我们为此需要力所能及地去付出努力、发挥作用、作出贡献、取得成效。而且从细节做起、从小事做起、从现在做起，大家会看在眼里、记在心里，即使会有一两次误会，也要不忘初心，不能轻易改变和动摇。时间是一把好尺子，迟早会度量出一个人在大家心中重情重义、真诚友善的高大真实形象。再加上能力水平成果的体现，升职提薪、工作进步、事业发展就会指日可待，至少会比一般人要快、要好。

社会人与人普遍关系密切的基本点应定位在人与人即所有人之间在普遍关系上的人格平等、尊严平等、权利平等、意识平等上，尽管个人与个人之间性格特征、岗位职务、责任权力、知识能力等都不尽相同，甚至区别很大，所以，只要是拥有了爱度融合的理念，心中自有自爱小爱，还有中爱大爱（后面有专门论述），同时把它化为"人人为我，我为人人"的言行表达，且不必过于考虑和顾及与你打交道所有人的身份地位及性格，你都会去爱、去尊重、去礼待，不卑不亢、不急不慌、不轻不怠，尽管表达的方式各不相同，世界与时间就好像掌握在拥有爱、充满爱的"融合"人之心、之手。理所当然，且人们常说的心态就会更好，心情就会更顺，心里就会更乐。

有缘的深交者也是由此开始的。

内外关系简述如下。

关于个人的内心与外在关系，内心是本源，外在是表象，外在是内心的冲动与表现，内心是外在的力量与动能，内心不仅主宰外在的言行与气场，还能很大程度上主宰自我一生的主要生活方式和生命过程。我们可以在阳明心学里找得到类同的原理或相似答案，与唯心本身无关。

家里与家外，既要有大同观，又要有所区别。爱的原理一样，爱的方式却不同。家里是小爱，家外范围更广，是小爱基础上的爱，也可能是中爱。具备能力去付出的小爱，有服从中爱和大爱之基本原则，但小爱本身是基础，这一点也是表达和反映自爱和小爱的能力以及不同层次爱之间的关系。能力强，则可以承担更多和更高层次的爱。

单位内与单位外，其关系在原理上与上述家里、家外的关系一样，只是范围、层次不同，是递进一层的关系。一个单位需要把自己的事情做好，也要承担相应或更多的社会责任。

族内与族外、国内与国外是更高层次的关系，需要更高境界来思考、思维，对应于中爱和大爱。族内与族外包括各家族之间、各民族之间尤其是中华民族与其他民族之间的关系。这种对应关系都有它们各自的含义。有一点可以肯定，中华民族的强盛、中国梦的实现，一定会为其他民族和世界各国的和平、繁荣和发展提供正能量、作出正贡献。这是需要其他国家尤其是西方国家和我们一起认真研究古今中国和中华民族的历史与现状之后才能得出的结论。

前后关系中，回首与前行、曾经与将来，总结与预测，教我们遵循古人说的"吾日三省吾身"，原意是每天反省自己——替人家谋虑是否不够尽心？和朋友交往是否不够诚信？老师传道授业是否认真复习？能够起到很好的认知差错、纠偏更正、走向正道的醒世作用。

世道纷纷、熙熙攘攘，心为外利所动，几欲失去自我，物欲横流，乃至人心不古。消极东西也会影响我们每天的生活和思想。所以，我们是否应该每天回头看看，一天里所思所想所做，哪怕是某个细节、小事，有什么不对不妥不好的，总结回味，反思反省，明记改正，不再犯错，为将来怎么想、怎么说、怎么做，让头脑再清醒、方向再明确、方法更具体，以此来给自己以指导帮助，往前的路途顺利、宽广，将来的果实丰盈、充实。同时对自己未来将要遇到的事情或问题作个尽可能准确的预测、判断，毫无疑问，"预则立，不预则废！"

从以上分析可以得出一个结论：爱不仅是一个情感概念，也具有强烈的"空间"感知。

六

过去·现在·将来·最终

在时间概念上，通常有这么几种划分法：前一秒、此一时、下一刻；昨天、今天、明天；过去、现在、将来。表达的意义大致一致，从四维角度，我们再加一个"最终"，表明凡事凡人都有终了的时间或结果，只是时间到没到、结果出没出的问题。我们都知道，哲学是研究事物的永恒性、无限性、终极性问题的，但是，却又不可能给出一个永恒性、无限性、终极性答案。而对于其他事物包括人的研究从时间轴上是可以分为过去、现在、将来、最终这四个维度的。

在历史的长河中，我们总是回望过去，研究过去，从过去总结出什么、汲取些什么、得出些什么？以此来帮助我们把握好现在，预测准将来，为我们所希望的将来奠定一个扎实而美好的基础，以至于达到最终完美的结局。人类总是希望、期盼历史和人类自身以及个人的一生都是善始善终、尽善尽美的，虽然现实残酷而骨感，而理想却是另一种景象。

学习历史是教我们不要忘记历史，还要懂得历史。历史自己不会评价，要靠后人来述说并作出结论。历史有好的、正面的，也有不好的、负面的，但历史首先描述的应该是事实真相，是客观存在。所以就应得到后人的足够尊重、客观再现和取舍运用。而运用较多的是找出历史与现实的相似、相近或相类性，同时分析它们之间的不同与差别，目的是总结历史经验、吸取历史教训，从经验和教训中寻求处理现实问题与事物的方式、方法和途径，哪些可以引用？哪些需要避免？哪些需要发扬？哪些需要抑制？把现在或眼下的事办好。如此而已。由此，探寻出一些本质性、特征性、规律性的东西，为把"将来"的事办好，尽量预判、做好准备，做到可控在控，提高可靠性和胜算度。而历史的终点在哪里呢？恐怕谁也说不清楚，也只有历史能够回答，也许历史根本就没有终点。作为元哲学的历史论研究是包含以上这些内容的。

事物的发展是有一个时间轴的，也是有规律可寻的。重要的是从时间轴上去思考、分析、研究事物发展的规律性。

事物的发展由过去到现在，是有轨迹显现的，沿着轨道上的风景、现象，一路欣赏、一路琢磨、一路思考，逐步由表及里，由此及彼，由个别到一般，由特殊到普遍，就可以探究出事物发展的一般规则、原理及其本质特征，进而分析出它们的可重复性或可复制性，就接近规律性了。常言道：路遥知马力，日久见人心。需要过去、现在、将来时间的衔接与流逝来检验，即说明时间的重要性！

对任何事物的认识都有这么一个由浅到深、由低到高的过程，也是一般性、普遍性原理。即事物本身如处于你肉眼所能平视的位置，那么经过这样的认识过程，你才能更上一层和更深一步地去看待，那么，更上一层则需要踮起脚尖或借助脚垫，甚至跳起来或借助撑杆跳才能登高、触顶、望远、看准。更深一步则必须蹲下来或弯下腰才能潜心、静气、摸透、察细，才能真正达到深刻的程度。谁能站得更高，就能看得更远；谁能潜得越深，就能把得更透。毫无疑问，成功概率就会更大。成功并不是事物的终结，它可能是另一事物或更高层次事物新循环的开始，事物本身是联系、发展的，所以事物也没有终结点。

人的一生更像一条时间长河，源源不断地从出生起点流向人生终点，由此反映人的生命之长短，在生命旅程中，不曾有过停歇，它会一直奔流，就像人的气息呼吸在生命的过程中不会间息停止一样。人生河流只不过有地势的高低、流速的快慢、河道的曲直、河水的清浊之分，不管过去经历了什么、有多大阻力，水流自会奔涌向前，而后汇入大海。有人把它比喻成一张有去无回的单程船票，似乎挺形象的。所以，人生的主题就只有一条路——往前。

人生之过去、现在、将来和最终如此清晰，又那么模糊。一生遇到数不完、记不清的好事坏事、喜事烦事导致的开心烦恼、平顺曲折、经验教训等林林总总，哪些该留在记忆里，哪些该抛到云霄外，既可有意选择掌握，又有一些无法逃脱规避。

人的生命长河一般需要80~90年走完，长的也只100年多一点。无论你现在处于什么阶段，有多大的成就或有多大的苦难，此前的都属过去，接下来的才是开始，往后的才是将来。不管是谁也不管怎样，总有一天会终了，到达最终的终点。

怎么看待我们的曾经、过去呢？

莎士比亚说："凡是过去，皆为序章。"毛泽东诗词里也写道："俱往矣，数风流人物，还看今朝。"

过去的，已经过去，不会重现，不能重来，没有人可以回到过去重新开始，好比人生的考卷没有橡皮擦，写上去就无法更改，再也擦不掉。所说的、所做的都是做题的一部分，所以，我们的一言一行、所说所做，都要三思而行、谨慎而做。另外，对既成事实、已然存在的过去可以不忘记，但不可以纠结，而一定要清醒放下、理智获取、选择吸取。

我们的曾经和过去，给予我们人生最多的是经历、经验和教训。经历让我们丰富、充实、多彩，经验让我们学习、借鉴、进步，教训让我们反思、规避、成长，不再犯类似、同样的错误，成为更加厚重、成熟、成功之人。比如我们通过写日记，记录一下每天的所思所说、所见所听和所作所为，以及每天的体会、收获，包括身边人的引导、提醒，对自己一定会有帮助的。记日记就好像多了一个最知心的朋友与自己每天对话，告诉自己要反思、反省，和自己商议、探讨，按现在的理解，就是"本我"与"旁我"的最好沟通与交流。

"现在"在空间上有存在之意，而主要指时间上此时、眼前或今生，与过去、未来相区别。如：

古天竺僧伽斯那《百喻经·煮黑石蜜浆喻》："受苦现在，殃流来劫。"

唐·玄奘《大唐西域记·瞿毘霜那国》："风俗淳质，勤学好福，多信外道，求现在乐。"

明·郭勋《英烈传》第一回："陛下尊居九五，富有四海，不过保有现在而已，人生几何？"

清《儒林外史》第三九回："我虽年老，现在并无病痛。"

说的都是这个意思。

把握现在，是人生最现实、最具体、最有用的选择。人生的每个时间节点都是可能的现在，至少是曾经的现在、现在的现在和未来的现在，每一个现在都不能放弃、不可耽误、不容荒废。何况曾经的现在可以用来指导、帮助现在的现在和未来的现在，哪怕是需要调整，都要尽量保证调整的效果；哪怕是没做出成效，也尽可能不要增加无谓消耗、带来负面阻碍，因为用"生命效率"衡量，总是力求生命效率更高。生命是个过程，时间不会停滞，如有犹疑彷徨，终将无所得矣。即使生命是一次伟大的冒险，那生命的精神也值得赞颂！

要把握好现在，得从眼下做起，从点滴做起，从简单做起，从自我做起。如果还没想好做什么、该怎么做，那就从手边的事做起。把握现在，贵在行动、贵在坚持、贵在向前。

为什么我们要珍惜现在呢？主要是人生短暂，"现在"稍纵即逝，稍不留神，现在的现在就会成为曾经的现在，未来的现在又立即来到眼前，应接不暇，到头来剩下的可能是感叹、遗憾和后悔了。匆匆忙忙不经意，碌碌而为更失意。有人说"遥不可及的并非若干年之后，而是今天之前"。也有人说："你所浪费的今天，是昨天死去的人奢望的明天；你所厌恶的现在，是未来的你回不去的昨天。"时间是那么残忍，又如此美好，珍惜了，就是黄金；虚度了，就是流水。

"将来"的人生是什么样的人生，谁也无法准确判断，但是根据过去、现在，可以大致作出推测。

有两个方面必须涉及，一是古人说的"预则立、不预则废"。二是常言说的"明天和意外，不知哪一个先来"。

从预的角度讲，意思是对将来有一个预判并做好预的准备，那这项预的任务一定是"现在"的，从现在开始，对将来预判的各种可能性作出办法、措施、步骤上的应对准备，打好各方面的基础，以争取最好的结果，从最坏处着想，从最好处入手，才能达到"预"的预期效果，即立而不废。关于"预"，本书将有专门章节论述。

关于第二方面，是告知我们将来的不确知、不可控。既然将来不确知、不可控，我们就没有必要沉浸在过去的是非得失、沉思回忆中，更没有必要对将来一直处于预期的空中楼阁、幻想的海市蜃楼中，既不沉沦消极，又要充满激情地过好今天，因为即使明天不确知、不可控，但明天完全有可能会更好，何况人生过好了今天，收获了今天，就多了一份今天的快乐，就可能多了一点人生的幸福，为明天也打下了更好的基础。即使意外先来，人生也少一份遗憾、少一点后悔，为他人、为家里、为社会留下的就多一份美好、多一点能量。

"最终"是指终结、终了，或最后、末了。人生的最终是通向哪里呢？从人的物理属性——肉体本身而言，死亡是人的终结，普遍观点也是这么认为的，人的最终结果一定是生命的终结，死亡即意味着烟消云散。人的生命就像是树叶，生长、枯萎、飘零、腐烂，必经的过程，没人能够幸免。但也有人认为，死亡不是失去生命，而是走出了时间。我觉得，人的死亡，不能说是生命的真正终结，当然也没有令人信服的证据证明，人死亡，灵魂却还在，但我觉得，人死亡后，人的生命信息还在。这个生命信息与灵魂不是一回事。生命信息主要是指一个人生前所具有的生命能量对他人后世所能产生的影响因子，这个因子是人死亡后还将留存世间和影响他人，只是影响的能量有所减弱，没有活着的时候那么直接而已。这种信息因子及其影响，活着的人都能感受、接收得到。越是伟人，其信息越强，影响越大，持续时间也会越长。有的人甚至是永垂不朽、流芳百世、亘古传承，历史上许多伟人就是这样的人。反之，则成反比。我们周围更多的是普通人，普通人与普通人也有区别。愿我们做一个生命信息更强和对他人影响更大的人。那就要更加努力、更加强大，把自我潜力发挥更加充分。做到这点，意味着我们心中拥有和充满更多、更大的真爱，也就拥有和充满更大、更强的力量源泉。

七

学·知·乐·用

子曰:"知之者不如好之者,好之者不如乐之者。"(《论语·雍也》)今天,还可以在前面加上一句"学之者不如知之者",在后面加上一句"乐之者不如用之者"。连起来就是:学之者不如知之者,知之者不如好之者,好之者不如乐之者,乐之者不如用之者。简单解释就是,对于学问和学业,学习它的人不如知道它的人,知道它的人不如爱好它的人,爱好它的人不如以它为乐的人,以它为乐的人不如用它于实际的人。简化地说:学、知、乐、用。

它们之间是递进关系,阐述了学习知识兴趣的重要性,目的是要运用于实际工作和生活,运用得好,反过来又会促进学习的兴趣。俗话说"兴趣是最好的老师",讲的就是这个道理。

关于学习的话题,从古至今讨论得非常多,说明学习本身之重要和如何学习之难度。学习的字面意思是学而时习之,广义是指人在生活过程中通过获得知识和经验而产生的行为或行为潜能的相对持久的行为方式,狭义是指通过阅读、听讲、观察、思考、理解、研究、实验、探索、实践等手段获得的知识或技能的过程,是一种使个体可以得到持续转化(知识和技能、方法与过程、情感与价值的改善和升华)的行为方式。

人的学习动力来源于哪里?有人会说是兴趣,这么回答应该没错,但容易误解成没有兴趣的知识就不去好好学习了!有些知识有没有兴趣都是必须学习的,尤其是学校里的学生,不管对数理化、文史哲有没有兴趣都要学习。那么就要找寻学习的原动力是什么。比兴趣更具说服力的理由——我认为是"爱"。在人的无意识阶段或自我意识不强的少儿时期，学习的原动力来源于兴趣占据主导位置，即使在这个时期，少儿也有爱的力量推动其有意或无意地学习，比如婴儿学走路、学说话，是因为爱他的人教他、带他、引导他。上学之后，逐渐懂得了爸爸妈妈教导、指导我为什么而学、怎么学、学习有什么用处等，原来都与爱脱离不了关系，以至于后来学习的发奋努力更多是源于爱了，只是爱的程度、爱的范围、爱的动力更多、更广、更强了。

要学习的知识那么多，怎么确定所要学习的知识范围和先后顺序呢？这跟人所处的阶段有关，小学到大学以学习文化基础知识、相关专业理论为主，实际上这都是为人生踏入社会、参加工作打基础的，更主要的是在这个学习过程中，学习掌握学习的方法、养成好的学习习惯、了解摸索学习的一般规律、贯穿融通知识的相互联系，以至于为一生的高效学习、应用学习、实践学习寻求方法与规律、总结归纳与提升，关键是后期的应用与实践。在踏入社会参加工作之后，主要学习、研究实践中的经验、规律及其知识的本质特征，加之运用书本理论、思考总结等而获得知识，这与学生阶段已有很大不同。"活到老，学到老"不仅不是一句空话，它也会成为一种兴趣，也是人生的必需。

除此之外，还有一点非常重要，就是伴随人一生的业余时间兴趣爱好的多样性。不是说人一辈子一定要有多样的业余爱好，也有人只钻研一样东西即自己所从事的专业，能够成为专业内顶尖人才。但我个人觉得应该提倡在时间允许的情况下多培养一些自己喜欢和爱好的文艺、体育、阅读类项目，有助于身心健康、本职工作和专业研究。我相信，即使是看起来与本职工作和专业研究关系不大，但本书前面提到的，世界上万事万物都是相互联系的，业余爱好也需要思考、琢磨、研究到一定程度才能达到一定水准，在某个阶段上一定可以触类旁通，反过来促进、帮助本职工作和专业研究。比如围棋的战略、战术不仅适用于军事战场，也适用于现代企业管理，也有益于个人的自我管理，包括远期规划、战略制定和策略运用，尤其是细节管理，可以验证"细节决定成败"这一道理，同时也可以充分说明"一着不慎、满盘皆输"、"差之毫厘、失之千里"、取大势与占实空、失小与得多的智慧运用、辩证思维，等等，受益无穷。一些体育运动项目不仅有益于增强体魄，也能从中悟出许多道理、规律，不仅可以提高运动水准，而且对为人处世能起到较大的借鉴、启发和帮助作用。这里就不一一列举了。

学习方法有很多种。这里列出十种供大家参考：目标学习法、问题学习法、矛盾学习法、联系学习法、归纳学习法、缩记学习法、思考学习法、合作学习法、渐进学习法、反复学习法。学习方法中最重要的是联系、思考，也就是通过多维的思考方式把各种关联不关联的知识联系起来，把知识与日常生活、学习、工作的实际运用叠加，真正做到透彻理解、主导应用。我们所学习的知识本来就来自前人从日常生活、学习、研究、生产、工作等各方面的总结、归纳、试错、演绎、实验等方式的创新创造，我们所有人虽不能像前人一样去创造，但一定可以学习它、掌握它！未来还需要我们为后人去创新创造。比如学生们在学习与考试中，实际上应该把考试当成知识应用的第一步，在学习理解的过程中就联想到考试的场景、氛围，具体一点就是如果这个知识点作为考题会怎么出题、该怎么做题、怎样保证答题的正确率，这样可以帮助理解和记忆，考试成绩一定会好一些。也许这就是目标学习法的一种情形吧。

《论语·为政》有云："学而不思则罔，思而不学则殆。"《论语·子张》中，子夏曰："博学而笃志，切问而近思。"爱因斯坦说"学习知识要善于思考，思考，再思考"。都是强调学而思的重要性的。一般来讲，在掌握和理解知识的程度上，读书的数量不如思考的分量，特别是逆向思维、联想思维、发散思维以及应用思维，是起关键助推作用的。当然如果书读得多，加之勤于思考，那效果就不言而喻了。逆向思维是提出反向问题，带有质疑眼光去认知来反证知识的正确性，从而加深印象；联想思维是由此知识联想相关联的其他具体的事物或知识，并弄清它们之间的关联性和联系点在哪些方面，类推和比较记忆、理解；发散思维则是从这一知识出发，尽可能去延伸扩展多向多层的知识轴和知识面，只要是这一知识能到达的触角、领域和地方，比如由人工智能和无人机，发散思考创建一种采取阵候蜂群技术，能为未来战场所使用的新型防卫、攻击能力强的武器，也许将来能深刻改变未来的战场法则；应用思维是学习某项知识时思考它可直接、间接地或分步骤地、最终地应用于哪些方面，比如在阅读文学名著时，如果自己创作类似的小说时，会怎么样谋篇布局、描写场景、刻画人物，等等。也可以把这叫作直接思维的学习方法。这样，知识的理解、掌握、记忆与应用就能够达到一种高效率、高境界。知识的运用是检验知识学得好不好的重要标尺。

"知"本意是知道，也表示已经了解和掌握的知识，延伸可理解为智慧。汉墓竹简《孙膑兵法·八阵》："知道者，上知天之道，下知地之理，内得其民之心，外知敌之情。"宋·苏辙《答徐州教授李昭玘书》："夫古之所谓知道者，富贵不能淫，贫贱不能忧。"知识浩如烟海，学习它，得从一点一滴学起，还要有选择地学，一个人不可能学习、掌握所有知识，可以选取需要的、必要的、重要的、有兴趣的知识学习，包括碎片的、零散的、孤立的知识。在很多人看来，这样的知识没有太大意义，不屑于花时间精力去学习。我们可以换个角度，即学习不在知识本身，而是在于一种有意义的思维方式，一种灵活运用自己所掌握的知识、用以改善自我智能及生活的能力。恰恰是人们通过有意义的思维把碎片的、零散的、孤立的知识连起来、串起来、加起来，就变得有意义并可以整合成系统性、完整性的知识，为自己所用。所以，用碎片化的时间阅读手机或自媒体上的短文、学习单项个别的知识，包括随机随地听说、阅读而吸取的信息知识等都是有用的，特别是对于那些用心用脑、善于思考的人来说，甚至可以提高学习效率，保证学习效果，只是不可沉迷或依赖其中即可。

确实如此，已经了解和掌握的知识就用不着再学习了，所以，"学之者不如知之者"，要学就学新的知识。在知识与智慧之间，有座桥叫哲学之道，将固化的知识转化为活的智慧，一定要有正确的世界观和方法论，将知识有效地运用——做出正确的决策、取得实在的成效、获得成功的结果，那才叫智慧。

"乐"主要指兴趣，开头提到"好"是指爱好，爱好与兴趣是连在一起的孪生关系，还有同义之意，因爱好产生兴趣，对有兴趣的事一定喜欢它和爱好它，但二者还是有细微的递进层次之别。可以说，爱好与兴趣是学习知识的一般和普遍动力来源，但真正的原动力还是心中的那一份"爱"，爱知识本身、爱学习行为、爱为人付出、爱能体现价值、爱能多作奉献。本来"乐"是因爱而生，因爱而乐。这种乐即兴趣是可以培养的，对知识的学习感兴趣，兴趣成为学习的动力，就会主动去学，以学习为乐事，在快乐中学习，寓学于乐。既能提高学习的效率，又能加深对知识的理解，还能灵活有效地运用。不同的人对于知识的兴趣、爱好是不同的，与先天基因、后天培养都有关系，因何、为何而好，因何、为何而乐，是一个值得认真探讨的问题。

"用"才是学习知识的目的之所在。周海中先生说过"学而不用则废，用而不学则滞；学用必须结合，二者缺一不可"。知识到了运用阶段，一般是理解透彻、把握准确之后才能进行的，这种运用才更加冷静、理智，效果才有保障；还有一种情况是事到临头不得不急于处理，知识储备并不足够、充分，只好被动运用，因为运用得当、时机较好也完全有成功可能，但也有较大的可能导致失败。为了避免失败或少失败，平时的知识学习与储备就显得非常重要。无论是读书、见人，还是行路、历事，都是学习与储备知识的日常四件事，一个用心善思之人，时刻随处都能学到知识、运用知识，学习效率和成功概率会得到双提高。

这种运用可采取的技巧：先实验、再运用；小运用、大实用；慎入门、按序进等。另外知识需要活学活用，同样的知识在不同的事物、不同的环境下针对不同的问题，其运用的方式方法也不一定相同，效果也会有差别。

最后，再介绍几种提升学习与知识运用能力的方法：

（1）脑容量腾出法：将知识通过理解、运用尽快转化为熟练的技能技巧，即使将它们移出大脑记忆空间，知识也不会丢失、忘记，可做到让知识不占用或少占用脑容量和记忆空间。

（2）衣柜储存法：一般储衣柜是把衣服分类为外套、衬衣、内衣、领带、围巾等分区块存放，便于穿时方便取用。而知识存放大脑具有相同原理，应在脑子里辟几个区块分别储存不同类型的知识，用到这些知识时即刻能反映、运用，相对可以有序地存储更多的知识，扩大脑容量存储效应。

（3）灵活多样法：通过阅读书目、与人交谈、远足旅行、日常实践、科学实验等多种方式获得知识，并反复学、知、乐、用，循环交叉，灵活多样，增强知识的牢固性、延展性、创新性。

（4）换位校验法：有些知识必须依靠身体力行进行正向确认和逆向试错校验，把自己置于知识创立、创造者位置来确认，这一知识是什么、为什么和怎样创立的，以此求得可信度和准确性。

（5）外脑存储法：一个人大脑容量毕竟有限，要想获取更多知识，必须借助外脑，如计算机、手机、纸笔、书本、剪报、收藏、存放等方式，可以掌握更多知识为自己所用。

（6）弃无用知识法：时间久远、陈旧过时、不可再用的知识，应从大脑存储区块中抛弃掉，使这一存储区块犹如擦掉黑板上粉笔字可以再次重新使用一样，让它处于空置状态等待新知识的装填。而且这样循环下去，处于流动替换状态的抛弃法，让知识的获得能跟得上知识的不断更新、跟得上时代进步的步伐。

八

想到·说到·做到·达到

人的日常性、经常性活动和行为形态无非是想、说、做，目的是要达到阶段性、终端性或终极性目标。

"想到"本意是脑子里有一个想法或心里产生一个想法。"想"的活动包括用心和用脑思索、打算、怀念、推测、认为、预料、欲望等多种。"想"应该是人面对某一事物或某一事情最初的、最早的、第一的活动方式，想它是什么，接着想它为什么，有什么特点、用处等，再后来可能想要怎么去说、怎么去做的问题。

我们常说思想是决定人行为的关键，有什么样的思想就有什么样的行为，行为是受思想支配的。思想来自思考、思维、分析和探索，是经过思考和探求而产生的思维结果。佛教有个观点：人因思想而为人，思想是人的根基，人是由思想组成起一个完整的人。思维会不断产生并释放出思想能量。拿破仑曾说：（人生）需要具备两种力量，一种是思想的力量，一种是利剑的力量，思想之力往往战胜利剑的力量，即思想之力超越利剑。思想之力是思想对客观物质世界的作用力，它不是与引领力、生产力、战斗力、凝聚力、向心力、发展力等诸多力并列的一种，而是所有这些力的源泉。可以说，没有真正的思想力，就不会真正产生其他诸多力，更不会持久产生。

"想到"就是要通过学习、思考等过程形成正确的想法，并引导选择合适的表达和准确的行为。所以"想到"是人所有活动中最基础的、非显性的活动形式，它只有通过说、做才能表现出来。当然想与说、做之间不可能完全一致，受到自己所想的理解程度、表达能力、行为方式的限制，加之环境氛围的不同，对于其所表现出来的说与做理解的不同，有可能导致不一致的判断。

想到的"到"有思考缜密、深刻、完善、正确之意，因为想到对于决策、行为、结果起关键作用，古人说"三思而后行"（《论语·公冶长》），"博学之、审问之、慎思之、明辨之、笃行之"（《中庸·第二十章》），讲的是思考的重要性。要想成为真正的学问家、实干家，必须先成为一个善于思考的思想者。

"想到"从另一个角度也反映了心力的作用，心力越强大，则思想越强大，想到的东西也越正确。心力是可以训练的，但心力的真正来源也是"爱"，只要心中拥有和充满爱，我们就会始终从积极正面地去思考，富有真诚和友善地对人，充满激情而踏实地处事。一般来讲，遇到事情与问题，从"爱"出发，可以思考、想象、拟定多种应对的方式、方法和途径，并通过分析、比选，寻找其中最优最好的方案来处理妥事情、解决好问题。用这种动机和方法，至少可以减少错误，避免多犯或犯大的错误，也就意味着人生都可以尽量避免出现大的问题、波折。当然，从"爱"出发，并不是把什么事情都可以处理妥、什么问题都可以解决好，这里还涉及"度"的问题，爱度融合才是真正通向正确、光明之路。

"说到"是指把"想到"的用语言正确地表达出来。表达的形式可以是说出来，也可以是写出来。"说到"应该是"想到"的真实意思的表达，但怎么表达即从哪个角度表达、用什么方式表达、选择什么语句表达，在什么场合对什么对象表达、是说还是用写的方式、以什么样的情绪表达，等等，则是可以选择并产生不同效果甚至可能影响成败结果的。

从我国传统相声"说、学、逗、唱"里的"说"，可以启发我们，"说"是一门极高的艺术，也是一个人除了外貌之外再进一步相互了解的最直接的方式，何况更能通过"说"来表达内心的情感与思想，细微处见说功，说能表意，说能控势，说能增力，说能成事。所以说的方式的多样性决定了一个人说的选择余地是很大的，选择余地大和选择正确方式自身必须要有足够的基础和底子，要做到心中有数，多学习、勤动脑、常训练是很好的方法，但是，主宰、指导这一切的根本源头是我们心里的"爱",有爱就能说出好话,有爱就能说出"情"话,有爱就能说出"效"话。说出有真情、实情、能动情的话是"说到"最高级形式的表达,这样更容易达到说话的效果和目的。明朝王阳明当年本来是受中央政府指派带兵赴广西征伐思恩、田州的,结果却是王阳明用写信、与叛军谈判等方式最终没用一兵一卒、一枪一炮招抚、平定思田两地,虽然使用了一些辅助性的措施、技巧,但最主要的是靠他写信和谈判过程中应用"说"的艺术入心入理入情入脑,瓦解叛军首领的反叛意识起了决定性作用。具体细节可以查阅有关书籍和资料。不太好想象,如果不是王阳明,换作另一个人用不同的方式、说不同的话进而采取不同的行为,会是什么结果,如果用战事征伐可能会死伤多少人等。

日常生活工作中我们常常遇到需要通过"说"来传情达意、释疑解惑、沟通协调、组织指挥等,"说到"的重要性可想而知。

更重要的是如果我们说不到,那我们又如何做得到?

"做到"就是把想到的、说到的用行动体现出来,人们说心动不如行动,说一千句话,不如做一件事,同义而已。实际上,做到跟想到、说到一样,都只是中间过程,还未走到终端、达成目标。因为即使想到了、说到了,也去做了,却不一定成功;如果做到了,成功概率就大;如果去做了也没有成功,至少不遗憾、不后悔,可能是客观因素,如环境、条件影响所致;如果不去做,一点希望都没有,就连失败的机会都没有,更不能幻想成功。

"做到"是人生中最重要的功课。人的四体是"做到"的载体和依赖,人的行为、运动靠人的身体,说具体一点、直接一点就是人的躯体和四肢,说明人的身体健康的重要性(特殊或极个别情况下,没有四肢的人也能"做到"、也能成功,澳大利亚天生没有四肢的尼克·胡哲后来成为意志顽强的演讲家、国际非营利组织创始人等,是人类的一个奇迹)。

"做到"要求我们"五有":

一有健康的体魄,靠自我管理、良好习惯、加强运动锻炼所致;

二有正确行为的选择,多个可行方案中选择相对最好、利多弊少、成功概率最高的那一个；

三有较强的意志力，遇到困难、受到挫折还能坚持去做，不轻易退缩，不害怕失败；

四有灵活利用一切有利的主客观条件之意识和能力，包括顺势而为、借势而谋等；

五有规避产生反面结果之因素的措施、方案，尤其是控制和应对最坏结果的预案。

其实，做到"五有"，就是提升执行力的保证。

一个人每天都会"做"，只是做的事情、时间、过程、结果不一样。过去说一个人"懒"，会说："一天到晚吃了睡、睡了吃，什么事也不干。"听似有道理，但仔细琢磨一下，吃睡也是做的一种形式，正常人每天必须吃、睡，一天或两天即某时间段内吃的、睡的时间多了，也不必简单下一个懒散的结论，也许正利用这一两天时间在冷静思考，或者休息调整前一段疲惫憔悴的身心，也许就是让自己处于一种休眠状态放空自我，这都是属于正常的行为。当然要避免意志消沉，必要时通过心理引导辅助、转移注意力等去改变负面情绪。

我们提倡的是积极去做、主动去做、选择去做，而不是消极、被动和盲目去做。摆在面前的事情，按照轻重缓急做出选择，并安排好时间积极作为、适时行动，并想办法怎么提高作为和行动效率，做到过程可控在控，以期达到好的、自己想要的结果。

评价做没做到，不能看一时一事，要看有没有进展或有没有收获，经验和教训实际都是进步与收获的评价因素，其实"做"的过程与控制程度是主要考量的要素，尽管最终评价要靠成功与否，但不能把它们相互之间看成是截然对立和矛盾的。

"达到"是指在经过"想到""说到""做到"之后达成目标、达到成功终端或最终目的。它是检验事情的一个结果，一个人在开始做一件事情时，必然是把它设定成功作为目标的，没有人会为失败而为之。

人一生有无数的事情要去做到、无数的目标要去达成，人生就是靠这些不同阶段、大大小小、点点滴滴的事情和目标的成功或失败组成的，人生因此而丰富、多彩、充实，并且因此而成长，时间也在其中流逝，人一生的命运蓝图本来就是这样描绘而成的，也就这样悄然而过。人生的精彩往往是过程，不一定全是结果，尽管结果也很重要。

"达到"的基础条件是靠想到、说到、做到"三到"合一，累积"达到"到一定程度即成功，累积成功则成就人生的生命之效率，人生就会拥有更多的幸福感。

"达到"是一种境界，"达到"的越多，积累的境界越高。评价是否"达到"，是否成功，不是只看眼前、短期，也不只看一两件事情，而是要看整体、未来和最终。许多人"有志不在年高"，大器晚成。同时告诉我们，看到眼前的某个人状况不好，多遇挫折、人生失败，不能觉得就可小看、藐视，不屑一顾，"人不可貌相"，人不会一成不变。何况所有人都值得我们去尊重、去善待、去真爱，只是方式与程度不同罢了。

人生的追求并不虚幻、并不飘浮、并不遥远，也并不神秘，从"想到"开始，通过"说到""做到"，走到"达到"，短点说只有三四步，长点说要一辈子。踏踏实实做到"四到"，人生一定不会有太多遗憾和后悔。我们真正拥有和追求的，既是过程的精彩，还是成功的喜悦，更是人生的辉煌。

让我们试着一起为此而努力！

九

高度·宽度·厚度·深度

首先解释一下，这里的四个"度"与本书爱度融合的"度"的关联性。它们在外延上有不同，后者的"度"涵盖了前者"度"的意思，前者"度"是对后者"度"含义的细化和深化，而后者"度"含义包括更多、更广。二者相互融合，里应外合，大同小合。

四个"度"从人生的四个维度阐述伴随人一生的、无论是有意还是无意都是不能避免的修炼手册或必修功课。有人问，人生的修炼只有四个维度吗？实际并不止，我们只选取其中最重要的四个方面来研究，也会涉及其他方面。比如，除此四个"度"外，人们还总结了诸如广度、长度、精度、亮度、重度、大度、力度、适度、法度等，它们有的相互有交叉、重叠，有的也能独自表达某一方面的内涵，但用四个"度"表达人生的四个主要方面，基本上能涵盖我们所要表达的内容。

四个"度"描述了人生在世应该做一个怎样的既立体又有内涵的人。四者之间既有相互联系、交叉融合，又从不同侧面、不同视角显示立体上的区别。

高度是指一个人的思想境界。俗话讲，站得越高，看得越远。能不能站高，取决于人的思想境界的高度，思想境界的高度则取决于一个人的修炼程度。一般来说，一个人处于大多数人的平均高度，多数人也就挡住了这个人的视线，不能看得更远，划分界限的话这个人只能属于这大多数人中的一个，容易落入"凡夫俗人"的范围。

"欲穷千里目，更上一层楼"（唐·王之涣《登鹳雀楼》），要想看得更远，就要再上一个层次，境界修炼没有止境。提升思想境界的前提和重要基础是思想的丰富累积，累积得越多，所占的思想阵地越大，基础就越牢固，按金字塔原理往上增高和提升的空间就越大。那么怎样才能丰富自己的思想呢？这里应该包括知识的丰富和道德的提升来支撑人的思维之高度，我们讲四个"度"实际上都涉及知识的丰富和道德的提升，但此时我们重点讲战略思维高度。

战略思维高度，是从整体的、全局的高度看问题，而不是只从一个视角、某个具体层面或单个维度看问题，这完全符合辩证法提到的用全面的、联系的、发展的观点看事物，而不是用孤立的、片面的、静止的形而上学的观点看问题。说直接点，就是全局观指导下的全面把控能力。比如对一个企业来说，就是能够将企业及其业务在行业和区域中所处位置进行准确分析，以及该如何做出未来方向性选择的一种能力。具体到一个人来说，日常生活、工作需要全局思维，人生选择更需要整体思维。

打个比方，我们要从 A 地出发去 B 地，有两个要素必须清楚，一是 A 到 B，二是什么时间内到 B，这是大局，需要掌控。而从 A 地怎么到 B 地，则是需要选择的，是乘飞机、坐高铁还是自驾车等，在满足前两个前提条件下还要考虑方便与否、速度快慢、舒适程度、成本大小等因素，从而作出决策。这就是生活中的一个例子。

再比如，一个学生对人工智能游戏感兴趣，未来想从事智能游戏设计开发工作，那么他就要对数字、计算机等多下功夫去学习、琢磨、研究，为将来从事人工智能开发打好学科基础，做好知识储备。所以，人生理想是做什么，怎样才能实现人生理想，就需要从这个大局出发，整体上思考、把握，做出相应决定并为之努力，这其中决策过程包括诸如对人工智能游戏的发展现状和未来趋势的预判，都是属于战略思维的范畴。对发展现状和未来趋势判断的越准，对自身的兴趣和能力把握得越对，其战略思维就越有高度，未来实现理想的可能性、成功率就越大。

人生的高度还应与"爱"的高度相联系、相对应。想问题、办事情、处关系都应至少拔高一个层次，就像考虑个人的事情要放在家庭、单位这样的集体范围去权衡，考虑部门的事情要放在单位全局和总体利益上去比较，考虑单位的事情要放在与其他单位和更大范围的社会去站位思考，等等。并且和不同层次的"爱"（大爱、中爱、小爱、自爱）的高度相吻合。企业管理培训经常采用的比较有效的方法是让学员作为企业高管的副手，让他们担任影子高管，以获得更高站位来观察、判断企业的业务处理，或者让员工尝试着以《假如我是总经理》为题思考、座谈或写作，从而锻炼他们的战略思维，便于形成战略思维的视角、方式和高度，其实就是同一原理。

"宽度"是指一个人胸怀宽广的程度。俗话说"宰相肚里能撑船"来表达胸怀宽广。一般来说，一个人能容纳多少东西，他就能成就多大事业，二者成正比。

宽度还反映一个人所具有的将多事物进行横向联系、多思维进行横向综合的能力。心底宽了，心底的那片空间就更敞亮了，给别人和其他事情腾出的空间余地就更大了，自我进退就更自如了。这正是我们所追求的日常生活、工作的一个理想状态——自在。

宽度，主要是靠"爱"策动和拓展的。要拥有宽度，也需要知识的丰富和道德的提升，综合修炼必不可少。从换位思考、设身处地、以心换心、将心比心这样的修为开始，去理解别人、宽慰自己，而且从"爱"出发，把别人看高，把自己看低，严于律己，宽以待人，出现了差错和问题，首先找找自己身上的缺点和不足，再分析其他个体和整体的问题，共同研究协调采取措施，只把解决问题作为第一目标，谁对谁错、对错在哪里只是服务于第一目标而不去纠缠、拘泥，以此来快速化解矛盾纠纷，解决整体问题。

有了宽度，能装下的人与事就越来越多。理解得多了，计较就少了；沟通的多了，误会就少了；合作得多了，隔阂就少了；舒心得多了，烦恼就少了。人的宽度修为没有止境，是胸怀世界还是包容一切，或是心向宇宙，似乎都应该有。

"厚度"是指一个人拥有的知识、道德、财富、权力资源的多少。古人说"地势坤，君子以厚德载物"（《易经》），也包含这个意思。可以用知识、道德、财富和权力这四种资源来测量一个人的厚度，因为这四种资源的大小、多少与一个人所拥有的影响力成正比。爱度融合提倡把它们全部用于对他人、对家庭、对单位、对社会、对国家、对民族的爱之上，当然也包括自爱，即树立自身形象、形成自身正能量、造成自身正影响的各个方面，人生就是在追求一种既完整又美好、既高尚又幸福的感觉。

我们不仅不反对而且还要提倡一个人只要有能力，应合法合规、合情合理地尽可能去拥有财富、权力，提高其自身地位，增加其资源禀赋。但我们不赞成把拥有财富、权力作为人生首要目标或第一目标，它们只是真爱所带来的伴生物、附属品。这样，爱与财富、权力是相互交融、互为促进递增的关系，并且才有可能持续长久。古代传说的富不过三代，只是一个说法而已，爱度融合一定能打破古代这一所谓定式的说法，古今中外也不乏其例。

爱与财富、权力可以良性循环，互相支撑、推进，这种爱与财富、权力的结合是它们本该有的原始特征和存在形态，它们共同组建、形成了这个世界的美好，是人类共同追求的目标，也将在与它们反向关系的斗争中永恒存续，直到人类共同承认：爱，才是我们这个世界所有人共有的价值追求和同一信仰。

"深度"是指深浅的程度，意即触及事物本质的程度，也表示一个人的学识修养的精深透彻程度。古人说："水不在深，有龙则灵。"（唐·刘禹锡《陋室铭》）可以理解为"龙"是水的灵魂。那什么是人的灵魂呢？是思想！思想包含着学识和修养。学识和修养的深度决定了处事待人的能力和水准，表现出来的是精深程度或者说完善程度。

我们常说细节决定成败，精细化管理是实现自我管理、企业管理、部门管理、队伍管理等所有管理的必然趋势和永恒主题。对于同一事情，一个人比另一个人对它了解得更深更细、把握得更准更透，其处理这一事情时他一定会想得更周全、处理得更有针对性、合理性，更易把事情处理好并取得成功。

事物本身是复杂的，要触及事物深层次的本质，就要具有深刻分析、研究、厘清事物特征和规律的能力，把复杂事物经过一定的加工过程而简单化，简单是我们所要的结果。这必须靠"深度"来支撑，才能完成这一过程。"絮净精微""止于至善"是达到"深度"的最好方法和最当诠释。就所达到的境界或程度而言,这里是指深入精细详尽的微观之处,而且深入、精细、详尽得没有穷尽。同时因为深度,要想达到完美、完善之境界,也是没有止境的。

以上四个"度"的提升、增强,还是依赖于自身日常每时每刻、一点一滴的学习积累、思维拓展、深刻探索和实践运用而形成,并且循环往复,螺旋上升,不断提高,以至无穷,永无止境。

轻重·缓急·利弊·好坏

一个人同时面对几件事或多件事，又不能分身时怎么办？那就把这些事情按重要和紧急程度排个序，就是我们常说的轻重缓急。即使这样，那也只能决定先做什么、后做什么的顺序问题。具体怎么做？多种方案可供选择时，我们一定要认真分析、比较几种方案的优劣。优劣怎么判断？其实就是利弊、好坏。这一部分就探讨这几方面的问题。

轻重，一般情况下是表达物质的质量的。但这里是指各种事情中谁主要、谁次要，哪一个分量重、哪一个分量轻，也是指谁涉及面广影响大、谁相对涉及面窄影响小，区分开来，以便排序，其目的是优先安排处理主要的、重要的、影响大的事情，也把时间、精力、财力、关系等相关资源集中用于这一事情的处理和办理。要想把握大局、稳定全局、整体推进，首先确有必要分清轻重，依次按序处理。这是处理事情的普遍性原则。

如何来区分事情的轻重呢？可按以下条件进行比较：

（1）涉及阶段性目标还是终端性目标；

（2）影响的涉及范围大小、时间长短，与其他事情的关联度；

（3）处于基础源端还是事情末端，是否具有关键的钥匙性功能作用；

（4）设想能否跳过去先将此事搁置下来不管，可不可以先处理其他事情。

如果涉及终端性目标，肯定比涉及阶段性目标重要，如果涉及范围广、时间长、与其他事情关系多且紧密的，肯定更重要；处于基础源端的比处于事情末端的重要，同时，具有一事相当于解锁、一锁打开后便于其他锁打开这种效应的肯定是重要的事，此事不解决其他事不可以处理，事情整体无法推进的，那么作为先置条件的此事一定处于关键重要位置。就像纲与目的关系，把纲抓住，目自然就提起来了，纲和目对应重与轻，所谓纲举目张，抓纲就灵；轻重有别，抓重就轻。

当然，剩下的不是最重要的那些事情，也应依此原则按序加以区分，达到有序、稳妥，保证好的结果，依次类推。

有时候，轻重的划分是相对的，在一定环境和条件下，它们是可能发生转化和改变的。

"缓急"一般是指时间上的慢和快，这里是指按要办的事情的紧急程度划分，有急于要办的，有可以缓一点办的。

怎样区别事情的紧急程度呢？

（1）是否是突发，突发事件后果影响大不大；

（2）与最近或最快必须达成的目标关联度强不强；

（3）处于整个事情的时间节点位置是不是第一；

（4）其他是否需要及时处理的。

如果属于突发且后果影响大的，肯定是最急的；如果与达成的首要、第一目标关联度强的事情，一定是急的；事情按时间节点排在最前面，则是急的。另外，尽可能做到即时问题即时处理，但要在不影响前面三种紧急事情处理的前提下。俗话说：事儿不过当时。以养成及时主动、雷厉风行的办事作风，单个事情的办理效率与整体推进效率都会得以提升。

不管事情有多急或紧急的事情有多少，都要先让自己冷静下来，在最短时间内跳出事情本身，尽快脱开事外游离某一时刻，快速把它作为一个整体的视点放在眼前，便于从高处俯观事情全貌。其目的是理智并迅速地找出多项紧急事情中最急迫要办的事，或者面对最紧急的事情也要寻找处理它的第一切入点，动用过去的一切经验教训初步理出一个步骤、程序，以及需要注意把控的关键点，剩下的就要边办边察、即做即调、灵活应变、顺势而为了。

有一个词叫"急中生智",意即在紧急关头,人会下意识地调动自身所有的神经系统快速搜索有用的知识、经验或者哪怕是一个闪现的念头,综合起来帮助处理、应对眼前紧急状况,智慧由此而生且及时管用。这一点,对于平时富有热心激情、充满积极能量的人尤其有用。而且智慧也会青睐这样的人,一个富有真情、充满爱心的人。

有一个特例可以不按常规处理,即眼下都不是特别急的事情,只是需要相对分个急与不急的先后顺序,这时不一定按先急后缓来办,特别是处于刚刚忙完、身心需要休息的时候,可以按感兴趣程度、拣最有兴趣的事先做,既抓紧了时间,又不需要过于勉强自己,还能完成一件事情,效率也会自然体现出来。

"利弊"是对一件事情进行分析比较其有利与不利的两个方面,或者与其他事情进行综合分析比较它们之间利的大小和弊的多少。这对于决策某项事情来说非常重要,日常生活、工作中经常遇到,只是人们是有意为之还是常用却不知而已。

"两害相比取其轻,两利相权取其重",道破了我们在做决策时所采取的思维方式和决策过程。犹如一个人不可能完美到只有优点没有缺点一样,我们所面对的任何一件事都是有利有弊的,趋其利、避其弊是一般做法。但事情本身固有的利弊是决策不可缺少的重要依据。比如针对某一件事情,处理起来可以有多个方案,分析这些方案中的各种利弊,原则上利多且大而弊相对少且小的肯定是首选,可以按此依次排列出方案的利弊顺序。弊端最大的则排在最后,由此作出选择进而作出决策就不难了。

怎样分析、判断事情的利弊呢?用辩证法观点来看,利弊在一定条件下或针对不同的对象而言,二者是可能转化而改变的。比如一个人性格急躁是缺点,那么他反映在处事上就可能表现为雷厉风行,是优点。所以,评价一个人也要辩证地看。需要调整、修炼的是取长补短,既能雷厉风行,又能克服急躁,是要花一定时间和功夫去琢磨、领悟这个度的。我相信,运用辩证法且经过努力,我们都能做得到。

利弊对于眼前和长远来看,也是可能发生变化的。眼前有利,不一定长远有利，眼前不利，也许长远有利，要具体事情具体分析。一般来讲，判断利弊还是要着眼于长远，而且将是决策主流、主导，如果失去的是眼前的暂时利益，长期获得的利益一定会能够弥补、返还而得到回报。反之，过于看重眼前的利益，长期和最终不一定得到得多，反倒有很大可能失去得更多，何况不能持续。这也是传统佛家因果观的体现，与爱度融合大有共通之处。

所以，判别利弊既要着眼于长远，更要立足于大局；既要首先想着别人，又要适当考虑自身；既要付出奉献他人，又要个人能够承受。换一种说法，就是大公小私、先公后私、先人后己。在一定条件下，还可以尽量将弊转化为利，或利的最大化和弊的最小化，利弊之度的效用就能充分发挥出来。

"好坏"与"利弊"还不同，它是用于评价事情最终结果的。相对地说，利弊是在处事过程或阶段性目标中需要考量的，其目的是要得到好的结果。事情结果的好与坏才是我们最终要把握的。利不能等同于好，弊也不能等同于坏，从利到好之间还有一座桥——由处事中对利这一面的有效利用、方法的正确采用、时机的准确把控而组建的成功之桥。

我们常用好坏来形容人，我个人觉得不太准确，也没必要。本来用好坏形容人就是模糊的，没有确定的含义，只能作为对一个人印象好坏的口头禅罢了。再不好的人身上总有优点靠别人去发现并且能够被别人首肯的话，也许可以改变一个人的性格甚至挽救一个人的将来。比如一个人粗俗无礼，但他很讲义气。可否发掘他讲义气的优点，逐步帮他调整、改变粗俗无礼的缺点，他的心灵感受会很不一样，甚至可能会触动、改变一个人的性格和命运。由此，反思我们的家庭和学校教育，是不是应该从中受到一些启发，吸取些什么，也许从教育角度来讲以形成一种新的教育机制，不失为一种有效的改进方式。

回到事情的好坏，我们都是在努力追求好的结果，避免坏的结果产生。好也可分为最好、相对好、一般好，我们努力了就好，目标设定本来就可分上中下或高中低，任何时候都要有达到最好结果的信心和决心，也要有达不成最好目标的心理准备，古语说"取乎其上，得乎其中；取乎其中，得乎其下；取乎其下，则无所得矣"。好处着手，坏处着想；希望越高，失望越大。而且最高境界是将坏的可能转化成好的结果,这种情况在生活、工作中也时常发生。从主观来说,把坏的情况设想没有变得或达到比眼下更坏便是幸运,即"不更坏原理",对人的心理影响作用非常大。仔细琢磨一下,人生、世事不过如此,对于既成事实、无法更改之事更是如此,重要的是由此用心想开去,同时从中总结经验、吸取教训,把剩下事、其他事、未来事做好就是最好。

以上四个方面相互关系是怎样的呢?怎样才能综合考量、运用好这四个维度?

著名管理学家科维提出了一个时间管理的理论,把事情按照重要和紧急两个不同的程度进行了划分,基本上按四个象限进行划分:既紧急又重要、重要但不紧急、紧急但不重要、既不紧急也不重要,这就是关于时间管理的"四象限法则"。由此,并结合本节论述的观点,我们可以加上利较大、利较小的划分而形成事情决策管理八象限法则。如下图所示:

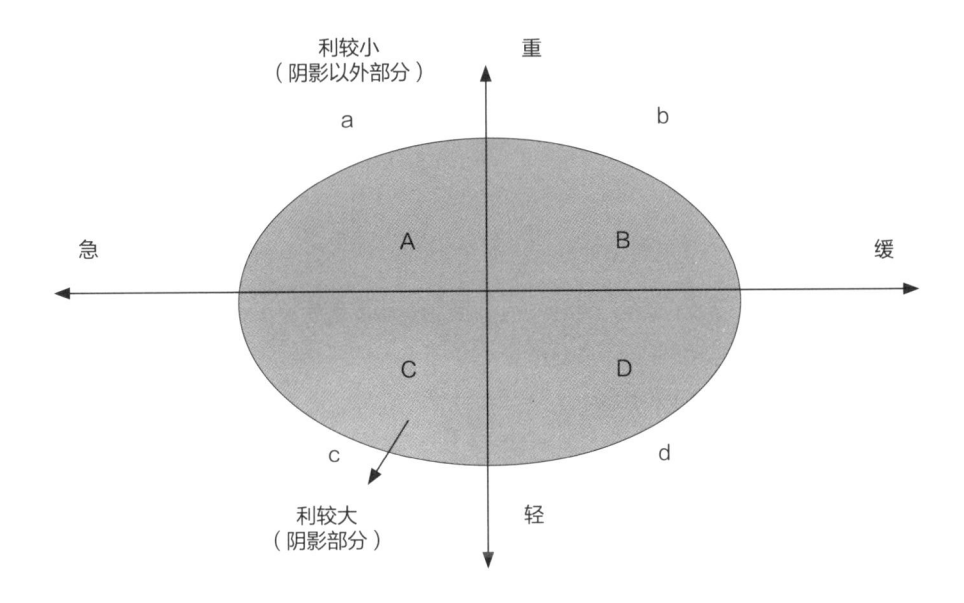

这里没有反映好坏,因为好坏是事情管理的结果,八象限法则追求的结果是好,而一切都要用规避坏的结果去做工作,其法则本身含义所固有。图中阴影部

分属于利较大，以外部分属于利较小。

那么，从图示中各象限可以看出：

A：重要、紧急且利较大

B：重要、不紧急且利较大

C：紧急、不重要且利较大

D：不紧急、不重要且利较大

a：重要、紧急且利较小

b：重要、不紧急且利较小

c：紧急、不重要且利较小

d：不紧急、不重要且利较小

所以，优先顺序应为

A＞a＞B＞b＞C＞c＞D＞d

这种排序是把利放在相对次要位置考虑的，而把重要、紧急但利小的也放在比重要、不紧急且利大更优先考虑的事项，即公式中a＞B，这与本书所提出的爱是人的本源动力和提倡的情感更重要原则完全吻合，在一般情况下，情感更重要原则是相对利益而言。当然，如果情感与更大范围的整体利益发生冲突的时候，应该服从整体利益。

a＞B，作为一个范例，其他依次类推。

同时，说明最高优先级是重要、紧急且利较大的事项，反之，有弊端且弊端相对较多的事项或方案是不用在此考虑的。相当于钻石钻孔原理，把最硬最尖的部分放在最前端，并集中力量去钻出一个孔来，从而实现钻孔目标，犹如好钢用在刀刃上。这其中就是把诸如时间、精力、知识、经验和智慧及人力等多项资源集中，首先去应对最高优先级事项，而不是像樵夫一样，对于哲人看见他砍柴一次只砍下一点皮毛就问他为什么，他回答斧头太钝，哲人问他为什么不去磨斧头，他却说没有时间磨。俗话说："磨刀不误砍柴工。"这就说明了，把刀磨好是优先级高的关键问题，此后砍柴的事情就好办了。

起点·节点·盲点·终点

一件事情、一个问题摆在我们面前等待着我们去处理，并且总是期待有个好的结果。在人的一生中这样的事情、问题总是一个接着一个，来来回回、接连不断，几乎从未停止过，仿佛这就是人活着的一种本来所处的客观状态。

当一件事情、一个问题出现在面前要去处理和解决时，"起点"就开始了。起点意思是开始的地方或时间，如田径比赛中的起跑线。一件事情、一个问题的"起点"，我们怎么去看待、把握呢？

首先要了解事情、问题产生的源头，即为什么会有这件事情、这个问题的产生，也就是它是从哪儿来的？比如父母知道孩子在学校里与同学打架，就要了解孩子近日的心理活动、与打架对方孩子的平时关系、打架的直接导火索是什么、以前是否发生过此类事情，等等，尤其要回想、反省一下最近父母给孩子们有没有情绪方面的负面影响，该回避孩子的没有回避而导致孩子的心理变化。

其次是事情、问题的基本情况或事实，即了解打架比较详细的经过，包括时间、地点、场合、在场的人、到什么程度、造成什么伤痛后果、老师怎么看待？

最后是有个基本预判。事情、问题的主角——当事者的状态和想法，即孩子们本人怎么说，对孩子们心理可能会造成什么影响，有个基本判断。

以上大概是这个事情的"起点"所涉及的内容。

弄清楚"起点"是处理事情、问题的基础，也很重要，涉及将要采取的倾向性措施、方法和处理意见。不管是上面所举的生活小事还是人生面临的重大事件，都不例外，只是后者要把"起点"相关情况了解更清楚、更透彻罢了。

此后，要像搞工程建设那样，初步或大致确定若干"节点"。节点本意是指局部的膨胀，抑或是一个交汇点，这里是指处理事情、问题过程中确定的较为突出的具体事项、阶段性任务的重要时间点。实质上是对时间及对应的阶段性任务进行细化、分解并列出计划表，使得在推进过程中做到按计划进行，有条不紊，胸有成竹。

节点的确定对处理事情、问题非常重要。大事可能需要认真、仔细地列出来，小事也要在心里大致做好安排并记清，便于从总体上把控，并掌握相关进展情况。比如高考学生进入高三，就需要列出一年的节点时间及任务，根据自身情况哪些需要补短板，哪些需要再巩固，哪些还需要强化，哪些还需要冲刺等作出一个有时间、有任务、有目标的详细计划，按节点一步步实施并达成节点目标任务，汇总下来，实现高考愿望的可能性就大为增强。

如果大致划分人生的重要节点，似乎可以简单划分为：出生、上学、读大学、找工作、结婚、生子、退休、死去等。这些粗略划分人生的每一个节点都至关重要，都会影响人生走向。比如，虽然每一个人出生不可选择，但客观上出生在什么地方、什么家庭必然会影响一辈子的命运；上什么样的小学遇到什么样的班主任和老师也会影响学习兴趣与成绩；读什么样的大学、选择什么专业就大致决定未来的工作方向；找什么样单位工作包括以后的调动、更换岗位更能影响人生的所处环境、薪酬待遇、身份地位、发展前途、价值取向、需求欲望、内在修炼、综合所获等，而且对找什么样的人恋爱、结婚，组建家庭，影响很大也很直接；结婚本身是人生大事，基本上决定了人生快乐幸福更大的权重；生子标志着人生进入新阶段，为人父母、身份升级、责任增大，会改变人的处事方式向成熟靠近，就像美国单身车险保费要比有家庭有孩子者高，即有它的合理性；退休表明进入养老节点，工作已不是必需的了，人生已走大半，开启老年生活模式，但老年生活却有千差万别，我们应该去追求老年人有意义的生活，还要继续为他人为社会做积极的贡献，包括老有所养、老有所学、老有所做、老有所乐；死去标志着肉体的消逝、生命运转的停止、人生的完结。走完了人生旅程，一切化作云烟飘散而去，而留下的是活着的人对逝者的纪念、回忆，生命信息能量强的逝者留下的东西就多，被纪念、回忆的也就会多，对后人影响的时间也会持续更长。这里要说明的是，人的死亡不能仅仅被看成人的生命终点，还应该是人生的某一个节点，因为死后还有生命信息的存在和对后人的影响。

"盲点"是指看不见的地方，引申为难以发现和容易遗漏的地方，而这里主要是指生活和工作中常常遇到的、容易被忽视和遗漏的问题、困难和挑战。

每个人都曾有这样的体验。平时工作很努力，对人也很礼貌和真诚，没有出现过说得出的明显差错，可年终考核评比时总得不了先进或优秀员工；另外开车的人经常遇到堵车每次都是车多路窄或前面出了事故；等等，其实还有被忽视的某个盲点，只是没意识到罢了。所以，工作努力与优秀员工之间不能画等号，重要的是工作方法、能力、绩效，还要加上沟通协调也就是情商，领导、同事与你打交道是否轻松、舒服，是否有为他人和整体利益着想的大局观，最后还要体现为工作成效。这些做得不太好就可能成为工作盲点；堵车的盲点或者说产生的原因之一，可能是因为在车较多的情况下，对向行驶的两辆车都不愿后退一小步，其实稍作退让调整就能让其中一辆车先行通过，周边其他车稍作配合即可。

盲点常常容易被忽视，也正是因为此，我们很多事情办不成、做不好。既然有问题、困难和挑战，必须去发现并面对，还要解决、消除，否则就坐以待毙。出现这样的情况，就要树立一种问题导向意识，在处理事情的过程中，最关键的就是要找出这件事情的问题所在，解决这个问题存在哪些困难和挑战，相信办法总比困难多，困难多一尺，办法高一丈，办法就是为困难而设置的。有人说，没有想不出的办法，只有想不出办法的人。现实中很多事例可以印证这一道理。

想出办法的前提是准确掌握问题及其根本原因之所在。这就要求我们像剥洋葱一样，层层分析、研究，一层一层地、仔仔细细地从外往里剥，直到剥出问题的核心，这个过程可能会辣着眼睛甚至剥出眼泪，正是证明了做成任何一件事情都不是太容易的道理。其中还要准确分析产生这些问题的环境、条件，围绕这些环境、条件深入透彻地从源头去找措施、想办法，才会有针对性、适用性，解决问题才会有高效率，取得好结果。

所以，我们平时干工作、听情况、订措施，最主要的是谈问题、说原因、找办法，只有总结的时候才有必要谈成绩、说经验、论功劳，以真正提高干事效率和成功概率。

面对困难和挑战，人们应该有什么样的心态，不少人可能会退缩、放弃。但从爱度融合的视野看，选择心里的正视、战略的藐视、意志的强大与裹足犹疑、畏缩不前、击垮放弃相比，效果大不一样，加之战术的重视，人生强者更强；如果反之，则弱者更弱。事实就是如此。

"终点"是指一段行程结束之处，也指田径比赛规定的终止地点，是指空间或范围的边界、尽头。这里是指一件事情在处理进程中所要达成的目的或完结时所处的状态。

"起点、节点、盲点"的内容都是为"终点"打基础的，为实现"终点"目标服务的。前三点做好了，"终点"就会好，目标就能完成，目的就能达到。我们处理任何一件事终归是要走到这一步的，即使失败了，也应该有结束时的一个状态。成功值得庆幸，成功值得总结经验；失败需要反思，失败必须吸取教训。它们都是有价值的，反思并吸取教训是为了下一步把事情做成而做好准备的，而且这种准备必不可少，做这种准备还要及时做、马上做，并且要做够做足。聪明的人不仅从自身的失败中吸取教训，自身的失败成本太高，更多的是从别人身上、从过去已发生的失败事件上、从书本上、从发散思维上吸取足够的教训。可想而知，这样的人，其生命效率一定会很高。表现出来的不仅是常人所说的聪明，而且具有大智慧。

需要提示的是失败不可怕，怕的是失败了就倒下了，更可怕的是倒下了再也爬不起来了。我以为，人是活的，事是"死的"，活的人最终一定能战胜得了"死的"事情。俗话讲，失败是成功之母，何况世界上没有人没有失败过，恰恰是失败给了勇敢者、坚强者以养分、动力、能量，激起了毅力与斗志。失败还是人活着必须经历的正常和应有的人生历程，但它不是目的，目的是要获得"终点"的成功，最终体现为人生的成功，不管过程遇到多大的电闪雷鸣、暴风骤雨、惊涛骇浪和曲折阻隔。值得一提的是被誉为"全球总统"的南非总统曼德拉先生，一生中在狱中服刑 27 年，出狱后担任总统 5 年有余，任总统前曾获得诺贝尔和平奖，享年 95 岁。为人执政可堪称典范，世界影响少人能及。

"终点"标志着某件事情的终结，但它不是全部事情的结束，更不是人生的收场，它预示着下一件事情的开始，也表明人生新的起点的又一次起步。这样接踵循环，环环相扣，交替前行，运转不止。人生也正是由此构成了一幅幅美丽多彩的风景写真、一幕幕丰富宏大的人生演绎、一曲曲起伏高亢的生命乐章。

人生之意义就在于此。

十二

复杂·简单·再复杂·再简单

　　这一组词是阐述人们怎样看待、分析、加工进而处理事物的一般规律性问题的。弄清这一问题，即使再复杂或主观认为再难的事物都变得不再难以处理了。这就是本篇文章想要达到的目的。

　　这四个词的排列，是想说明现实世界里事物本身是复杂的，而面对复杂事物的人要有不怕复杂事物、还要认清复杂事物的胆识和智慧，但具体接触、认识、探究事物的过程又将是复杂的，通过这一"再复杂"过程之后，事物的脉络、特征、规律将变得非常清晰，最后又回到简单的状态，实施处理也就相对容易了，或者其他人如运用者、操作者都容易理解、实施、运用和操作了。犹如设计、制造一部汽车是复杂的，而驾驶、使用一部汽车是简单的一样。

　　"复杂"是指世界本身及其事物具有的复杂性，但并不排除和否认有些事物是简单的。一般人们往往是遇到复杂事物、棘手问题时才会花时间、动脑筋、想办法去解决问题、处理事物。

　　"复杂"意思是事物本身的种类、头绪及其构成等多而杂，具有各种各样且数量众多的组成因子、涉及因素、交错关系、杂乱头绪，难以分析、厘清或解答的一种状况。

　　我们说，复杂事物具有复杂的特性，包括人的思维的复杂性，也有人认为人与人之间的关系具有复杂性，因为每一个个体的人都是不同的，相互组成的关系也不可能简单。这些都有道理。但再复杂的事物、思维、关系都是可以厘清的，都是可以在其杂乱无章、零散无序中找出头绪、分析特征、研究规律的，特别是在人与人的关系中很多人都认为其有复杂性，但用爱度融合观点来看，恰恰是简单纯真的，只是要注重"爱"的方式、把握"爱"的尺度就好了，最好还要不断拥有更多"爱"的资源（知识、德行、财富、权力等），提升"爱"的能力，你就能真正领悟"爱"的真谛、付出"爱"的行为、得到"爱"的反射。有人会质疑，到底是先有"爱"、人际关系才会简单，还是人际关系简单才会去"爱"呢？我觉得，要想世界变得简单而美好，主动去"爱"、先行去"爱"才是顺道、正道。所以，"爱"不仅不能少，还要越早越主动去爱越好，何况每个人的"爱"天生就有，只是"爱"的多少和程度不同而已，所谓人之初始，性本多善。

所以，事物复杂不可怕，可怕的是害怕复杂事物的人，更可怕的是缺乏真爱的人性。

"简单"与复杂相对应，指不复杂或头绪少。有时也有草率、疏略、不细致、简陋之意，有些情况下也指质朴、大方、单纯。这里是指面对复杂事物的人在具有一定高度境界上的主观看法。简单地说，就是前面提到的不要担心和不用害怕复杂事物，人们总是能搞清楚并处理好它，只是需要的时间不同而已。

不是所有人都能这样想并做得到这一点的，也正因为此，人和人之间就显示出了差别，能够脱颖而出并能占据高层或高位的人，一定是高深度兼具爱与度融合的人。反之，则可能被淹没在人海中，为他人为社会能作的奉献也将受限。

总之，简单是对事物人为看待的影像，是对事物从一定高度和总体把控的结果，也有从战略上藐视之意。有些事物却是人们主观地以为它的复杂性，其实它本身并不复杂。不管怎样，事物在人们的眼里应该是简单的，认知事物的道理也是简单的，至少主观看法应该如此。正如古人所说"大道至简"。

"再复杂"是指分析、研究事物的过程、方法、程序及其性质所具有的复杂性。处理复杂事物，光有"简单"化的主观愿望、战略俯视是远远不够的，还要静下来认真做功课，那就是认真分析、研究事物，去执行这一再加工的复杂过程。

牛顿说过：把简单的事情考虑得很复杂，可以发现新领域；把复杂的现象看得很简单，可以发现新定律。可见，"再复杂"是研究领域经常用到的方法，说明在战术、策略层面必须重视，具有其客观属性和必然要求。

"再复杂"的分析研究方法有很多，比如观察法、文献法、调查法、统计法、历史研究法、比较法、实验法、个案研究法等，这里不详细赘述了。对复杂事物要研究清楚、透彻并准确把握特征、规律，必须依靠研究者所掌握的相关知识、经验、教训以及所涉及方方面面的关联性要素。为此，日常用心用功学习、积累是非常重要的，另外思维的发散性、多维性也必不可少。

"再复杂"的步骤、过程需要预先拟定、合理安排，一般来说：

一是准确认知事物本来的客观样貌，包括过去和现在的样貌；

二是把客观样貌放在聚光灯下，用显微镜放大样貌的内部构成，以见微知著；

三是弄清构成因子的个别特征和整体属性；

四是找出事物的本质特性和与其相关事物的相互关系；

五是从过去到现在的演变过程推测其变化的基本规则；

六是由此预测它未来的变化趋势、运行轨迹；

七是总结、提炼其发展的一般规律，并用适当方式概括、记录下来。

"再简单"是在"再复杂"的基础上对事物获得的清晰图像并表达出来，以及对其处理所需要的明确步骤、操作程式。通过"再简单"实施处理，事物就会得到结果。只要按要求规范实施，一般会得到我们想要的处理结果。

"再简单"的步骤大致可分为：

一是把事物的清晰图像"画"出来，让它的真实样貌缩影重现；

二是找出"图像"中存在的漏洞、死角、盲区、偏差、模糊等问题所在的位置；

三是对"图像"实施修补、清除、聚光、调焦、显现等技术措施，解决问题；

四是审视整体效果，是否达到想要的完善程度；

五是在设定范围和客观环境中予以检验。

就像一新型汽车品牌设计出来之后从样品、打磨到试验、调试以致多次反复，再到成熟、定型，最后出厂。

从以上四个维度的分析，我们可以看出，人们所从事的所有工作，其目的都是把复杂的事物简单化，就像前面我们提到的设计制造一部汽车和驾驶使用一部汽车所蕴含的复杂与简单的道理一样，另外，还有老师常引导学生说：读一本厚的书要越读越薄，到后来变得异常清晰简单是同一个道理。相反，把简单的事物复杂化，那只能事倍功半甚至无功而返。

评估一个人能力的强弱、智慧的高低，从某个角度说，就是把复杂事物"简单化"的能力，并且可用简单到什么程度、用多少时间完成"简单化"、"简单化"效果怎么样等几个因素来证明和体现。

十三

真假·美丑·雅俗·善恶

"真善美"对应于"假恶丑",今天,再加上"雅俗",形成了人们判断人与事物的基本价值观。

"真假"是用来形容事物的表象和对它的判断与其所具有的实际状况和本质特征是否相符的对应词组。有时候也用来形容做人是否真实、真诚。道家用"真人"来称呼存养本性或修真得道之人,道家也用"真"来表示万物自然而然的本性,"假"则表示非本性。

真假也是情和感形成、产生的原因,"真"形成和产生真情实感,"假"则形成和产生虚情假意,是人的情绪感觉为之所动的客观原因和依据。因此,真假既可以形容事情、物体,也可以表达情绪、感觉。

人们对于"真假"究竟是一个什么样的主观态度和客观判断呢?态度和判断由哪些因素决定?其结果会产生什么样的影响?我们从"真"说起。

"真"一般说的是真实,即思维内容与客观相符。人类认识客观世界,是从掌握对象的真实情况开始的,由此才能进一步认识事物之间的联系和关系。任何真实知识的体系都反映了对客观规律性的认识,认识的正确性必须以把握事物的真实性为基础,人在自己的活动中也是从真实性过渡到正确性的,否则正确性就失去了依据。

我们判断某一事物是真是假,有许多主观因素在起作用。有一点是肯定的,就是人们总是希望知晓了解真实情况,即使这个真实情况是自己不想要的或对自己不利的。也就是说，人们不想被蒙蔽、欺骗。这也是我们研究人的本质特性的一个重要前提。所以，人们一定是千方百计要探究真实或真相。社会科学和自然科学的发展历史事实上也证明了这一点。大家都明白，假象或伪学只能把人们带向困惑、错误、挫折、艰难、失败，其后果就是烦恼和痛苦。

有了求"真"的主观愿望，为什么许多人对现实事物的判断还得不到"真"的结论呢？原因是受到了人的知识基础、认识能力、经验判断等的限制。为了追求"真"，人们总是在提升认知能力，下功夫探求客观事实，而且一直没有停止过。

人的情感是真是假，对于人与人之间的关系起决定性影响。对别人付出真情的人一般会先入为主地以为别人对自己也是用真情对待，相应地，对别人惯常是虚情假意的人也会认为别人对自己不会真心实意，这就是推己及人的道理。付出真情的人若是因某一件事被伤害到了，就会重新判断，其结果可能会给自己穿上一件防范外衣，既防人又藏己，应验"防人之心不可无"的古训。但不管怎么说，即使受到几次伤害，用心付出真情总比虚情假意来得真诚、来得实在。最终，真诚者、实在者的结果或者说命运比虚情假意之人要好得多。其人生的旅程也更快乐，尽管也会有曲折、困苦，但这种曲折和困苦不会是人生的主旋律。

反之，如果一个人因为从小受到某种教育或者因曾经受到伤害而习惯于用虚情假意对待别人，那么按照作用与反作用原理，他得到更多的将是同样的诸如不真诚或者疏远或者躲避的反馈。如果能遇到某个感动他的人或者某种能感动他的事，则可能会被感化成为一个具有真情实感的人。凡是具有这样的"真"人，最后是能得到真诚回馈的。

真人真情真事带着强大的力量，将主导、感召并战胜虚情假意和伪善的。

"真"的选择是人生最佳选择。"真"有自然的真和修炼的真之分。少儿时期的纯真属于自然的真，而后经历人情世故后还保持的"真"则是修炼的真。"真"是自信的表现，也是能力和实力的象征，同时也是爱的一种高级形式。有了"真"，"假"自然会退缩，也不会长久，最终会隐退。一个真正有能力、高境界、够自信的人，是不会忌讳反省自己缺点、错误以及别人指出自身不足和问题的，智者还会主动去征求别人的意见、建议和批评。另外，有两个小观点提出来供大家讨论：

第一，善意的谎言是必要的。比如医生对于病人病情善意的隐瞒，在某种情况下是必要的，只要是有利于对病人的心理安慰和对病情的控制治疗。

第二，如果说了之后并没有及时做到，说完了又不能后悔和纠正，那么尽快努力去促进做到所说的话，做到后假话变成了真话，作为当初说的假话就不必纠结于真假，即使不说出当时的真相，那结果是真的、可信的，则无实质大碍。

"美丑"属于美学的研究范畴，是指人的力量的重要来源，也是人对事物外在与特性的主观感受。不同的人对美与丑的定义标准不完全一样，但有一个普遍认可的一般性或通行标准。既然是主观感受，则主观意识起主导作用，尤其是对于人内外在美丑的评判标准，心理作用和情感因素则影响更多。

从美的根源和特征来说，美是美感、好感、快感形成和产生的原因。形成较大影响的观点有，美在于和谐、形式、理念、客观、主观、关系、生活、典型、无意识和实践等。比如，古希腊毕达哥拉斯认为美是和谐，美在于事物形式所表现出来的均衡、对称、协调等；柏拉图认为美在于先验的理念内容；黑格尔提出美是理念的感性显现；亚里士多德提出美是零散碎片结合成的整体。我国古代孟子提出"充实之谓美"(《孟子·尽心下》)，荀子提出"美善相乐"(《荀子·乐论篇》)，孔子则说"里仁为美"(《论语·里仁》)、"尽善尽美"(典出《论语·八佾》)，老子说"美言不信，信言不美"(《老子·道德经》)，等等。

相对于美而言，丑是歪曲人的本质力量来源，违背人的愿望及需要的畸形、片面、令人不悦的事物特性。丑违反了人所追求的自然属性，是极力规避、改造、转化的客观对象和主观感受，以满足主观感官的本质要求。

在这里，我们把美丑这一对矛盾放在一起，是要强化读者的概念，即人类在追求美的同时，一定还存在不美甚至丑的事物和人性，还试图去改造、转化不美或丑的事物和人性，包括人的外貌、外形、外在。

每一个人都是如此，特别需要说明的是，人性的美是美的一切来源和最终目的，其他的美都是为此服务而起辅助性作用的，表现为人们在追求自我内外在美以及事物表象和特性美的过程中都是围绕人的本性特征进行的。本性特征就是人性的存在，是人类生命体在生命活动过程中所具有的本质的属性存在，包括生理层面和心理层面，其过程包括生理活动、心理活动和行为活动。美化的过程和目的以及对结果是否美的判断都是由人做出的，都是以满足人性的需要为宗旨的。所以发现美、创造美、改造美、表现美、欣赏美、保持美等各项活动就成为人类符合人本性特征的最重要活动了，而且从未停止过。

"雅俗"是指高雅和低俗、文雅和粗俗，若指人，则为雅人和俗人。《后汉书·郭符许列传》："林宗雅俗无所失。"《文选·任昉〈百辟劝进今上笺〉》："且明公本自诸生，取乐名教，道风素论，坐镇雅俗。"实质上，人们都有近雅远俗、好雅厌俗、求雅避俗的本性，这里的"俗"都是指低俗或粗俗。但为什么俗人俗事还到处可见、影响世风呢？

首先与个人的修养有关。一个人的时间、大脑容量、心灵空间主要被什么东西占据是关键，由所见所闻影响所思所想，进而影响所言所语、所作所为。平时阅读什么、学习什么、见闻什么尤为重要，这也是提倡多学习国学、历史，传承传统文化、欣赏高雅艺术、历练高贵品性的原因，这样才能更加积聚能量、弘扬正气、鼓励向上、激发意志，个人、社会、国家与民族才会更快更好地取得进步、融合发展。

其次与社会环境有关。人与人之间、人与教学之间、人和媒体之间宣传什么样的意识形态、树立什么样的道德品位、提供什么样的精神食粮、营造什么样的社会氛围，等等，都会体现在所处环境的净化程度和雅俗区别上，对个体和整体都将起到引领和主导作用。

最后与理想信念有关。高大的志向、远大的理想和坚定的信念塑造了高雅的气质品性，反之，自私、狭隘、猥琐只能显现低俗。也不能否认，或一般来说，雅俗与拥有的物质基础、社会地位成某种程度的正比关系，虽然不起决定性的作用。很难想象，一个还在为温饱奔波的人能够静下心、集中精力创造出高雅的、伟大的艺术作品来，如果有，那也是极个别的。像唐代大诗人杜甫在穷困潦倒时还能写出《登高》："万里悲秋常作客，百年多病独登台。艰难苦恨繁霜鬓，潦倒新停浊酒杯。"这样的悲苦绝句，只可另当别论，屈指可数了。何况他出生在富贵的大士族之家，年少时家境优越，生活安定富足。

有人说，大俗即大雅，雅俗在特定情形下是可以相互转换的。雅俗之变，不是简单地因时间流转，而是有着严格的质的规定性的，如可以相互转化的雅俗中的"俗"，不是低俗、庸俗、粗俗，而是还俗、寻常、浅显、平凡之含义，从某种意义上说，是指大众性，较容易为人民大众所欣赏和接纳。如我国的相声作为一种艺术门类，在其发展过程中经历了去俗存雅的阶段，达到了现今好的相声作品通俗易懂、雅俗共赏、寓教于乐的高雅，同样可以闪烁人性光辉和艺术魅力。而不是那种靠凶杀、乱伦、多角恋、无端戏说历史等题材的所谓作品去吸引低俗的人群。由此，也可以区分一个人的欣赏水准和自身言行的雅俗之别。

"善恶"指顺益、顺理、体顺与违损、违理、体违之区别。"善"指心地仁爱、品质淳厚、言行良好，此字会意是从言从羊，有吉言祥语之义。《国语·晋语》："善，德之建也。"《吕氏春秋·长攻》："所以善代者乃万故。"《论语·述而》："择其善者而从之，其不善者而改之。"也有完好、完美、圆满之意，如"止于至善"。而"恶"则是不好、凶狠或极坏的行为，也指对人和事的厌恶态度等，也与"好"相对、相反。可见"善恶"之意用于形容人心、人品及言行的好坏。

同样，人们一直都在追善弃恶、惩恶扬善，包括恶人也要求别人对自己友善、和善。"善"是人类共通的语言、共建的境界、共有的道德、共同的追求，而即使人们弃恶惩恶也不能完全规避、禁止恶，比如犯罪行为，就是一种客观存在，我们必须承认这一事实。在善与恶的斗争中，善自然是越来越占据主导地位，这也是人类进步与发展的重要动力。善良或善意再加上真诚，是对人们道德的基本要求，是判断一个人有没有道德的基本准则。有人问，那道德的最高标准是什么？如果有，那可能就是以德报怨、以善待恶了，按此下去，不仅可以修炼高德、厚德，还能转变、感化怨情、恶人了，影响力无疑是强大的。当然德与善是有其固有标准需要遵循，不能因为以德报怨、以善待恶就失去其本来原则性。

判断善恶的基本尺度就是对人对己有益或者只对己有利对人不利，还是对人对己都无益。人们通常所说的损人不利己就是后者之意。那为什么会有人干这等恶行的蠢事、傻事呢？就个体而言，还是内在修炼问题，也与其出身、所受教育、人生经历有重大关联。我们不仅提倡"善"，更要提倡大善，对应于大爱，有爱必有善，大爱即大善，善是爱的表现方式，爱是善的动力源泉，一切应从爱起源。"性本善"，古以为如此，但准确地说，应该是性本偏善、性本多善的，与性本恶、性本无善无恶是有根本区别的。因为有人主张，从人类的行为活动属性来看，人性既不是自私和利他，也不是善与恶，而是"自我"。对此我个人是不赞成的，就好比母亲天生对刚出生的孩子充满保护欲和真爱，而与此相对应，新生儿天生喜欢看母亲慈爱的笑容以及喜欢闻妈妈身上的味道，这些诸如用目光对视传递爱和婴儿天生的天真、纯洁、可爱表情的最初表现，就是一种先天的爱之善。尤其是人的出生从父母精卵结合的那一瞬间，难道说不是父母之间的爱导致的吗？如果没有父母的相爱，精卵是很难游动结合在一起的。这一切，证明人因爱而生，人性本是善的存在，而且应该是偏善，多善的，尽管人天生是有"自我"的一面，这种"自我"会在人生某一阶段和某些方面突出表现出来，即使这样的"自我"，却不能否定人性本偏善、多善，起码绝大多数人如此；从另一个方面来说，如果人是完全的性本善，那世界上还需要制定法律来规范和约束人的行为吗？如果人性本恶，则这个世界在法律并不完善的情况下还能显得这么有秩序吗？这个世界不知道将会变成什么样子。

结论：人生来性本多善。

古人说"上善若水"（老子《道德经》），是人之善的最高境界，是说人的善良要像水一样无时无刻不包容一切、无私付出、帮助他人且心态平和、随遇而安、与世无争、无忧无愁，一旦水利万物之后便隐身而去、从不邀功、平静如初。如若违反其规律则可能遭遇覆舟、天灾、人祸之凶险。所以，水虽善，但水也有自己的自然规律和原则属性。

不管怎样，"多善"将主宰这个世界并将持续主宰下去！

十四

感性·理性·悟性·韧性

这"四性"具有层次递进关系。成就事业和人生,少不了要发挥这"四性"的作用。

"感性"是指凭借以感官知觉为主认知和判断事物,个人情感起主导作用。也就是人们对外界事物的认识和判断以感觉和印象为主,相对于"理性"而言。感性的人易动感情,一般会有较强的情感通达能力,容易与人交流。感性体现了一种人性化的待人处事法则,是与功利理性的对立,是以亲和型、情感型树立的一种信任。其哲学意义的解释是指通过人们被客体对象所刺激的方式来获得表象的接受能力,由此获得一种直观的知识或认识。

禅语"身在万物中,心在万物上"。前半句讲的是身体的感知,支配人的感性。如果说一个人是感性的人,描述这个人是一个感情丰富、心思细腻的人。感性的人好吗?感性的人会有什么优缺点呢?从爱度融合的角度看,感性的人一般具有同情心,倾向于比较直率、真诚,只要不是过于敏感或者感性到失去应有理智的程度,这样的人一定是重情重义、与人为善、心随情动之人,爱的力量也表现得更为强大。感性与真诚善良为伍,也易伴随敏感多疑、急躁要强、感情用事,而有利有弊。但感性的人一般对人较为热情,能站在别人角度设身处地,以心换心、将心比心、换位思考、用心对人,如果再加上有一定的修炼意识,这种人一定德行较好。从某种角度说,可以一定程度上弥补其他方面诸如能力等不足,至少与人沟通交流较为顺畅,更容易得到较多人的理解、支持,或者用别人之所长补自己之所短，寻求到能帮助自己的人共同去成就事业、达成目标。

但是，感性也会导致思考不够、急躁有余，比如仅凭感觉下结论、作决断，也容易犯错，给人不稳重的感觉。如果表现为猜忌多疑、误会别人、心生烦恼，则事与愿违。所以感性要有，但要适当自控，其方法可以平时加以调整、训练，即"慢半拍"法则，正如古人云："事急则变，事缓则圆。"说的是急一时危险丛生，缓一刻风平浪静。遇有需要表态、行动时，先稍作停顿、尽管将节奏慢半拍下来，将表态、行动先在大脑过一下，想一想有无不妥、利弊大小、后果如何等等，谨慎稳妥为好，比如不能随意打断别人而插话、不能不经深思熟虑即盲目实施。遇有紧急情况更要沉着冷静、理智应对，同时也要雷厉风行、及时出手，确保急而不慌、快而有序。我们祖先传承下来的围棋下法的节奏就应该在感性与理性二者之间寻求一个适合自我特点的平衡点，尤其在读秒阶段。

感性的人对待感情容易动情，因为感性，所以相信，而易于轻信。就拿商务活动来说，感性之人在掌握感情和商务之间平衡点方面，要有意让自己三思而后行，运用好感性之优势而规避感性之劣势，在此基础上学会多一点理性，增强自我意识的控制，会大有帮助。

对比男女两性，大家普遍认为，可能男人多理性，女人易感性，持续的传承逐渐转化为社会角色的需要。实际上仅从性别之自然区别而言，男性的感性多于女性，从男女之间对于恋爱的态度和观点就能判断，只是男性为适应和担当家庭和社会角色而不得不理性。同时，感性、理性也与人的年龄阶段有关，一般年轻多感性，随着年龄增长和生活积累，理性也会随之增一些。在我们的人生中需要进行适当调整，年轻时适当并有意识地磨炼、改正一些诸如快言快语、欢蹦乱跳的乏稳重习性，而到一定年纪，则可多一些开朗活泼、年少心态。其实，感性也是一种生活态度，感性的人因为富有同情心，则做事有激情、生活有热情，语言更富于感染力。活得多一点感性、多一点随性、多一点轻松，直觉而智慧、率性而自然。

"理性"是指人们运用理智的能力与程度，是基于普遍原则、倾向于慎重的思维结果的特性。表现为在全面了解和分析总结后，罗列出不止一种方案并恰当地使用其中的一种方案去操作、处理或实施，尽可能达到事情所需要的效果。它与"感性"相对。

理性通过数个论点与具有说服力的论据发现真理，通过符合逻辑的推理而非依靠表象获得结论，并据此表达意见和实施行动。理性实际上是以感性作为前提的，因为如果没有感性的状态和感知的事物作为基础，理性则没有发挥的对象，理性也就不存在。比如当我们正在理性分析与同事的关系时，是基于某个人对他在自己心目中的感性印象。正如毛泽东《实践论》中指出的"理性的东西所以靠得住，正是由于它来源于感性"。这里的感性是指实践所感知的东西。

理性具体表现为以下几种情况：

一是冷静的态度。表现为遇事不慌，"泰山崩于前而色不改"，基于对于紧急事物的心理素质较好和其熟悉的程度及熟练的操作而显得不慌不忙。某种情况下也表现为虽然心里着急而加以掩饰，外表显得平静，反过来对于操作处理可以起到冷静的帮助作用，进而又让心里着急的程度降低且逐渐冷静下来。这就是冷静带来的好处。

二是主观的把握。通过仔细的分析，重点是从主观上寻找原因和采取措施，从而避免因主观失误而造成某些事态的不可控，对事态的客观分析可作为辅助手段来防止和避免类似的事态和问题重复出现。

三是准确的认识。准确认识不仅是对事物深刻程度的认识，也是对事物全面性的把控，是通过对人、事、物从尽可能多的方面、层次去了解、理解、概括和总结，力求全面、准确。比如了解一个人需从他的言谈举止、音容笑貌、性格习惯、处事风格、待人方式以及他的家庭、学习、工作背景和特点等个人情况方面做具体、深入而全方位的了解才行。

四是后果的预判。源于感性、归于理性的分析、演绎、推理、总结，从而对未来可能的后果进行预判。

五是预案的备选。多种预案的制定，优劣势的互补，最坏结果发生的可能性及发生后如何应对的预案，力求好的结果，防止出现更坏的结果，避免更大的失败或损失。

《论语·子张》篇云："子张学干禄，子曰：'多闻阙疑，慎言其余，则寡尤；多见阙殆，慎行其余，则寡悔。言寡尤，行寡悔，禄在其中矣。'"意思是，子张要学谋取官职的办法，孔子说："要多听，有怀疑的地方先放在一旁不说，其余有把握的，也要谨慎地说出来，这样就可以少犯错误；要多看，有怀疑的地方先放在一旁不做，其余有把握的，也要谨慎地去做，就能减少后悔。说话少过失，做事少后悔，官职俸禄就在这里了。"

这段话给我们的启示是，在社会中做到最优，需要谨言慎行，尤其是不懂不会的时候，不能乱说话、乱作为！夫子认为，身居官位者，应当谨言慎行，说有把握的话，做有把握的事，这样可以减少失误，减少后悔，这是于公于私负责任的态度。当然这里所说的，并不仅仅是一个为官的方法，也表明了孔子在知与行二者关系问题上的观念，同时也说明孔子对于理性的认知不可谓不深刻。

理性认识应包括概括、推理、判断三种形式或三个阶段，表现为较强的概括性和逻辑性。对感性认识进行感知，即对感性所获得的感觉材料，运用抽象思维，经过思考、分析，加以去粗取精、去伪存真、由此及彼、由表及里地整理、改造、加工，产生认识的一个飞跃，反映出事物本质的、整体的和内部的联系及趋势。用于指导我们的日常生活和工作，防止陷入狭隘的经验主义错误，不可或缺。这也是对感性认识进行深化的一个过程。

相对于感性容易产生错觉而误导，理性依靠逻辑推理得到更为可靠的结论。一般来讲，当前提可靠时，它能使结论的可靠性更大，它是可靠性的必要条件，但还不是充分条件，达到真正可靠，还与人的概括、推理、判断能力有直接关系。有人问，理论的可靠性是以理论的完备性为前提吗？不一定，我们虽然努力在追求理论的完备性，即使还没有达到完备的程度，但它并不影响理论的运用并产生正确、好的结果。诸如我们今天所享用的现代文明成果——飞机、internet、计算机、核电站等，都还不是完备的科学理论的成果，只能说是相对成熟的文明成果，但人类生存生活却已离不开它们。这也提示我们，人们在日常生活工作中，并不是所有的事情都需要找到完备的依据后才能去操作、实施和处理，可靠性不以完备性为唯一前提，否则容易导致许多事将终无结果，人类却越来越犹豫不决、裹足不前、效率降低。

有人曾经认为，凡是符合人性的就是理性，主张把理性作为衡量一切现存事物是否合理的尺子。似有道理，但不全然，有些与人性没有什么直接关联的事物，对于符合其自身规律性者，就不会失去其理性特征。如地球围绕太阳运动，只是符合它自身的规律，尽管把地心说作为公认的世界观主导了人类近四个世纪（13—17世纪）。

理性有其度，感性可弥补。过于理性可能陷于呆板、一根筋，而缺乏灵活度、多样性，无助于事情的进展、问题的解决。所以，感性基础上的应有理性和理性氛围中的适度感性，让二者融合、交叉互助，则人类认识世界、改造世界的能量就会更多、更大、更强。

理性之后我们再来说"悟性"。"悟性"是指一个人感知、发现、领悟的敏感程度和理解能力。体现为对人与事物的洞察力、敏锐力，较多地体现为思维的贯穿性和思想的深刻性。悟性高的人善于举一反三，触类旁通，知其一而可能晓其十，学习能力和处事效率比较高，似乎不用十分勤奋，却能知天晓地、明古道今，因为心能灵动，所以运筹帷幄；因为未卜先知，所以决胜千里。自觉反思和善于总结是一个人悟性高的重要标志所在。

以小见大、放大思维是其特征之一。从点到面、由小到大、从少到多、由人及己、由己及人，靠悟性联系、对接，似乎脑洞大开、一点就通、一通百通。比如通晓乐器的人，会一种乐器而再学其他乐器则会很容易，特别是弦乐与弦乐、吹奏乐与吹奏乐、弹拨乐与弹拨乐之间，主要是悟性起作用领悟它们的共通特征，当然与对音乐的天赋和敏感性有关。悟性好的人能让许多困难复杂的事情变得容易简单。还比如从自身小的失误去吸取大的教训，自己从别人的教训吸取更大更多的教训，可以达到事半功倍的效果。不一而足。

逆向反省、发散思维是其特征之二。人们一般习惯于正向思维，沿着既有的思维方向不变，按惯性思维一直往前，这样遇到死胡同也是常有的事。逆向反省则对自己首先具有批判精神，遇任何事想想反过来是什么情形，正反的利弊好坏均作分析比较，至少多提供一个反向的可能性，就更容易得出正确结论。同时，时常保持自躬反省态度，遇事则自问：这样说这样做合适吗？有没有什么不对、不好、不妥的地方？真有不合适的地方是不是应该改变或纠正。同时要运用发散方式，列出事物本身或处理事物可能存在的所有方式，从中比选，确定方向，做出决策并加以实施。

佛教中静以坐禅，儒家文化讲究自省，道家学说讲究反观自照，阳明心学讲究用心悟道，基督教讲究祷告悔改，伊斯兰教祈请真主饶恕，等等，都是在反省自己、悔改错误、提升自我、持续进步。就现实生活中的我们每一个人要想具备较高悟性，以上的各类教义也可给我们许多启示。但做到所有这些的根本动力、核心宗旨、关键本源都离不开——爱。有爱，拥有它们就一点不难；有爱，拥有一切就成为可能。爱能成就自己真心的反省和彻悟。但是悟过之后要把事做对做好，还需要把爱与度有机结合起来。

"韧性"本是形容材料变形时吸收变形力的能力，这里是指在一种压力下复原和成长的心理能力，包括面对困难、逆境和失败时的适应和有效应对。我们常说的顽强持久、坚韧不拔，强调的就是某个人在挫折压力下的新生和成长。

韧性换一种说法就是意志力，韧性高即是意志力强。韧性、意志力是可以炼就的。心理上选择将压力反应当作助力，生理系统就跟着扩张强大；面对压力选择人际互动，积极应对，便能造就韧性。心跳加速、血压升高既表明压力来袭，同时又可以产生气力和能量，也就是将压力找个管道释放，这个管道可能是心的一角，心可以主导方向，也可能是一个无意识或者说松弛状态的临时占据，把压力赶出或转移至身体之外，一旦恢复常态不仅压力减弱或消除，还可以静下来思考、寻找更好的应对压力之策，做好各方面的心理准备，韧性更强、心绪更宁、感觉更静，重回到轻松平稳自在的正常状态。医学上曾有一个试验，即把压力反应看作助力时，血管会得到放松，心脏强有力地收缩，感觉上更像是兴奋和鼓起勇气时身体的反应，好似在告诫自己：压力不是坏事，是来考验并且激发潜能、增长抗压经验和力量的，也许是个好事。就像有人说过的一样：一个人的压力和曲折就是成长过程中的灌溉和养分，会发生植物似的光合作用。经历了就会成长，扛住了就会成功。结果是焦虑少了，信心增了，活力强了，换来的自在也多了，韧性自然也就强了，进而形成一种良性循环！

韧性伴随着好心态就会促进乐观、开心，结果也会更好，助人于良性循环，身体也会越来越好。由此，韧性不是一定需要强大意志力去支撑，有时也不必付出太大的气力、花费太大的精力，它实际上是一个可以养成的习惯，表现为一个人从认识问题、观察问题，转移、过渡到能力问题、方法问题的过程。韧性之于我们，预培养、早思索、常试验，累积能力、找对方法，一定会成为自己的成功砝码和宝贵财富。

在以上的感性、理性与悟性之间也存在某种联系。悟性既要有感性，也要有理性，感性可以增强悟性的敏感度、灵活性、多样化，而理性可以提升悟性的深刻性、准确度、系统化，二者都不可少，只是在悟性的不同方面需要感性孰多孰少的不同而已。

一个人如果感性、理性与悟性都挺好，那是不是就具备成功的所有条件了呢？还不是，它们确实是非常重要的条件，但它们还都停留在思想认识或方向、方案层面，并没有推进到行为层面，即执行力。恰恰在行为和执行力上经常会受阻受挫，这时韧性就非常重要，坚持就必不可少了，它也是成功的充分条件之一，是解决足球运动临门一脚射门、排球运动高位弹跳扣杀之最后一招的，也是我们常说的把事情落实落地的问题。恰恰是因为人们韧性的差别造成多少人与成功只差一步之遥的隔离相望。所以，韧性是处于"四性"中最高层次，是对人本来素质特征的最高要求。

十五

预想·预知·预判·预案

古人云："凡事预则立，不预则废。"（《中庸》）强调人们一定要有主观上对"预"的意识，即"预意识"。"预"到底在人们的日常生活工作中有多么重要呢？

先了解一下"预"的含义，一般形容预先、事先或事前。我们平时所做的计划，实质就是"预"安排，如出差前，先要明确出差的地点、目的，要见什么人、做什么事、去走访哪些部门单位、时间如何分配、住在哪里、乘什么交通工具，等等。我们常说的希望、期待，也是预期未来想要做到什么事情、达到什么目标。祝福"心想事成"，是对预设的目标表达能够实现的美好祝愿。

无论从事什么事情，要想做成做好，必须要设想这件事情的切入点在哪里、分几个步骤、每一步具体做哪些事、阶段性和终端目标分别是什么、可能会遇到什么难处、怎么解决这些困难、时间怎么安排、需要验证目标和怎么验证、效果好不好等计划内容。尤其是在战时如何打赢一场战役，更要计划周密、准备充分，如《孙子兵法》的开篇就是以计划为始，"夫未战而庙算胜者，得算多也；未战而庙算不胜者，得算少也。多算胜，少算不胜，而况于无算乎！吾以此观之，胜负见矣"。另外，Thinking then doing! 要成为工作习惯，必备程序如同盖一幢房子，事先要花足够的时间画好图纸、设计施工方案、安排布置人力、工具、设备、资金等，重要的是设想施工中出现各种问题如何解决。如果不考虑周全、仔细，一旦进入施工，"开弓没有回头箭"，施工过程中出现问题就会措手不及，如果有些问题已经造成又来不及纠正而只能推倒重来，那损失就大了，甚至造成全盘失败，没有人希望看到此种情况出现，人一生中很难承受得了几次全盘失败。所以事先多花时间，把问题想透、把准备做足，往往在执行中可以更多地节省走弯路、做无用功的时间，避免造成损失和失败，总体效率会更高些，结果会更好。

"预想"是说预先思考或推想，即事前作出预测、计算和谋划。宋·秦观《次韵参寥见别》："预想江天回首处，雪风横急雁声长。"清·汪懋麟《叔定家兄入京同期采出郭相迎抵寓即事》诗之一："犯晓最先骑马出，挑灯预想对床眠。"王国维《评论》："然彼苟无美之预想存于经验之前，则安从取自然中完全之物而模仿之，又以之与不完全者相区别哉？"鲁迅在《野草·死后》中说道："谁知道我的预想竟的中了，我自己就在证实这预想。"表明的都是此类含义。

我们做"预则立"的工作，一定是从预想开始的。首先要去思考、预测将要出现的各种可能的情况。开动脑筋，始于预想。那么，预想要具有哪些条件？我们应该如何去预想呢？

预想要有较为丰富的想象力，还要具备对预想对象的了解以及与这个对象相关联事物的关系，同时，要有一定的知识和经验积累，有比较强烈的"预"的意识和缜密的思维习惯。这样"预想"才可能达到预期目标，实现"预想"的正确性和效果。

简单的事情作简单预想，对于稍显复杂的事情则应该作出多个预想的方案并进行比选，确定一个更接近于实际的方案作出决策。对于预想，一般有以下步骤：

一是确定目标。目标是关键，起核心和引领作用。无论要达成什么事，首先确定想要到达的目标，比如中学刻苦学习是想考取什么样的大学，工作几年想要到什么职位、能拿到多少薪酬，经营公司想要做到多大规模、实现多少利润，等等。制定目标一定要切合实际，可以适当定高一些，确保原先设定目标的达成。也可以定出阶段性目标，由于这个目标较容易实现并看到结果，可以此增强自信心和成就感，当然不能好高骛远、异想天开，更不能没有目标，脚踩香蕉皮，滑到哪儿算哪儿，一般都会一事无成。

二是俯视目标。从高处俯看，目的是将目标尽收眼底，总览全局，下定决心，增强自信，藐视困难，胸有成竹。说白了，要从战略上确信自己的胆略和气魄，告诉自己，一定要也一定能实现目标。

三是制定策略。光有胆略不行，有胆略也是建立在自己对目标的掌控上。所以，必须了解跟目标相关的各方面条件、环境、资源、事项等，从而制定方法、步骤、措施和策略。

四是实施行动。有了蓝图，贵在行动；按照策略，逐步实施；集中力量，讲求效率；注意方法，获得结果。

"预知"即预先知晓、事前得知或事先明白，是在预想基础上的知晓、得知或明白。这里并不指通过玄学、幻觉、迷信、算卦等方面而得到的预知，也不讨论人类只对宇宙物质认知5%或人类大脑细胞只激活了不到10%等原因而限制了人类的预知条件和能力。我们探讨的是，普通人凭借一定的知识和经验，通过分析、推测的预想过程而得到的预知。

我们都想对未来预知的越多越准越好，可我们不是神仙，不可能对未来所有的事情都能预知，连神秘的玛雅人预知地球爆炸都失败了。所以，对预知不必神秘，也不必苛求，但我们一定可以尽可能地得知未来事情发生的若干种可能性，为对未来作出判断打下重要基础。大致上预知尽可能多且准的事情发生，一般方法及程序为：

一是明确预知的具体事项。是关于哪个方面、哪件事情。

二是推测预知事项的走向。此事项未来行进的轨迹、方向和将要行进到目标状态的大致范围是什么。

三是预知事项走向的多种可能性。这是非常重要的环节，要把事项走向的、所知道的所有可能性（所能想到的）进行分析、罗列出来，列出的可能性的多少与预知者的知识、经验、能力密切相关。

四是将上述各种可能性按发生的可能性大小顺序排列。这个顺序也由预知者根据知识经验等作主观决定。

五是将最大可能性者作为未来发生的实际状况。由此，推测得到所要的预知情况。

六是把其他按顺序排列的可能性者依次递补。据此描述未来可能发生的其他实际状况，预知情况在以上第五条和此条描述的实际状况确信应该在此范围内。

从而得到完整的预知情况。

"预判"是指在预想、预知基础上作出判断，即预先或事前作出判断。像天气预报就是对未来的天气作出判断。

从哲学意义上讲，预判是对某主客观对象在出现或发生之前它的存在性、属性及关联性的肯定或否定。简单说，就是对预想、预知的具体结果作出判定，预估、预计、预定、预报都属预判范畴。

预判事关重大，是决定我们下一步该做什么、怎么做等方向性问题的重要前提。否则，就不知道做什么、怎么做，处于惘然状态，无所适从，犹豫不决，导致时间流逝、进展停止、空为叹息、无所收获，还不如不做，耽误了时间、付出了代价，增加了心理负担，还可能要收拾错误的摊子。如果预判准确，并按预判执行实施，则心底踏实、按序推进、可控在控且成竹在胸。

一般情况下，预判要在所判断事物未来所处环境条件下，通过逻辑思维对其变化的阶段性和终端结果进行判定。由于它是在预想、预知基础上对于事物过程、状态、情况作出的判断，所以，预判针对的主要是结果，有可能是阶段性结果，当然包括终端结果。其步骤可分为：

首先，确定自己想要的结果，即主观结果，是一种理想结果、希望达成的结果，尽管它不一定能实现。

其次，预测阶段性结果。重要节点会呈现一个阶段性状态，这个阶段性状态即阶段性结果。

再次，判定终端结果。根据各个阶段性结果的累积和趋势，对事物的终端结果进行判定，并与自己想要的结果进行比较，看有没有差距或许一样或许更好，据此作出措施、方案的调整，力求自己想要的结果或目标得以实现。否则，就调整预期结果或目标，以防止失望情绪产生和影响后期其他相关事情的发展走向和趋势。

比如高三年级学生想考上北京大学（想要的结果），根据高三这一学年的学习情况和测试得分（阶段性结果），预计只够中国人民大学往年曾经的分数线（预判结果）。依此，要么加大学习力度、调整学习方法，努力争取增加测试分数向北京大学分数线冲击；要么调整预测性的期望结果，即确保考上中国人民大学。

最后，排列其他可能性结果。根据"预知"时给出的事项走向的各种可能性及其状况，都会对应有一个结果，这些可能性结果也应在预计之中。因为未来世事难料，出现其他甚至最差结果的可能性也是存在的，出于"从好处着手，从坏处着想"的原则，也应做好出现此种情况后的思想准备和计划打算，以避免猝不及防、措手不及、打击过大。比如，上面举例中学生因临考发挥失常，只能考上一般性大学或更差的大学，也必须要有思想准备去面对并且较好地去面对，不至于产生更差的连锁反应和引起更严重的事件后果。

"预案"即预备方案，是指根据预判的各种结论性意见以及经验、目标对将要发生的事件按类别和影响程度而事先制定的应对和处置方案。常见的有安全生产事故应急预案等。

预案一般分为国家、政府、行业、企业（单位）和个人五个层面。对于中间三个层面，这里作出一个概念性分析阐述并表达一个观点，即此预案是针对具体设备、设施、场所和环境，在安全评价的基础上，为降低事故造成的人身、财产与环境损失，就事故发生后的应急救援机构和人员、应急救援的设备、设施、条件和环境，实施的步骤和行动的要领，控制事故发展的方法和程序等，预先作出的科学而有效的计划安排方案。

过去我们针对安全事故采用"四不放过"原则实施处理，根据现今的形式变化，应以"四个预演"原则主导预防安全事故的发生。"四不放过"只是马后炮，也是对已发生的事故进行总结，吸取教训，目的还是为以后"预防"服务的，所以说，"安全第一、预防为主"不会过时。那重中之重是要防止当下事故发生，也是从事安全生产工作的人们必须牢记的重要原则。"四个预演"正当其用，恰如其效。

回顾一下,"四不放过"是指事故的原因未查清不放过;事故责任人未受到处理不放过;事故责任人和相关人员没有受到教育不放过;未采取防范措施不放过。那么"四个预演"是指在所有事故发生之前所能假设发生的任何事故,将"四不放过"提前至"四个预演",即:

一是预先找到假设所有可能发生事故的原因。对于可能发生的事故假设已经发生了,是哪些原因引起和导致的,做出分析、判断并一一列出来,如同"四不放过"的第一条,即是对事故原因进行预演。

二是预演处理对应的相关责任人。每一个原因都会对应于某些责任人,这些责任人是哪些人,这些人相应负什么责任,根据责任大小应该受到什么处理。对此实施预演,让有关人员知晓自己应承担的责任。

三是借此进行宣传教育。对责任人和相关人员因假设事故的预演暴露出的问题开展安全宣传和警示教育,告诫如何认识事故的危害性、保证安全的重要性,如何警惕和避免事故的发生,确保安全生产和责任事故给大家带来哪两种截然不同的后果等,使大家真正受到教育、吸取教训,齐心协力保障安全。

四是提前采取切实措施加以严格防范。虽然事故本没有发生,但由于事故还是有可能发生的,则应该严密检查、巡视相关设备、设施、环境是否满足安全条件,尤其是要重点关注薄弱环节、易忽视的地方。同时,对于该补齐加固、撤换更新的,确保打一定提前量做到。另外,对于因预演发现的相关人员容易疏忽的环节、人身安全保护需要完善的装备、安全规程制度存在的漏洞逐一加以强化、配齐和修订、完善。

这样,发生事故的概率会大为减少,目的是确保不发生事故。这也许就是"预案"应该发挥的作用吧!

上述提到的国家预案主要包括主权危机、战争战备、人权保障等预案。军事演习、防空演习就属此类。

我们再来讨论个人预案。人在一生中也完全有可能遭遇各种危机、风险、挑战、灾难、重病、事故等,对此,应有针对性地设想或制定各种预案来应对和处置，便于消除或减轻其产生的后果，而且不是可有可无，而是必须有备无患。正如上面讨论的安全生产由"四不放过"转为"四个预演"一样，个人预防方案也要提前设想和制定，而且还需要认真仔细地对待，特别是遇到重要事情或重大事件之前。

一个人防范和预案意识强，其一生中更能够化险为夷、平安顺畅。人寿财产的保险机制算是一种，但在这里不作讨论。我们主要想从心理、意识层面及其日常生活、工作之预备方面进行思考，看应该怎样做好个人预案。

先举个简单例子。当今人们乐于长途自驾游，对于自驾游应做好哪些预案呢？起码有以下事项要考虑并做到：

1. 车辆安全检查，尤其是轮胎及备胎；

2. 备品件，如警示牌、换胎及维修工具、灭火器等；

3. 行车记录仪、ETC 充值或通行费准备并检查可否正常使用、缴纳；

4. 保暖衣物、护脖枕、小毯子等；

5. 水、食物、必要现金（在偏远地方可用）；

6. 常备医疗药品器具，如创可贴、包扎布、消炎药、感冒药、止泻药等；

7. 地图（GPS）及沿路路况、风土人情、风俗习惯、风景名胜；

8. 预订好住宿地或酒店。

最后是做好求助别人或帮助别人的心理和方法准备。

最重要的是如何保证道路交通安全，设想几种常见情况以及紧急状况下确保安全的理念意识和方式方法，如开车把握好不超速或慢一点的习惯意识，紧急避让其他人和车辆问题，还有自身的人身财产和健康饮食安全问题等。如出现问题怎么应对、处理，也是必须考虑的内容。

这些都属于此类预案。其他预案可以举一反三，以此思路类推。

由此可以看出，制定个人预案的理念意识非常重要，要时时牢记、常备常有，且要小心谨慎、缜密细致地制定并实施，必要时需进行试验性演练，确保可控在控。古人说，差之毫厘，失之千里；一着不慎，满盘皆输。都有知微见著、以小见大、一招定乾坤之意。反过来，如不正确理解、制定执行预案，人生中的某一时、某一点、某一处、某件事之漏错，可能造成终身影响，必然铸成一生大错，无法挽回，悔之晚矣。这一点在围棋或象棋等棋类竞赛方面体现得更为直接，具有较强的象征意义，其实，我们平时下棋，下一棋、落一子就要想到接下来五步甚至更多，就需要练习、修炼、培养对棋局、对人生的预判习惯和稳慎意识，即必备的预案设定。

十六

本我·旁我·本人·他人

为什么用这一组词作为标题？它们表达的又是什么意思？

原本想从人性的本质特征出发，分析研究人性的双重性问题，或者肉体与思维的重合与游离、统一与分裂问题，来表明人的本性特征与外在表象之间的关系状态，力求解释人能反思反省、自我提升的动力来源、合理方式，以及人与人交往更易沟通、更达畅快的情商秘籍。为提升自我愉悦指数、营造和谐美好的人际关系而寻求和创建一种有效方法，提供给大家使用，争取有所裨益。

这四个词意思大致是一个人可分为哲学意义上的两个人，对自己来讲即"本我"和"旁我"，二者之间可以"互动、交流、对话、交心"等，主要表现为意识层面，而且是基于人性两面性和内外差异性而提出的。作为本文中"我"之外的"他"是我的沟通和交流的实实在在的对象，对应起来，可用"人我"连起来称呼表明相互交流的他与我，所以这个"他"相对"我"来说就称为"人"。如果分为哲学意义上的两个人，则叫作"本人、他人"，以便于对应于"本我、旁我"。可以想象，两个人的对话、交流从哲学意义上即可视为四个人之间的对话、交流。

"本我"即原我，是指原始的自己，从弗洛伊德的人格结构讨论解释，是人格系统中最原始、最隐私、最真实的部分，它处于潜意识的深层（另外还有潜意识中层、意识表层），由先天本能、基本欲望如饥、渴、性组成，包括生存所需要的基本欲望、冲动和生命力，也是一切心理能量之源，原本按快乐感官行事，其目标是求得个体的舒适、生存及繁殖，它是无意识的，不被个体所察觉。

既然"本我"是指最原始、最隐私、最真实的自己。那么，这样的自己是最正确、最好的自己吗？不一定，或者不可能是。"我"一定是有缺点和不足之处的，或许存在较多毛病和较大缺陷甚至影响人生的进步与成功。"本我"也许会提醒、纠正自己，但，是不是及时、准确、有效就很难说了。这时，就迫切需要一个最了解"本我"者出现，帮助"本我"去做这样的提醒，便于反省、纠错、改正。这个最了解"本我"者非"旁我"莫属也。

"本我"真实地出现和生活在这个世界上，带着有缺点和不足的灵魂的躯体存在着、游走着、奔忙着，从原始本能出发只求个体的舒适、生存及繁殖，而且是常常不被察觉的无意识，导致经常出现偏差甚至犯错，不仅是思想灵魂、性格特征，还有言谈笑貌、举止行为。"本我""旁我"二者上演的"吾日三省吾身"就成为每天必修的功课。

泰戈尔说："一个人是一个谜，人是不可知的。人独自在自己的奥秘中流连，没有旅伴。"泰戈尔这里所说的"人"，其实就是指"本我"。如果有一个"旁我"，就不会孤独，会永远地陪伴着"我"，在别人看来，尤其是自我感觉，独自放飞的灵魂也就不怕孤独了。

"旁我"担此大任，是因为"旁我"是"本我"的影子，是另一个"本我"的存在，不仅最了解"本我"，对"本我"也最能表达忠诚、表现真实、表示谏诤。"旁我"其实并不存在，只是心理的抽象、灵魂的镜子、影像的折射而已。抽离出的心理、灵魂离开"本我"或近看或远观"本我"，也许认可，也许欣赏，但更多的是提醒、告诫，因为"他"比"本我"更能发现"本我"的缺点、不足、问题和错误所在，并以旁观者的视角，寻求纠错改正，吸取教训解决问题，让"本我"呈现出更加正确、更加完善、更加美好的"本我"。泰戈尔也说过："在永恒和现在之中，我总看到一个我像奇迹似的孤苦伶仃四下巡行。"在泰戈尔看来，离开了"本我"的"旁我"与"本我"不交流、不互动，也还是一个孤独的巡游者。是真实的存在还是一种幻象，也许只有文学家心里明白。如果交流、互动，则"本我"追求愉悦，"旁我"追求完美，类似于哲学中的自然人和社会人的概念，相得益彰，互为补充，最终通向身体与灵魂的自由境界。

中国最古老的哲学来源之一是《易经》，其原始模式是阴阳的交合和相生，万物、人类都有阴阳之分，由万物的阴阳想开去，人除了两性之外，每一个个体的人也应有阴阳之分。即如果"本我"是阳，则"旁我"就是阴。阴阳交合和相生，形成了真正完整的"我"——一个真正完整的个体，那么，就能拥有人生完整的自己，更加拥有整个世界的心怀。此观点欢迎大家一起探讨。

在人的一生当中，和自己相处是一件不容易的事情，常说要战胜困难，先要战胜自己，超越别人先超越自己，想与别人相处得好，先与自己相处得好才行。尝试倾听自己心里的声音，尝试把自己当别人或把别人当自己，尝试一个人的时候自己与自己（"本我"与"旁我"）对话，尝试自己与自己角色的无限想象与互换。做这些尝试，也许会发生很多的不一样。

有人会担心，这不是人格分裂吗？不是。沉浸在"本我"与"旁我"的角色转换中，是出于自我的反思反省，更源于对他人的爱，而不是纠缠在自私自利的旋涡中，怎么转换都是由于爱的力量支撑，表现为人本多善、一心向善、与人为善，体现为做人做事的崇高道德标准，恰恰是事业成功的保证、社会发展的动力。所以"本我"与"旁我"既扮演不同角色，又相互融合一体，把一个古老而又如此新鲜的关于"我"的话题，揭开其虚时、虚空的神秘面纱，回到现实、客观存在的世界，把"本我"的天性、"旁我"的人性和二者融合所表现出的个性真切地展示出来，避免了关于"我"在哲学探索领域说不清、道不明的疑惑。南朝·梁·江淹《知己赋》说："谈天理之开基，辩人道之始终。"证明人道与天理是人类永恒探索的哲学问题。

相对于"我"来说，"人"是指他人，本文中的"本人""他人"是指"我"以外的个体的人在"我"眼里的双重性表象，即双重影像。这个双重影像既有"他"表现出来的、"我"能看见的真实性一面，又有背后所隐藏的内心深处的人本特性，也就是说他的真实性一面和内在本性不一定在每时每刻、每事每处都是吻合、一致的，本来就存在差异性、游离态。比如：

1. 对于真实性表达后果的担忧；

2. 对于内在本性表达的非准确性（如词不达意）；

3. 对于因环境、氛围影响下的走神；

4. 对于因大脑短暂缺氧而引起的应急性反应；

5. 对于出于某种原因而故意掩藏隐匿；

6. 对于情绪性刺激导致厌真心理和生理反应，如害羞。

等等，都属此类情况。

简单说，"本人"特指"我"此刻所交流的对方外在的真实呈现，"他人"特指"我"此刻所交流的对方的内在理性。在"我"眼里，"他"也是两者，"我"的两者"本我""旁我"与"他"的两者"本人""他人"相互对应交流，则被视为四者交流，我把这种现象暂且称之为"二人四者"关系原理。

"本人、他人"只因"本我、旁我"而相应存在，如果没有"本我、旁我"的存在，"本人、他人"就变成为他自己，即在没有交流的对象或变成交流的主动发起者时，也就转换角色变成"本我、旁我"了。反过来也可以说，"本我、旁我"在另一个与"我"交流的人及对方的眼里，却变成了"本人、他人"。所以"二人四者"是可以互换角色的。主要是看有没有交流的对象（二人），以及从哪个视角观察"二人四者"的关系。

就"本人"与"他人"二者的关系，完全类同于"本我"与"旁我"之间的关系。关键问题是"我"与"他"交流时，如何了解、理解其"本人、他人"的真实表现与内在理性及其二者差异，其目的是通过"本人"外在的真实表现观察到"他"的内在本性，便于贴近和糅合进"他"的内在理性，从"爱"出发，与"他"进行富有成效的沟通、交流。正向的内在理性在沟通、交流时则顺势、助力为之，反向的内在理性在沟通、交流时则调整、改变为之甚至阻止。因为从爱出发并不是一味的顺应迁就，还需要由"度"来判断和把控，才能达到爱度融合的境界。

这样的沟通、交流，其实是通过这样特有的幻象去真正做到无障碍的沟通、交流，让"二人四者"在带有自我反思反省和相互设身处地的场域中自在相处、交心携手，非常容易地达成齐心、形成合力。这就是人们常说的情商高的表现，这种方法就是最佳炼成法，我们可以把它叫作"二人四者合和"原理，实质上，是关于人与人交流的主客体的两面性、四角色原理。

我们再设想一下"本我"与"本人"、"本我"与"他人"之间的关系。"本我"与"本人"是现实生活中存在的实实在在的一对关系，比如，如果丈夫是"本我"角色，那么把妻子就可视为相对应的"本人"，但是怎么处理好夫妻关系，则是困扰了许许多多的家庭，也是从古至今人们一直持续议论、研究的话题，也没有一个完美的结论。而从"二人四者合和"原理的角度，似乎能找出一些答案并且能给予各位实际的参考作用和指导意义。从这个意义上说，丈夫与妻子是"二人四者合和"原理中的"二人"关系，相互看到的是对方所表现出的真切的一面。

而"本我"与"他人"是"我"看到"他"所表现出真切一面的背后所掩藏或看不到的另外一面，即内在理性，因为表现与理性并不是完全一致的，要善于透过表象看到其内在本质，即"他"真实的内心世界而不仅仅是外在所表现出的那一面。比如"他"对"我"表现出不友好，并不是"他"真的对"我"不友好，而可能是前一刻发生了某件令"他"烦恼的事，"他"还未从中抽离出来，接着在"我"与"他"的接触中让"我"误以为"他"是冲"我"而来的，造成了误会。是因为"我"对"他"真的内心世界不了解所致，即"本我"对"他"误会所致。

换一种可能性，即使"他"前一刻未发生令人烦恼的事，这时也可能有如下六种情形：

一是可能发生令"他"烦恼的别的什么事，至少对"他"来说是的。

二是未发生任何事令"他"烦恼，而"我"猜想、推测、怀疑"他"有什么原因导致"他"此刻表现出不友好。

三是真的冲"我"来，"我"可以想象"他"误会了"我"，因为"我"是有"爱度融合"理念的人，"我"从没有对"他"不友好。即使有，可能是"度"没有把握好。

四是真的冲"我"来，具体说来，可能是"我"某句话没说好或某件事没做到引起"他"的误会所致，那没必要怪"他"，问题在"我"。

五是真的冲"我"来，不管什么原因，用心用爱对待之，"他"接下来也许会后悔或反思"他"的不友好了，但又不好立即解释。

六是真的冲"我"来，"他"也没后悔、不反思，那"他"的不友好真的值得"我"计较吗？不计较会对"我"产生实质上的负面影响吗？如果只是影响此时的心情而已，那过了此时，就应该完全可以放下了。否则，那只说明"他"对"我"的影响力太大，"我"没有"他"强大，如果真的没有"他"强大，比如"他"是"我"的直接上级，"他"比"我"强大的诸如知识、能力、财富等，但"他"最终又会影响你多久、影响力又有多大呢？其实，原来心理强大，即具有"爱度融合"理念的"我"一定可控自控，因为"我"的道德力量支撑着"我"，这才是最重要的，可让各种负面影响不会太久、不会太大，而且可能通过"我"的爱去感化"他"甚至融化"他"，从而改变"他"，把负面影响降到最低。有一点是肯定的，就是，即使"我"计较了，也不会改变这种不友好，不友好照样会持续，甚至还会加深，后果一定会更糟，形成恶性循环。

由此，就可以得知计较与不计较的大不相同了。不过，拥有"爱度融合"理念的"我"，从来不会停止让自己更加具有高度、宽度、厚度和深度，不仅心理更加强大，实际能拥有的一切也会越来越强大，可以预测，超过那个对自己不友好的"他"，尤其是道德的修炼，将是指日可待。那时就更不值得计较了。显然，超过"他"的目的，是不会有任何对"他"不友好的所谓报复之心。当此，也可以用来解释以德报怨之道德境界了。

弄清"本我""旁我"与"本人""他人"之间的关系之效用就此可见一斑。

下面作出图解和举例说明。

"二人四者合和"原理图

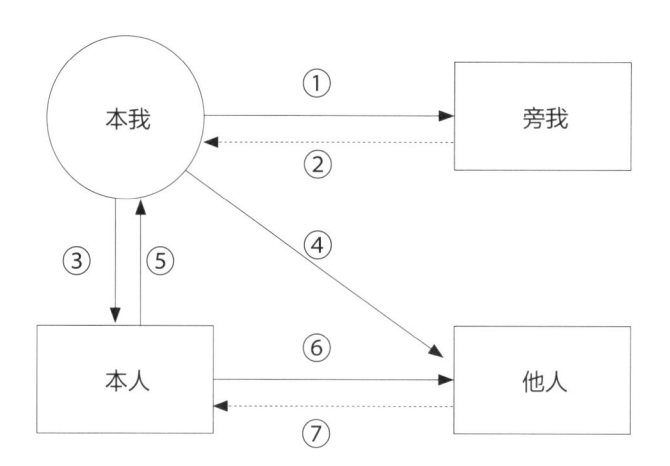

图中，以"本我"为源头，对"旁我""本人""他人"都有指向性的主动作用力，目的是解释"本我"与其他几者之间的主客体作用与反作用关系，这种作用与反作用的作用顺序我们按数字标明，也显示重要性的顺序；虚实线表明作用与反作用的虚与实，便于掌握"二人四者合和"原理之功效。从图中可以看出：

①表明"本我"主导"旁我"，"旁我"受"本我"支配；

②表明"旁我"反作用于"本我"，是"本我"反思反省、纠错改正的关键环节；

③和④表明"本我"如何看待别人，怎么分清表象的"本人"和理性的"他人"；

⑤表明站在别人角度看"本我"，应该是什么样的"本我"才是形象与感觉最好的"本我"；

在②与⑤之间，有功能效用重合的地方，也不可能完全一致，因为"旁我"比"本人"更了解"本我"。

⑥、⑦与①、②作用功效等同，只是作用对象的范围不同罢了。

图中具体的相互关系前面已作了阐述。以夫妻关系举例图示如下：

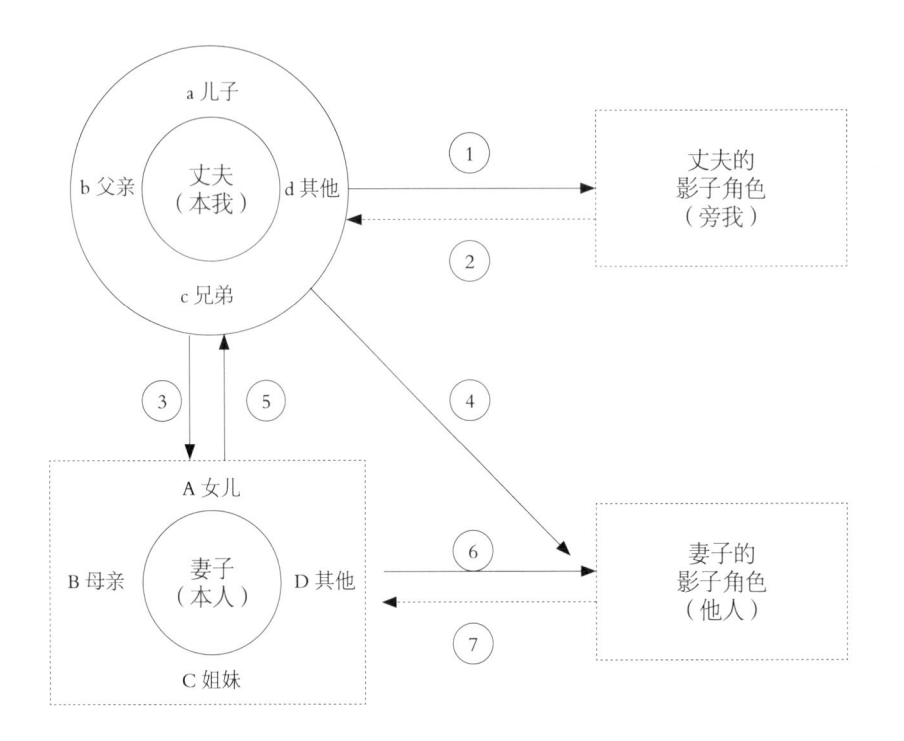

```
        a 儿子
   ┌─────────────┐
   │    丈夫      │                    ┌─────────┐
 b │   （本我）  d │   ①               │  丈夫的  │
 父 │           其 │ ─────────────→    │  影子角色 │
 亲 │           他 │                   │ （旁我） │
   │              │   ②               │          │
   │             │ ←─────────────      └─────────┘
   └─────────────┘
        c 兄弟
        ↕ ③  ↕ ⑤                    ④
                                    ↘
        A 女儿
   ┌─────────────┐                    ┌─────────┐
   │    妻子      │   ⑥               │  妻子的  │
 B │   （本人）  D │ ─────────────→    │  影子角色 │
 母 │           其 │                   │ （他人） │
 亲 │           他 │   ⑦               │          │
   │              │ ←─────────────    └─────────┘
   └─────────────┘
        C 姐妹
```

此图将上一图具体化，用一组具体关系作进一步解释，便于各位理解，箭头标号和功能作用含义与前图一致。这里需要说明的是，丈夫与妻子是一对现实的具体关系，而 a、b、c、d 及 A、B、C、D 是丈夫与妻子各自延伸的几种可能的角色，这些角色都是要自己和对方在相互沟通、交流、协调关系中必须考量的角色因素。有所区别的是，在处理某件事、某种关系时针对不同的时间点、不同的对象所考量的因子多少的不同，重要程度也有所不同。

比如：一个合格或者说优秀的丈夫（本我），作为这个关系图的源头，是处于主要位置的主导者，这个丈夫会用灵魂造就一个他自己的影子角色（旁我），时时处处事事以审视的眼光盯住自己、提醒自己，从而修正自己。丈夫在与妻子（本人）相处时，除了把她看作自己的妻子外，她还是她父母的女儿、自己与她共同孩子的母亲、她兄弟姐妹中的姐姐或妹妹、还是自己父母的儿媳妇，等等，她与"本我"相处时表现出来的不一定都是理性，如她心情不好时为了不让当丈夫"我"不开心而压抑她自己或者在外面遇到烦心事一时未能自控，而对"我"

脸色不好看甚至发脾气，在"本人"和"他人"之间交替徘徊，那"本我"的第一反应就是冷静、理智，并不急着下结论，而是等一等，等她觉得可以与自己交流的时候再与她沟通，以关心的角度问问她的状况和心情，何况她还承受那么多种角色，会有较大的角色压力，不能只从表面判断她的内心，要尽可能了解她真实的内心。在没弄清之前，不必轻易作出反击性的反应，而是表达一些安慰性的、潜移默化的言语举止行为，逐步从了解到理解，进而开导、安慰，继而帮助想办法应对、改变或解除产生这一问题的原因和问题之源。

反过来，"我"遇到类似境况时，她也会尽可能去了解、理解"我"，包括作为丈夫的"本我"之外的多重角色及其压力。因为她也有一个用灵魂造就的影子角色"他人"与她自己相处，具有自我反思反省、纠错改正之调节功效，具备完全对应的二者关系。这样，二合一的和谐夫妻关系就由此奠定了稳定、牢固的基础，并且平日里希望和期待生活工作的平安、顺利、健康、快乐和幸福就离我们不会太遥远，而是向丈夫"本我"和妻子"本人"微笑地招手！

其他所有二者关系均可以此类推，可用类同原理、方法达到同样的目标效果。

也许会觉得太复杂，理解并做到不容易。我想，拥有和充满"爱度融合"思想的人，一定能够用自己的智慧去理解并做到，而且会逐步养成思维习惯和行为自觉，再做到就不难了，其结果是那么美好。

最后，敬请您尝试由爱度融合观念派生出的"二人四者合和"原理对您所能起到的帮助作用和对人生的指导意义！

十七

潜在性·苗头性·倾向性·掩藏性

我们前面说到了"预",要做到"预",得从"四性"说起,即潜在性、苗头性、倾向性、掩藏性,四者存在逻辑递进关系,都是"预"所要了解的前置属性。

"潜在性",是指有可能但尚未实现的事物状态。比如一种天真的梦境,或者是潜藏的方向和能量,表象上很难被人发现或知晓,但是它是动态发展的,它在一定环境和条件的推动作用下,完全有可能由潜在的事物变为显现的事物,即现实。一旦潜在性得到实现,事物就达到了自身的第一个目的,由后台走向前台并开始了真正的呈现与演绎,并发挥它自身的功能和作用。

对事物潜在性的洞见,是预见的前提,而且洞见的越早,主动性就越强;洞见的越准,可控力也越强。对于不易发现或知晓的"潜在性",而一部分洞察力、敏感性强的人掌握其基本变化规律,判断它什么时候显现,显现后具有什么样的能量——是促进事物还是阻止事物,从而快速而准确地反映实施什么样的干预、限制或是放任、刺激手段,让潜在性不致产生或较少产生负面影响,而主要的是为人们所利用,让它发挥出正面作用,变为促进事物发展的动力。

怎么通过分析来了解、掌握事物的潜在性呢?由于潜在性是处于事物的最深层而难以被了解,尚未表现出苗头性,更没有显示出倾向性,所以,作为"预"的最前端,是判断一个人对事物是不是具有足够的敏锐洞察力的最敏感指标。比如,对自己身上存在的某个缺点可能会导致哪些方面的潜在性问题和后果。具体说,急躁的性格一般表现为急于表态下结论,容易导致表错态、下错结论。如果在人生的关键节点、重要事项上犯错，可能会影响人生的走向、进步，甚至走弯路，这就是急躁的潜在性后果。好比下棋，因急躁在未深思熟虑的情况下急于落子，而事后觉得有更好的下法，但已无法后悔，终盘因此而输棋。从源头上看，就是对潜在性认识不到所造成。那么，因此而应告诫自己，急躁性格和情绪一定要控制。急躁性格的另一面可能表现为做事雷厉风行，重要的是度的把握，兼顾优势，控制劣势，力求最好。

而对自己的某个优点可能会导致意外收获、超过自己想象的成功结果，那也属于对正向潜在性的认识问题，但需要发挥好这个优点，包括掌握正确方式、时机尺度。如参加某一活动，事先并不确切知道有哪些人到场，但一个拥有和充满爱的你，时时处处对人礼貌得体、尊重有加、优雅有致，并且能恰到好处地表现出自身优势和特点，潜意识告诉自己，应该在社交场合留下一个美好印象，不失时机地营销自己，也许会因此而改变命运，虽然这种可能性不是很大，但它毕竟有，总不希望错过一个可能的好机会吧。每时每刻每处都有意寻找抓住机会确实太功利还太费神，但是，如果心中有爱，并做到爱度融合，此种修为就会融到骨子里，自然就能做得到，并不需要刻意。何况营销自己的目的是让自己在爱的世界里能够更多地添砖加瓦，发挥出自己的作用。

生活、工作中常常遇到此类情况，也有成功的范例可以借鉴。但有一点要提到，我们在安全防范方面，尤其要分析其潜在性，如驾车除了按交通规则行驶，还有一种潜在可能，就是遇到酒后、毒后、报复袭击或刹车失灵等，驾驶者不按规则驾驶如闯红灯，你应预想到形成规避和防范意识，设置一道大脑意识防火墙，随时可能采取措施和行动切实加以防范。预防生产安全事故也是如此，就不一一举例了。另外，在偏僻地段、夜深人静行走时，尤其是女性，有没有想过将手机按上"110"或家里人号码，以备有紧急情况时应对周旋或报警或逃离预案等，以切实防范意外。

做到以上这些，并不需要花太多精力、太大成本，"预则立"从潜在性开始，以防万无一失。否则，后果难以估量，后悔也来不及。

"苗头性"是指刚刚显露的事物发展的趋势或迹象。一般情况下，是由潜在性演变而来，潜在性是潜在的，没有任何显露，而苗头性是指刚刚显露，实际上，其字面原意是植物生长刚露出土的嫩芽苗。由于是刚露出来，不仔细、不认真还发现不了，容易被忽视，就会影响"预"的效果。章炳麟《新方言·释器》："茅，明也……今语为苗。诸细物为全部端兆及标准者皆谓之苗，或云苗头。今俗言事之端绪每云苗头是也。"

与分析"潜在性"相比，发现"苗头性"要容易一些，但必须用心仔细察视，最好先有预觉。从"苗头性"能看出怎样的迹象、作出什么趋势预测呢？还是靠知识、经验，任何时候都要有意去领悟知识、积累经验。比如，当鼻子有点轻微塞、嗓子有点微痛感，则就有了感冒的苗头，也叫征兆。有了这个"苗头性"的意识判断，才有可能或喝水、或吃药、或加衣、或休息，防止感冒病症加重，而不是到了重感冒、发烧之后去住院打针吃药，这样才有可能尽早扭转、消除感冒症状。这就是看清"苗头性"所带来的用处、好处。

一个人是否对"苗头性"敏感并能否运用"苗头性"发挥其作用，是区别一个人是否智慧的较为重要的一个依据。许多事物在苗头显露初期，多数人由于不重视、不敏感而看不见或视而不见，失去发现"苗头性"的机会，也就失去了分析研究事物发展趋势的先机，容易被动。要想主动掌控、积极作为，必须从了解、发现苗头着手，就跟看见田地的嫩芽苗就预示着种子、土壤、水分、气候是否适宜一样，可以作出此前的劳作是否成功的判断，培育苗子是否能正常生长，直到成熟。

与前面所举例子相关联的，我们日常生活中安全驾车的苗头问题可能有以下几种情况，如马力突然偏小、方向盘控制不灵、发动机运转有杂音、车体左右两边有些不平衡有偏离、加油车速起不来或加速慢等，一旦发现这类问题就应该停下检查或设法维修，避免出现被动抛锚、发生事故等更多更为严重的问题。

聪明智慧者还可以从"苗头性"看出一些端倪，从而分析、论证其将来发展的趋势和规律性，以便于适应趋势、掌握规律，采取措施、办法，让事物沿着自己设想的轨道和方向前行，又符合事物自身的规律，继而达到预计的目标和成功的结果。

"倾向性"是指趋于的方向，也指偏向于某一方向，如表明倾向性意见。这里主要是指事物发展变化的趋势。在具有"苗头性"的基础上，可以分析研究并判断事物的"倾向性"；苗子出土后，是继续往上生长，还是可能偏向侧长？是正常速度长高，还是不良性的减缓生长？就属于"倾向性"范畴，即倾向于正常还是不正常的趋向。作出判断后，则可采取相应措施纠偏、扶正、浇水、施肥等，使其生长正常、茁壮！

　　同样举安全驾驶的例子。驾车行驶中如出现乏困头昏、目眩胸闷、意识模糊导致车速、方向有失控可能等状况，则是出现了不安全的"倾向性"，应立即停车休息后，根据情况再作继续驾车还是请求救援的决定。从事安全生产的各位，也要经常提醒自己，时刻关注安全管理中诸如设备运行、人员状况的走向、趋势，及时弄清楚存在的倾向性，有利于安全的正常"倾向性"即趋势性则放心；反之，如反作用于安全的负面"倾向性"则随时采取措施减缓、纠正、消除，以确保安全。

　　对于"倾向性"，也需要更多的经验积累作为认识和判断的基础。一般"倾向性"不难判断，比较复杂的是"倾向性"未来走向和轨迹的预判，还要靠智慧才能准确把握，而后事物的发展就能为我们了解、掌控。

　　"掩藏性"，隐藏、隐蔽之意。这里指事物发展过程中自身隐藏或被人为隐匿之情形，多指人为隐匿，因为自身隐藏是有时间性或阶段性的，而且是在一定条件下和在事物自身规律作用下才可能存在。那么，人为隐匿、掩藏就是我们要分析、研究的问题。

　　人为隐匿的"掩藏性"分为有意遮掩和无意人为。无意人为一般是在特殊情况下不自觉或无意识地对事物的某些表象、特征、规律遮盖、掩饰而使人看不到真相。有意遮掩则是有人故意将事物的某些表象、特征、规律隐匿、掩藏，不想被他人知晓、发现、了解，当然是出于某种目的。这在竞争性行业和具有竞争性个人特质且较为自我的环境氛围中相对比较普遍。针对此种情况，我们如何透过被掩藏的表象而看到事物的真相及其特征、规律，并不是件容易的事。

　　首先要了解是否有可能被人为掩藏，事物的真相是否对某些人或个别人不利？不利在哪？其次，这样的人害怕哪些真相被显露，这样的人最有可能是哪些人？再次，如果掩藏真相可能对应和产生哪些后果？最后，找出被人为掩藏的真相，让事物沿着本来的方向和轨迹变化和发展。我们应该意识到，人为"掩藏性"危害较大、后果较严重，如果不及时揭露、查明，可能会导致事物的彻底失控和全盘负效应。战争中常用的兵不厌诈即是"掩藏性"的典型运用，运用者用障眼法虚实混淆，让敌方做出错误判断；反过来，要想取得战争的主动权或赢得胜利，则必须认清对方实情，透过战场和军情的表象或假象，了解掌握其真实军情信息，不致误判，从而确定战术。同时，要尽量掩藏自己的实力、意图及战略战术，才能确保知己知彼、心中有数、胸有成竹、胜利可期。所以，我们要学会透过现象看本质，不被假象所迷惑、掩藏。这也是"掩藏性"在战时的双向运用。日常生活工作中的运用就更为广泛。

如果用植物生长的过程来描述这"四性"，则可以把播撒或种下种子在土壤里，到生长至出土前叫作"潜在性"；那么刚出土的芽苗则可称为"苗头性"；其后的长势称为"倾向性"；人为地遮挡、掩盖苗头性生长过程和实际长势则可称作"掩藏性"。可见，它们之间有一种递进的逻辑关系。事物的发展就好像一棵苗的生长发育过程，如果要研究事物发展的初期规律，就跟研究植物苗的生长规律相似，正确把握其"四性"，从"潜在性"开始，逐步递进为"苗头性"，再到"倾向性"，最后再研究可能存在的"掩藏性"。

这一方法用于研究一个人儿时期的成长规律也同样有效，俗话说，三岁看老，意思是幼儿从出生后，三岁左右是他们初次养成习惯、性格的时期，一旦养成则大致如此、很难改变。请大家注意，也只能说很难改变，不是说完全不能改变，人的习惯真正形成，一方面是基因遗传，再是父母传带，我觉得还有不可忽视的是后天自我修炼、调整、控制而养成良好习惯。尤其是在当下，人们受到他人和社会的影响作用越来越大，也会促使人们自我调节功能作用的发挥。这是因为一个人生来就具有自我调节调整、自我修复修正功能的，何况这种功能的发挥及其在修为方面努力程度、努力方向、努力方法的确定，也是在一定程度上由先天基因起决定作用的。要想使自己具有更多地摆脱基因影响而后天自主决定的力量，则需要应对更大的自我挑战、付出更大的代价来增强深刻性和领悟力。研究少儿成长的"四性"，即要把握其父母基因的"潜在性"，又要关注其三岁左右行为举止的"苗头性"，同时分析推测将来成长过程中可能存在的"倾向性"，同时，要特别注重个人是否有意无意自我说慌作假所表现出的"掩藏性"，表现在人的特征上可表达为欺骗性，一旦欺骗成为习惯，成长之路就面临艰难，好苗难以成正果。父母需要千方百计包括因势利导、苦口婆心，也不排除严厉责罚等方式加以纠偏、改正。伴随少儿成长只有"爱"是不够的，一定要有"度"即好的方式方法和尺度把握相融合，才能保证一个人年少时期的健康成长。

十八

漏洞·死角·盲区·陷阱

大家一看就知道，这是一组看起来都是带有负面含义的词。是的，它们是指在处理事物过程中可能存在、出现的几种问题，其实，从问题导向出发，任何一项事物都可能存在这些问题，认清并解决这些问题，是我们处理所有事物、做好任何工作必有的题中应有之义。有了如此认识或意识，事物即成功了一半。

"漏洞"本意指缝隙、小孔，或破绽、不周密之处。实际上，它是指一个系统、一件事情存在的弱点或缺陷。人们面对某件事情并作分析、研究时，事情本身和由于思维不足，都有可能出现漏洞，一旦有漏洞，就可能导致事情的处理达不到预期目标。我们要做的，是寻找、发现并填补这个漏洞，力求达到解决问题的目的。

怎么寻找、发现"漏洞"呢？梳理是最好的方法，即对事物本身及其所有相关联的方面进行全面梳理、排查，看有哪些地方是不完整的，哪些方面是有破绽的，哪些点是有瑕疵的，等等。这些集中起来都叫"漏洞"，就像木桶有了裂缝，水会从裂缝中渗漏出来；就像江河大堤哪怕是蚁穴之眼，也会铸成溃堤之大错。寻找、发现这些裂缝、小眼，就要在木桶身上查看、检验，在大堤上实施地毯式梳理、排查，看有没有渗水、管涌等现象。此办法虽然有些笨拙，但很管用，对待这类问题，也不能投机取巧、挂万漏一。木桶查漏、堤坝防洪的经验可以清晰地告诉我们，这样的方法是对的，且有效。

一个人自身的性格、知识、经验上存不存在"漏洞"呢？实际上，性格缺陷、知识偏向、经验缺乏都可以说是个人"漏洞",个人"漏洞"可能直接导致处事"漏洞",表现为对事物的"漏洞"查而不明,或者处事的方法、步骤存在"漏洞",其结果是严谨性欠妥、控制力不强、成功率不高,还会影响到在别人心目中的个人形象。

所以,接下来重要的环节是弥补"漏洞"。一般来讲,对于个人自身的补漏,就是学习知识、思考原理、领悟规律、修炼德行、丰富经历、增长经验等,锤炼分析问题的全面性、深刻性。说通俗点,就是人永远都要有追求完美、止于至善的意识,虽然一直都不可能达到完美、至善,但追求的信念、行动不能停止,总比不追求会变得更进一步地接近于完美、至善,或者更少了一些缺点、不足和不完美,何况这是靠一点一滴、日积月累才能取得的进步。

对于处理事物过程中的补漏,则是在处理者自身思维缜密、严谨的前提下,用发散的方式把所有可能的补漏方式、步骤都罗列出来,进行比较轻重缓急、利弊好坏后确定要采取实施的方式、步骤。相对来说,这样的补漏效果应该是最好的。

"死角"是指不容易被发现的角落,比喻人和事物观察不到、触及不到或影响不到的地方。如军事上因地形地物或弹道性质的限制而攻击不能达到的地方,也指无路可通的角落;足球运动是指球门横梁与立柱交接的地方,即球门的左右两个上角;汽车后视镜死角一般在汽车左右侧15°~60°范围内(也可称为盲区);人视觉死角一般是后135°范围内(如果前225°是活动范围);还有如人们打扫房间卫生时所够不着、扫不到的地方,等等。死角可能存在于许许多多、方方面面之处。

本文的"死角"主要是指人们在认识事物和处理事务中所不能达到的地方,包括想不到、看不到、说不到、做不到的地方。这对我们日常生活和工作,都是严峻或重大挑战,往往会因为存在"死角"而犯错,通常可分为认知"死角"和行为"死角"。

认知"死角"是受人的主观意识限制而认识所达不到的地方。如由于知识、经验少而看问题以偏概全、坐井观天、盲人摸象等。知识、经验是产生认知"死角"的重要因素，思维方式单一也会导致认知的局限性，如只会正向思维，而不会逆向思维或发散思维，即常言说的"一根筋"。所以，要避免产生认知"死角"，还是要多学习、多积累，包括知识、经验，尤其是辩证思维。

行为"死角"是受认知"死角"支配的，与行为受思想支配的道理一样。有认知"死角"必然导致行为"死角"，但没有认知"死角"，并不一定就没有行为"死角"。人们在采取行动时由于行为方式、行为范围、行为程度，包括行为速度的得当与否，其行为结果会有成败之别。行为不当必然导致行为"死角"，行为"死角"可能直接导致失败。

消除行为"死角"最关键的是要制定好行为（动）方案或叫实施方案，这个方案除了有比较详尽的行为路线图外，还需要对每个环节、每一行为可能出现的问题制定应对办法和措施，解决一切可能出现或发生的问题。即不能打无准备之仗，画竹之前心中必有竹子模样，确保行为缜密、万无一失。

"盲区"通常指视线不能到达的区域，也指某种指向或影响达不到的地方。如手机信号、雷达信号不能到达的空间也叫盲区。与"死角"所指在某些区域有重合之处，但一般"区"是指一片，而"角"是指一个小地方，"盲区"所指范围一般也大于"死角"，且表达程度也有区别，"死角"比起"盲区"更难以消除，起码发现"死角"比知晓"盲区"更难一些，因为"死角"更容易被忽视，"盲区"则有可能换个角度、确定方位、调整距离就不复存在了。

那么，消除"盲区"也是我们日常生活、工作重要的任务之一。从以上分析可以看出，如视线达不到的地方，而人们要力求看清楚，则是通过换角度、定方位、调距离而达到的。

换角度，如同照相术，常常换个角度照相效果就会好些，先试试镜头效果，再左右挪动甚至站高、蹲下，其实就是换角度，以使照片里的每个人和物都照得清晰；定方位，比方是照相点的方位选择，是照出被照相者的正面还是侧面、怎么消除"盲区"照出真实全貌还要有艺术效果；调距离，通过选择与被照相者之间远近位置或通过镜头拉伸而使人与物达到所需要的效果。其实，所有这些的基本目的之一就是要消除"盲区"。

我们在分析、研究事物规律过程中，是否存在"盲区"呢？肯定存在，同样受知识、经验、能力和思维方式的制约和影响。首先看得见的部分是不是全部，不是全部就意味着有"盲区"；其次是能不能找到"盲区"在哪、是什么；再次这个"盲区"对于认知事物规律性起多大的制约和影响，是不是关键因素；最后要消除"盲区"，把事物看清楚、想透彻、悟明白，用既联系又发散的思维指导研究、探求其规律性。

"陷阱"本指坑，比喻现实生活中被施诈使人上当受骗的罗网、圈套、计谋。连孔子都曾说过："人皆曰'予知'，驱而纳诸罟攫陷阱之中，而莫之知辟也。"（《中庸·第七章》）陷阱一般可分为人设"陷阱"、自我"陷阱"、事发"陷阱"。

人设"陷阱"就是通常意义上说的被人蒙骗上当的"陷阱"，如猎人为了猎杀动物而设置的陷阱，军事上用于诱敌深入、排布隐形迷局的战术陷阱，人与人交往中使对方误入歧途而设计的计谋等。尤其是在人与人交往中，由于人们本性上是排斥、拒绝、规避陷阱的，那么设置"陷阱"的人本身是不择手段去达到某些目的，有害无益，最终既害人又害己，或者是害人不利己，许多案例中确实是害人不成、反倒害己。即使是害了别人、利了自己，那所得之利也只是暂时的，长期看一定会失去而最终一无所获。此道理充满着人生的参悟和辩证原理，有得必有失、要得必有德、受助必感恩，而害人者终害己。时间是检验人性最好的试金石。

自我"陷阱"简单说就是自欺欺人的自设陷阱。如妄自尊大、自以为是、骄傲自满、高高在上、盛气凌人、妄自菲薄、自估不足等，都属于不能正确认识自我而造成的自我"陷阱"，其实都是由于不自信（包括骄傲自大其实也是不自信的另一种表现）引发的所谓刺激性、应急性或反射性自我调节，不能坦然面对、相待，是对不相信或不自信的害怕、恐惧和隐藏、掩埋，尤如动物猎杀"陷阱"设置后需要隐藏、掩埋一样，对真相进行装饰，假象就不想暴露。其实人的假象不暴露只是暂时的，最终真相是掩藏不住的，还不如从一开始就不去掩藏，虚怀若谷、坦荡真诚，效果会更好。所以，这种自设陷阱与爱度融合观念完全不相容。消除此类陷阱还是要靠人生自我修炼，尤其是爱度融合观的形成所能给予的德、悟与信。

事发"陷阱"则带有规律性，是指事物发展到一定程度、某个阶段必然引致某种陷阱现象。如塔西佗陷阱（公信力陷阱）、修昔底德陷阱（新老大国博弈陷阱）、中等收入陷阱（人均GDP3000美元陷阱）等，我们暂且称它们为事发"陷阱"——事物发展本身所具有的所谓一般规律性陷阱。这种陷阱也是完全可以通过采取各种措施、办法，出台相应方略、对策来实施规避的。现在的中国正在规避且已取得一些效果，我们有理由相信，历史也应该能够证明，具有上下五千年文明的中国，这些陷阱一定能够依靠自己的智慧规避或消除。

十九

正向思维·逆向思维·平面思维·多元思维

先罗列出思维方式的种类或称谓：

正向思维　一元思维　单一思维　单向思维

线性思维　逆向思维　反向思维　侧向思维

横向思维　纵向思维　平面思维　二元思维

发散思维　聚合思维　多向思维　多元思维

立体思维　多维思维　整体思维　空间思维

形象思维　抽象思维　系统思维　逻辑思维

辩证思维

林林总总，不一而足。但能够真正反映人的思维特征的可以用正向思维、逆向思维、平面思维、多元思维这四种进行概括，也基本上能涵盖、解释以上各种称谓、叫法的含义，或者说，无论哪一种称谓、叫法，在这四种方式里基本上都能找到对应的内容、含义或影子，也反映了人类思维的多样性、差异性、动变性以及不可测性，也正是因为这些特性，决定了思维的灵活性、递进性和重要性。

"正向思维"是人们沿袭已有常规或习惯去分析问题，按事物正常发展的进程进行思考、推测、预知未来并揭示事物本质的思维方法。这种方法一般只对一种事物或简单事物有效，与思维者生活环境、工作条件、自身能力以及事物发展的内在逻辑、规律、性能等等有关。这是正向思维的基本要求，也是获得预知能力和保证预测正确的条件。

我们把正向思维也称作常规思维，一般人们习惯于用正向思维思考问题，相对比较简单，不用过于复杂的思维模式去得出思维结论。正因如此，只用相对简单的正向思维去认知、分析、研究大千世界、复杂问题是远远不够的，也容易陷入一根筋的泥沼，对问题的分析容易走进死胡同，甚至得出错误的结论。相对于逆向思维、平面思维、多元思维，这种思维由于它的直接性而限于简单化，缺乏创造性、创新性。

正向思维还有一种理解，是指充满正能量的思维，即积极应对、主动适应性的思维，而不是消极、被动式的思维方式。如"面向太阳，阴影就会落在身后"。安抚负面情绪、治愈人心，引导人们正向思考，用乐观的镜子看世界，消除悲观情绪，豁达开朗、勤勉向上、诚实坦率、胸怀高远等，都属此类。

所以，正向思维对于单一事物、简单事物的理解不可或缺，对于正面情绪的拥有和负面情绪的控制也同样重要。与正向思维意义比较接近的思维方式有一元思维、单一思维、单向思维、线性思维等。

"逆向思维"是指对事物、观点反过来思考的思维方式，也可叫求异思维。我们常说"反其道而行之"，这里则是"反其道而思之"说法的翻版，与"正向思维"相对应或正好相反。一个事物、观点在正向发展进程中，让思维朝着它的对立面的方向即从问题的背、反面去思考，对许多事物、观点来说，则较容易寻求到它们之间的关联逻辑性和规律性，从而找到解决问题的原因之所在以及办法和措施，尤其对于一些较为复杂或比较特殊的问题，不按常规的惯性思维，而是倒过来思考，本身就是一种创新性思维，或许能将复杂问题简单化，并得出正确的结论。如同当人走进一条死胡同时，应及时反向退出的思维过程就含有逆向思维之意。

这种例子还有许多，比如历史上北宋时期司马光砸缸救人的故事。司马光七岁时，有一次与小伙伴一起玩耍，有人坠入大缸的水中，别的孩子们一见出了事都跑开了，司马光却急中生智从地上捡起一块大石头，使劲砸向水缸，水涌出来，小伙伴得救了。司马光的思维模式不是"救人离水"，而是运用了逆向思维，把缸砸破，"让水离人"。如果只用正向思维，孩子们可能都救不了落水者。再比如 1901 年伦敦举行一次用强气流将灰尘吹起，再将灰尘收入容器中的表演，而其中一位设计师却逆向思维将吹尘改为吸尘，直接将灰尘吸入容器，特别省事，从此他就研制出了吸尘器。还比如，苏联科学家把原破冰船靠自身重量从上往下压冰，改为让破冰船潜入水下依靠浮力从冰下向上破冰，既省材料省动力，又提高了破冰效率和安全性。

日常生活中有人讽刺、揶揄、打击某人，这个人却为了不想被别人如此这般，就发奋努力让自己做到更好，把压力变成动力而且取得成功，还超过了那些人，最后这个人不是回击报复而是感谢善待那些人。这就是一种人生的逆向思维。

从以上内容可以分析，逆向思维具有以下特点：

一是普遍性。它属于对立统一规律具有的普遍性，其形式是多种多样的，适用于各种领域、各项活动、各种事物中，有统一就有对立，有正向就有逆向，如对应、对立的关系可以分为高与低、上与下、左与右、软与硬、粗与细，还比如电与磁、气与水、冰与水等，只要从某一个方面联想到与之对立的另一方面，都属于逆向思维的范畴。

二是批判性。它是对传统、惯例、常规的反叛和挑战，即具有较为强烈的批判意识，且必须是克服思维定式、破除经验习惯的认识模式。重要的是要对自我具有较强的逆向否定意识。

三是创新性。人们容易看到事物熟悉的一面，形成老印象而不会试图去看见事物的另一面或叫对立面，也叫反面，这其实是一种障碍式、局限性思维，而逆向思维往往是出人意料、破除障碍、推陈出新、突破局限，具有革新性、创新性。

我们在生活、工作中，凡遇到事情和问题都从反面、逆向想一想，是拓展自身思维方式的良好开端，对看准问题和解决问题会有极大的帮助。

与逆向思维意义比较接近的思维方式有反向思维、侧向思维、横向思维、纵向思维等。

"平面思维"是通过人的联系和想象，让人的思维线条在平面上聚散交错、纵横排列，也可以认为是思维在一个平面上的延展、发散和扩张。它比逆向思维更具有哲学意义上的普通联系性。

其思维过程是，当思维的对象——事物或问题的点确定以后，把它放在一个平面上向外可以是360°的不同方位延展、发散和扩张，而且在此平面不受限制，可以铺满整个平面，思维就进入并形成了平面思维。它可以相对地达到认识事物或问题某一方面的全面性，但还不能反映对象整体性的全面。如画家画画，怎么画都是在一张纸或一块布上，尽管画的有立体视觉感，但人们始终看不到所画的人或物的全部，只能是在一平面上反映其特征的一面，而至少其反面不可能画出来。在这个平面上，画家可以无限地表达人与物的一面之特征，但不可能画出立体全貌。绘画本身是一种形象思维，先有形象，再画成画。

平面思维的特点：

一是发散性。由点到线，由线到面，由局部到相对的全面，呈扇状向外发展，围绕中心而在一个平面的无限发散。

二是延展性。由近到远、由短到长，可以无限延伸、展开，只是没有离开原来的平面而已。

三是广阔性。反映为思维上联系的多样性、联想的丰富性、内容的扩展性、推理的敏捷性、边界的无限性，可以说广阔无边不受限。

基于此，平面思维用处更广、要求更高、效果更好。适时、灵活运用平面思维，对于更好地认知事物的本来样貌和本质特征具有强大的功能作用。虽然这种思维还不能达到全面、全部，但离全面、全部也只有一步之遥了，而对于某些事物或相对简单的事物，运用平面思维就足够达到认知的全面、全部程度，就不必运用其他思维方式了。

与平面思维意义比较接近的思维方式，有二元思维、发散思维（反过来叫聚合思维）、多向思维、形象思维、系统思维等。

"多元思维"也叫立体思维、整体思维、空间思维、多维思维、全位思维、全角思维等，是指让思维立起来，能从上下左右、内外前后、四面八方去思考问题的思维方式。它已不受点、线、面的限制，至少在平面思维的基础上再立起无限的交叉面而成为立体空间的结果，由于事物是多个变化着的因素来决定其属性的变化，那么，运用多元思维则是将事物一层一层剥离、一处一处透视、每时每刻移动而又可以将其复原的思维。

多元思维严格说是穷举外延和内涵的思维，是克服任何局限性思维（包括正向、逆向、平面思维）的发展性思维。所以，我们称它为更为进步的思维、科学的思维，离逻辑思维更近了一步。任何事物的属性，都有可能是多个，要全面、准确、深刻地了解、理解并掌握它，必须尽可能多角度、多方位、多层次地分析、研究这些属性，并找出这些属性之间的关联、逻辑关系，从而分清主次、先后、因果顺序，即找出事物的主要矛盾和矛盾的主要方面，为解决矛盾、问题，这是必不可少的重要一环。

一个人是否具有多元思维，可从他的说话办事、计划程序、规范机制方面的表现就可大致作出判断。因为具有多元思维的人，他在说话表达、办事行为上是严谨缜密、条理清楚、层次清晰、圆满完整的，也就是常说的滴水不漏、严丝合缝、没有漏洞、有条不紊等，而且不管从哪个角度、哪个层面来看。我们的思维从低级到高级一般是从正向思维到逆向思维再到平面思维最后到多元思维，多元思维作为思维的高级形式，统领着人的思想、行为方向和结果，是绝大多数成功人士之所以能够成功所运用的最重要思维方式，也许其中的部分人是无意识的，并没有意识到这一点，但他不管有意还是无意，他都较多、较好地运用了多元思维。如果是无意，只能说明他多元立体思维的天赋就很好。当然天赋好不好，后天都能够训练并积累多元思维的意识、方式、技巧，来提高并运用好多元思维的能力。

比如，认识一头象，可不能像盲人一样摸一下象就下结论，典型的以点代面、以偏概全甚至是目光短浅，而应该是全方位、全角度去观察、去感知，甚至与其他象进行比较之相同与不同之处。再比如，你要购买一幢房子（或别墅），首先要了解房子所处区位，区位整体环境怎么样，房子周围是什么地势样貌，房子周边、房顶有没有其他设施，如电缆电线跨过、有没有放射性装置靠近、潜在危险危害物存在等；其次是房子内部结构、材料、大小、功能分布状况；再次是购房政策（有没有限购）、物业管理、维修服务情况、配套商业网点设施等；最后是购房资金构成、付款方式、筹款渠道、资金来源等，至少应该包含这些内容。

可见，多元思维是个比较复杂的系统性思维，现实作用、指导意义都非常强。

伴随日常生活、工作的，都离不开思维。无论是被动思维还是主动思维，都要有意训练自己思维的多元性，即全面观察、研究，穷尽疑惑、问题，透彻了解、把握，准确解决、控制。一般从正向思维的准确性开始，过度到逆向思维的习惯性（凡事问一个反向问题），再由点到线到面的扩展性，最后到空间思维的跳跃性，逐步形成和完善。一个人思想的形成来源于思维，思想的力量由思维方式的多元性决定。多元思维是人的思维所追求的最高境界之一，也是用思维来解决复杂问题的最有效方式。

多元思维的特点：

一是无限性。多元思维才具有真正的无限性，不受任何空间的限制。正因为如此，它也包含其他三种思维方式的所有特性，也叫作无边界思维、无约束思维、无限性思维。

二是跳跃性。表现为注意点不一定集中或不需要集中的样式，似是随性随意、海阔天空、无序可循、不成系统。一时处于冥想状态、漫不经心、无规律可言，呈现出思维活跃甚至跳动飞跃的状态。实质上无论怎么跳跃，最终都会有其内在的逻辑性、连贯性，将看似不相关的思维过程和结果串联起来，形成的一种既跳跃又关联还有效的思维成果。

三是创造性。真正的创造性来源于多元思维，多元思维也融合了前三种思维方式的优势特点。因为无限制，所以有开拓；因为善联想，所以很活跃；因为游离态，所以出新意；因为多元性，所以能创新。

无论以上哪一种思维，恐怕都离不开思维的逻辑性、抽象性和辩证性，从而构成了思维的可行性、合理性、完整性和系统性。之所以思维成其为思维，理由也就在于此。

以下图例试图直观说明四种思维方式的各自特点：

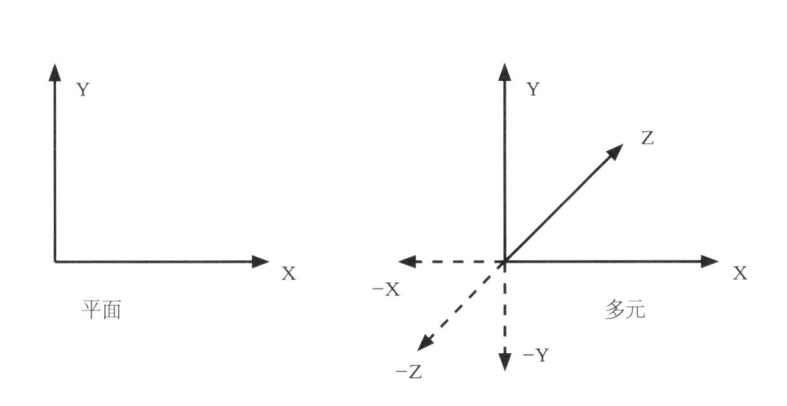

正向   反向

平面   多元

二十

等得·忍得·容得·舍得

    这四个词的后面一个字都是"得","得"是个语助词,如作为动词有获取、得到之义,作为助动词,有可以、许可之义,作为副词有必须、应该之义,作为形容词有合适、适宜、正确之义。我们结合以上几种意思并融入本节语境、意境之中,似乎将"得"的含义可能延伸为"得益于、受益于"之义,也有"得了、得起"之义,换一种说法,也可以叫"因……而得到"。比如:等得了,等得起,因容忍、包容而得到(更多)。当然也表明"有能力",即能等、能忍、能容、能舍。

    "等得"是指能等待、等到。出自《朱子语类》卷十七:"若心欲等大觉了方去格物致知,如何等得这船时节!"金·董解元《西厢记诸宫调》卷三:"等得夫人眼儿落,斜着渌老儿不住睃。"在这里,主要是表示人急不得,在面对他人和各种事物时要学会等一等,不要急,要等得了、等得起、能等待,而且可能还因等待而得到更多的诸事圆满。

    一个人在许多情况下容易犯急躁的毛病,比如急于表达、表态、决定,急于行动、实施、作为,有些是根本没有认真思考、没有分析比较、没有考虑后果的。在这种情况下处事一般是不可能见效成功的,也会丢掉稳重可靠的印象。
    反过来,人们遇事、见人都能显现出不慌不忙,表现出等得的气质和胸怀,先观察、后认知、再交流，通过分析比较再作出一个评价或判断，相对来说更有说服力、更具准确性，实施起来效果、结果会更好。

当然，提倡一个人"等得"的品质，并不是说就可以不要雷厉风行、说办就办，就可以一切"慢三拍"，就可以不用提高效率。等得与效率二者是辩证关系，并不矛盾。"等得"主要是要人们思而再定、定而再行所必须花的时间，而效率只是这个时间越短越好，目的是要克服和消除盲目、简单的感知和行为。凡事都弄清其真实状况，凡事都问个是什么、为什么、怎么做"三思"的问题，在此基础上再进行下一步。这就是"等得"应有的一种表现形式。

另外，一个人对于希望、请求别人对自己提出的问题提供帮助时，更不能急于要求别人给予答复。何况有了答案或方案，还要留出一定时间采取行动实施，才能解决问题处理事务。所以，凡是应该等一等、看一看，不急于下结论、作判断，更不能急于去行动、去实施。最担心的是因为未"等得"而下个错误结论，或者与人交往产生误会，负面影响就大了。这正是需要避免因等不得而产生的负面效果。

我们常有这样的体会，别人问一个问题，我们不假思索地回答"是"或"不是"，事后就后悔了，但又来不及了。因为不假思索的回答，虽然是直觉上的答案，但仔细一想，原来真的答案并不是这么简单，它都有一定的前提条件，并没有在回答时告知这一条件，让对方产生误会甚至可能导致不良情绪和后果。

举一个历史上典型的例子：张飞之死，令人扼腕叹息，当年知道好兄弟关羽被害，他无法克制自己的悲痛，血泪俱涕。随后借醉鞭打士兵，督促他们日夜赶造兵器，想要马上为关羽报仇。最后部下范疆与张达忍无可忍，只好趁张飞又再醉酒时，将他刺杀在自家军营里。这就叫等不得、惹大祸！

不管怎么说，"等得"确实是一门学问。

"忍得"的忍，拆字之解就是心上的刀刃，有忍耐、忍受、忍让之义，延伸为坚韧、忍心之义。"忍得"需要的是一种哲学观，本身是一种智慧，也是眼光、胸怀、领悟和技巧。懂得忍，才会知道何为不忍；有所忍，必有所不忍。常言道：退一步海阔天空，忍一时风平浪静。能忍，表明一个人的度量和修养，也表明他的能耐和境界，仁者忍人所难忍，智者忍人所不忍，不忍百福皆雪消，一忍万祸皆灰烬。小不忍则乱大谋。忍与不忍，千差万别。具体表现为人生的许多事、许多话、许多气、许多苦、许多欲，都需要忍，但"忍字头上一把刀"，落下就把人伤到。所以忍，从另一方面来说，也是一种权宜和暂且的姑息，甚至是一种逃避，忍不能解决所有的问题。而"忍得"究竟是一种怎样的境界呢？

我们先从忍的三种层次说起。

一是识忍。就是人对忍的初步认识和简单意识，懂得面对任何人、任何事，先能平心、静气、冷静、理智思考其前因后果、是非得失，而后才可能做出反应，表达观点、意见。即遇人多观察，遇事慢一拍，遇人遇事才不忧。特殊紧急情况除外。

二是受忍。接受忍耐、坦然面对，无论是非善恶喜乐，还是好坏冷热荣辱，何况对于各种世态，要接受得了，担得起来。对于别人的升迁、加薪、喜事，不必妒忌、怨恨，对于自己的不顺、悲伤、痛苦，却需忍耐、等待，对于他人的批评、指责、藐视等，皆不为轻易所撼、所动、所变，成就大事，必有担当；要有担当，必能忍耐。无论怎样，心中却永远不能没有希望、信念，努力永远不能停止。

三是解忍。"忍得"不能仅仅是被动地忍，而是要主动去化解。一方面因胸怀宽广而能忍，另一方面因自身强大不必计较则能忍，同时，也是最关键的，能想到办法、采取措施懂得处理、运用、化解，才是真正忍的功夫，从而化迷为悟、化忧为喜、化危为安、化怨为和、化悲为喜、化苦为乐，最终转失为得、化败为成。这是忍的最高境界。

"容得"有包含、盛下、容纳、承让、允许、对人度量大等意思。与"忍得"在某一方面有相近之义，但本质上又有不同，"忍得"多用于被动处境，本来针对负面情绪，如用忍气吞声等被动消极办法应付；而"容得"是主动去理解、包容、宽待，二者区别较大。打个比方，孩子犯了错，父母适度责怪打骂，孩子就应"忍得"；反过来，孩子犯了错，父母不责怪打骂，而是耐心引导、好言相教，父母就是"容得"。

《易经·师卦》："君子以容民畜众。"

战国·荀子《解蔽》："故曰：心容其择也，无禁心自见，其物也杂博，其情之至也不贰。"

东汉·班固《汉书·五行志》所言"宽大包容"。

东汉·许慎《说文解字》："容，盛也。"

明·施耐庵《水浒传》："胡乱容他买碗吃罢。"

明·归有光《项脊轩志》："可容一人居。"

明·张溥《五人墓碑记》："则今之高爵显位，一旦抵罪，或脱身以逃，不能容于远近。"

以上所列古书之言都涉有此义。

常言说，宰相肚里能撑船，意味着一个人度量越大，容得就越多。一般而言，包容之心还要大于忍耐之怀。那"容得"怎么样才会有博大的包容之心呢？

在前面第九章，我们专门探讨过"四度"，其中的"厚度"，正是"容得"的基础和支撑的来源，特别是修炼得来的厚德，能承载更多的物，同时也能显现出一个人的高境界和好修养。犹如一个内心丰富的人，内心自成汪洋大海，绝不会因为一艘船的倾覆、一件事的失败和一个人的误会，而改变其应有的心态和格局。即使栖息在不同的角落，奋斗在平凡的事业里，需要与所处的环境、条件抗争，那也是温柔地对抗。世界有一个普遍规律，即作用与反作用规律，你给予别人笑脸与怨恨，别人回应你的同样会是笑脸或怨恨；你给予别人宽容与大度，别人也会报以宽容与大度。正如曾国藩先生说的："今日我以盛气凌人，预想他日人以盛气凌我。"

那么，"容得"有底线吗？或者说有原则吗？什么底线或原则是不能容的？答案是肯定有。但是不能容的底线或原则边界在哪？不同的人有不同的划分标准。我以为，这个底线或原则界限的确定是以对自己伤害的程度为依据的，一个人"厚度"的分量越重，越不容易被伤害到，那么底线或原则就放得越宽，这个人就越能"容得"。如果被一个成年人误会、冤枉和被一个小孩误会、冤枉比起来，谁对自己伤害的可能性更大，肯定是成年人，那么对小孩子就更能"容得"，因此对小孩子的底线和原则放得更宽，更不计较、更能原谅。此类情况，以此类推。总之，人的"厚度"（也包含"高度、深度"）决定了他的"宽度"和包容度。

"舍得"即愿意付出、奉献，大方、不吝啬。"舍得"是一种人生态度和智慧，是一种处世哲学，或者是做人做事的艺术。其实，说到底，世间所有人与事每时每刻都是在一舍一得之间游离与回归、转换与重复的，二者既相生相克又相辅相成，存于天地、存于人世、存于心间，没有一直的舍，也没有永恒的得，有舍就有得，不舍就不得，大舍有大得，小舍有小得，要得先要舍。

佛家认为，舍就是得，得就是舍，如同色即是空、空即是色一样；道家认为，舍就是无为，得就是有为，所谓"无为而无不为"；儒家认为，舍恶以得仁，舍欲而得圣；现在的我们认为，舍就是付出、是奉献、是投入，也是存在银行里的善良存折，是善的积累；得是成果、是产出、是认同，也是从银行里取出的带着利息增长的善良回报。"舍得"其本意是愿意放弃，实际上只是暂时放弃自己之需、成就别人之利。根据作用与反作用原理，总有时间、机会和"天意"得到回报，即成就自己。一句流传了许多年的说法"人人为我，我为人人"，乃社会规律也，从未改变过。时间的延续，只会证明这一说法的正确。真正的"舍"最终从不会吃亏，俗话说吃亏是福，就是这个道理，"舍"了，"得"就不会太遥远，或者说"舍"了，离"得"就更近了。尽管本章节里"舍得"的"舍"与"得"本意不是对应、对立之含义，只是用来描述一个人奉献付出的程度。这也是一种巧合！

有人说，我没有"东西"可以舍，那"舍"什么呢？我觉得每个人不必富有，也不可能所有人都是富有的，但一样可以"舍"。我们每个人总有微笑吧，可以言辞和蔼亲切吧，可以举手之助吧，还有那一点贴心的善意，等等。不同的人有不同的"舍"，量力而行、用心而为，其"舍"的本质都是一样的。

世间的舍与得是平衡的，它只是在不同阶段、不同地域、不同人们之间游走、分配。不平衡是暂时的，最终一定是平衡的。那为什么人和人差距却很大呢？除了基因、天赋有差别，并且起了一定程度的作用之外，更大的差距体现在德行的修炼程度、后天的勤奋努力以及机遇的把握控制、方法的选择采取、能力的积累提升等各方面，正所谓"厚德载物""勤能补拙"，机遇是给予所有有准备的人的。

所有这些积聚起来，都源于本书的主题——爱度融合，爱度可以造就人生，能够造就成功！

二十一

全面·细致·准确·透彻

与"漏洞、死角、盲区、陷阱"相对应,这一章我们简要从正面探讨看人看事、对人对事的要求和目标,也是我们日常生活和工作经常遇到、不可回避的。

"全面"指所有方面、全方位,也包括完整、周密。可理解为对某一事物的概括或从大体上和整体上看某一人、某一物或某一事。

全面的要求告诉我们,看人、看物、看事一定要从整体去看,完整去看,不能以偏概全,草率判断。首先是表面现象及特征要全面、完整地了解、分析、琢磨,从外观上整体、全面地把握;其次在内在联系、习性特征、发展规律上要从全局的高度研究、把控,以充分体现全面性、完整性、系统性。

有人担忧,顾及了全面,还有效率吗?在全面与效率之间应该作出怎样的选择?二者并不矛盾,它们之间总有一个相对最好的度,要靠我们作比较分析后确定。但是,全面是效率的前提,效率是全面基础上的效率;效率是目标,全面为效率服务。因为不全面而讲求效率,欲速则不达,甚至走错路、走冤枉路,结果和目标与最终的想法可能相去甚远;要有效率地达成目标,就必须全面地看问题,不能有疏漏、偏差,只是要用知识、经验和智慧在最短的时间内能够达到全面看问题的第一目标,以此保证整体目标的高效率实现。

比如,面对全面战争,既要实施国家总动员,以武装斗争为主,军事、政治、经济、文化、科技、外交等方面的斗争紧密配合,协调一致地发动、发挥国家的整体力量,全力开展全方位的斗争,实施全面战争;同时,又要确立全面的战略定位和制定周密的战术方案，以确保战争的全面胜利。

再比如，对一个人的评价怎样才能更全面？一般方法在这就不赘述，但有几点和大家一起探讨，即一是观察、评价某人不能只从个人喜好出发，不能掺杂个人的主观意识太多，而应从多视角换位观察、评价；二是平时多看他人优点、长处，少计较别人缺点、短处，因为优缺点、长短处本来就是可转换的，在不同对象、不同事情、不同时段上表现出的结果也不一样，原来的缺点可能此时此处是优点，原来的长处可能此事此地是不足，而且应该真切帮助别人趋长避短、促优补缺，尤其是对于学生和孩子们的教育，更要注重这一点。当然在关键时刻、重要事情、重大原则上要敢于坚持，要以把事情办成办好为最高目标，不能含糊其词、长短不分、优劣不明。

这就是"全面"原则给我们的启示。

"细致"指事物细密精致或办事精细周密，也指想问题详细周全。适用于对工作、服务、照料、观察、安排、描述、分工等方面的评价。

做到细致的关键在于关注细节，注重细小细微的东西，粗略且表面的东西由于明显容易被人看见、发现，虽然也是事物组成不可缺少的部分，但是往往决定事物性质与特点甚至决定事情成败的不是这些部分，而是不易观察到的细小的细节部分，或者是处于内部的内在东西，如物质的分子、原子、质子、离子、电子、中子，甚至人们用肉眼看不见，可它们决定事物或物质的性质，其中分子是物质中能够独立存在的相对稳定并保持该物质物理、化学特性的最小单元。它们各自相互联系，是组成与被组成的细分关系。研究物质，不能只看物质的体积大小、外观特征，而关键是研究这些分子、原子、质子等，才有可能做到"细致"，才能抓住事物的本质特征。

古人说"絮净精微"，也是说将纷繁复杂的事物，通过去粗取精、由浅到深、由表及里的加工过程，而达到精致细微的程度，也让纷繁复杂变得简单明了。有人形容这个人心好细啊，是说这个人想问题细心、说起来细致、做事情精细，是一个很精致的人。一般来说，人与人的差别看上去都不会有太大，甚至情商、智商差别也不是很大，但差就差在某些细微之处，这个细微之处很难被人在短时间察觉、感知，哪怕一个眼神、一个表情，或者一句话、一举手、一投足，可它所形成的气场、影响力却大不一样，尤其是长期积累的不同，区别会更大。

有理由相信，"细致"与完美有关，追求完美者在细节上一定是至尽至纯至善的人，所以，注重细节、细致入微就成了完美主义的标签。如果再进一步深入研究，我们会发现，爱却是做到"细致"、追求完美的真正原动力所在，"细致"与完美只不过是爱的"度"而已。

"准确"是精确、非常正确之义。我们对为人处世的要求，除了全面、细致之外，还需要"准确"，如看人要准确、办事要正确，前提都有一个判断是否准确的问题。

影响判断"准确"的主要因素有知识、经验和能力、水平，另外就是是否客观，受个人主观倾向包括情绪化影响越少越可能"准确"，也可称之为实事求是。如同找对象恋爱、结婚，能否找对的人、找到"准确"的人，不只是经历一个恋爱、结婚的过程，更重要的是能否过一辈子而且还要快乐、充实而幸福。这可需要许许多多观察、分析、判断，尤其对自身定位与对方条件在方方面面包括精神、心理、价值观是否吻合、是否合拍、是否合适，可能有一个系统化思维的过程。做到"准确"并不容易。

说到这，让我们回想起中国革命是经历了怎样的依靠思想的力量进行武装、对局势做出怎样的判断、决定怎样的战略布局、确立什么样的革命及斗争方式、策略，包括在每一个阶段面对不同的任务、目标，从哪儿着手，找准什么样的切入点作为各项工作任务的开始，等等，几乎都不能出现明显和大的差错，否则，就很容易导致失败。可以说，预见、决策的"准确"，成就了中国革命，成立了中华人民共和国，来之不易。

"透彻"是指深入、完全了解，有明亮、通透之义，也可称"透澈"。如形容对某人某事的理解详尽而深入、把问题看透看清的叫彻底；形容干净、晶莹、纯洁的叫清澈、明亮。

我们看问题是否深入"透彻"的程度，取决于我们的"深度"，即理解力、判断力是否强。有的人一眼就能把问题看透，一下就能把问题想透，一次就能把事情做到位，既讲效率又有效果，也是靠平日的积累和一定程度的天赋，天赋只是起一部分作用，天赋与勤奋、聪明与积累，共同构筑起强大的方向感知、专业能力和行为能量。也许与敏锐有关，敏锐与"透彻"像是一对孪生关系，它们相互连体、相互影响、共同支撑、共同作用。

以上四个方面，我们经常连起来使用，即可以表述为：我们看问题、想事情要全面、细致、准确、透彻，至少从四个维度把握好怎么看待问题、分析问题、解决问题，怎么考虑事情、弄清事情、办成事情，是我们日常生活、工作的基本要求。对应于"漏洞、死角、盲区、陷阱"，刚好从正反两个方面、双向八个维度，全面、完整地表达了我们提升为人处世能力、增强为人处世智慧需要注意的地方，指出了自身努力的方向，使之更加严谨缜密，没有漏洞、缺陷。

期待我们大家一起从此在生活和工作中更加安稳、顺利，更快进步、成熟，更多成就、成功！

二十二

积极性·主动性·能动性·创造性

在工作中，我们常用到这四个词。它们属类同或相近词，但实质上存在很大区别。

"积极性"是人内在潜力的一种外在表现，是进取向上、努力学习工作生活的意识和行为。从本质上讲，它是指个体意愿与整体长远目标任务相一致的动因，来源于主观自觉、自发动机、自我实现，具有正面的肯定性、激发的进取心。所以，它是一种心理活动在语言、行为上的表现。

通常一个人面对同一件事可能产生消沉、郁闷和兴奋、快乐两种不同的情绪意识，比如战场上因恐惧害怕而畏手畏脚，生活中因为争吵闹矛盾而沉默寡言等就属前者；另一种如战场上因无论怎样恐惧害怕已无济于事从而转向勇敢冲锋、杀敌保己，生活中因为担心越沉默寡言就越萎靡沉沦，从而转向忘记烦恼去主动应对，应属于后者。

我们对此作个简单分析。由于人们性格特征的区别在面对同一件事时所表现出的心理动机不一样，可能消极也可能积极。有一点可以肯定，积极动机导致积极行为，消极动机导致消极行为。但我们所需要和努力的愿望以及追求的方向一定是积极动机和积极行为。那么，怎么样才能达到这一目标而避免消极动机和消极行为呢？

事实上，本书的一个基本观点，即人的一切原动力来源于爱，基于爱的动机明显倾向于兴奋，对明天和未来的期待总是正向美好而不是负面消沉，充满这种情绪的人，比活在悲观消极情绪中更加健康乐观、更加充满活力、更加激发他人、更容易接近充实和成功。积极乐观也要有度，要防止滑向好高骛远、轻率鲁莽、盲目虚妄之境地。有爱必向善，向善必往前，往前必努力，努力必用心，用心必积极——大概这就是由爱到达"积极"的心路历程。

平日，也许我们都有这样的体会和感悟：在某一时点某件事上，由于上司主观误会而错怪并批评了自己，可能会深感委屈、急于辩白。但面对此种情况，最好是先不急于解释、辩解，除非不解释、辩解会马上导致不良后果外，一切都可以平心、静气、冷静、理智对待，再等到合适时机表达自己的所思所想、所言所行。有些情况下，不表达也不会严重影响此后的交往、印象与关系（大多数情况都不会影响，尤其是自己心理上先入为主、淡然处之），气质、场域会自然影响别人对自己的看法和印象，即使曾经误会、错怪也会随着时间流逝逐渐消除、淡忘，对今后不会也不可能造成明显的负面影响。既然这样，一时的被误会、错怪完全可以不必顾及，也不必担忧，而应顺其自然。因为顾及、担忧也不可能帮助你转变所谓的误会、错怪。这需要底气和意志作支撑。当然，如果短时间内或者当时有机会通过沟通交流消除误会、纠正错怪不失为一种很好的选择。

怎么样才能达到"积极"的状态？一是综合反映一个人思想品质、精神境界、自身素养提升的责任感，责任感教我们对待事物应该有什么样的态度。二是带着热情、怀着激情去面对生活和工作。三是带着感恩、敬畏之心来决定自己的思想、行为和命运，相信自己能把一切做到最好。另外，还要保持足够的清醒、本分和无私，用真诚和善良持续维护好"积极"的状态。

"主动性"是指由个人的动机、需要、抱负、理想和价值观自发地推动任务完成和目标实现。也就是不需要他人催促和外力推动，自觉地去行动，表现为：

一是自觉地了解事物或事情，寻找和把握机遇或机会；

二是有韧性、能坚持，即使面对困难和阻力也不放弃；

三是自愿设定高目标，力求确保完成原先确定的任务要求；

四是对未来可能发生的问题进行预判并制定解决这些问题的预案。

与"积极性"侧重于意识和态度不同，"主动性"更侧重于行动计划、行为本身。

我们可以将它分为"人际交往"主动性和"目标完成"主动性。前者是指主动与人沟通、交流，发表自己的观点、意见，评判、讨论别人提出的观点，使别人尽可能接受自己经过认真思考的观点。生活中最简单的例子就是主动对人嘘寒问暖、关心、爱护别人作为人际交往良好的开始；后者是指主动设定完成某件事的目标，自觉设想和采取各种方式和措施，依靠主动行为去努力实现目标。比如在工作中多做一点事、快做一些事、提前做一些事，等等。

以上两种主动性虽然各自有不同侧重，但它们相互联系，不可完全分割开来，至少目标完成离不开人际交往，每一件事必须靠人去做。

主动性包括遇到人和事就主动去想、去说、去做，最终达成目标，体现为一种对人的热情和做事的激情，总是看重时间、讲究效率、拒绝拖拉、力求成效。同时，也可能伴生急躁、情绪化倾向，所以发挥主动性还需要克服这样负面的性格特征和情绪影响。当然，发挥主动性也要掌握尺度，过于主动也会起反作用，比如在工作上如果干别人职责范围内的事就属于主动过头，而正常协助、帮助、支持他人的工作不在此列。

对于学知识来说，主动性的人不会把知识的疑惑留到明天（意即今天能弄通搞懂的决不会等到明天），做事情一定是当前事当前毕或当时事当时毕，也不留漏洞空档，还要给未来和别人留出空间、余地，一般有追求至善完美之特质。最好的主动性是主动而不冲动、主动而不盲动、主动而不乱动。对于不同对象不同事情要区别把握，有些需要在主动适应的基础上，再主动出击、顺势而为，目的是把主动性的效用发挥到最佳。说的通俗点，或从某种意义上说，主动性就像人的体内安装有一台自发运转的发动机，一直都不会停止转动。

主动性与爱关联密切。拥有和充满爱的人一般都会主动关心别人、爱护别人，也会主动去关注事物、重视进展，而且都是自然、自觉、自动、自发而不是临时刻意为之。所以，我们提倡主动的爱或爱的主动性，符合爱度融合观的本质特征。

"能动性"与"积极性""主动性"不同，它是指人在主观心理、精神上对外界或内部刺激、影响作出积极的、主动的选择性反应或回答。属于意志的范畴，即一个人摆脱生物本能的控制与约束而反映出意志的行为价值。

由于人的行为活动是物质运动的高级形式，虽然具有较大的不确定性，但在本质上并不否定物质运动的规律性。那么，受意志支配的人的行为活动，不是对规律性的否定，而是意志的能动性表现出物质运动在更大范围内和更深层次上的确定性和规律性。行为目标的层次越高，意志就具有越强的能动性，因此行为目标的层次性影响着意志的层次性。由此，可以联想，行为目标的层次性实际上与一个人的希望、理想、梦想、信仰相关，信仰是最高层次的意志。后面章节将专门论述。

"能动性"有大小之别。如果意志的能动性过大，则容易导致随心所欲、缺乏约束；如果意志的能动性过小，则可能表现为胆小怕事、死搬硬套、循规蹈矩。

"能动性"是人类特有的能力与活动，是区别于其他动物的显著特征，如人能制造和使用工具，就是典型的"能动性"的体现。"能动性"用于人类认识世界、改造世界，即想到（认识）、说到（表达）、做到（行为）、达到（结果），表现为主动运用、自觉调整自己的意志和行为，并借助内在能量和外部工具，以符合社会的普通原则和客观规律，去实现某一目标。显然，其他动物是做不到的。

对于创新、创造而言，"能动性"是必不可少的。只有发挥人特有的能动性，才有创新创造的可能；一个人如果要创新创造，必须有能动性做支撑。它是创新创造的前提条件和基础保证，它通过人们所具有的精神状态积聚起创新创造的强大力量。"能动性"形成了、具备了，成功也就不远了，可期可待。

一个人在日常生活、工作中是否具有能动性，从性格特征和行为结果不难判断，体现一个人在生活、工作中是否积极主动，如果是积极、主动的，就说明具备发挥主观能动性的意识和条件，而真正发挥主观能动性，必须以客观规律为指导，以现实条件为基础，对客观世界保持正确的认识和实施有效的改造。

首先，事物的本质和规律是夹杂、隐藏在表象之中的，人们只有充分发挥主观能动性，运用抽象思维的能力，从表象看本质，揭示出事物的规律，从而指导人们的实践活动。

其次，事物本身不会自动满足人们的需要，只有通过发挥主观能动性，通过具体实在的行动，利用条件、运用规律才能促进事物、改造世界。

最后，人们在认识和改造世界的过程中，必然会遇到各种困难、阻力和问题甚至失败，这就需要坚强的意志、强大的精神和足够的执行力，去克服困难、冲破阻力、解决问题，依靠的就是主观能动性，包括动力来源、方法选择和意志支撑。

要正确发挥主观能动性，不外乎从客观条件和现实情况出发，尊重并按照规律办事，同时，不断总结、积累经验和智慧，使主观意识更加符合客观规律。

有人说，全球最具影响力的商界领袖之一、香港风云企业家李嘉诚有一个鸡蛋理论，即鸡蛋从外打破是食物，从内打破是生命。人生亦是，由外而内是压力、负重，由内而外是动力、成长。外部压力不可避免，内生动力由内而生。如果被动等待，一个人背负的几乎全是外部压力，会压得人喘不过气；如果发挥主观能动性，自身产生内生动力，则首要的是从精神深处主动出击去认识、去行动，不仅能顶住并消除外部压力，更重要的是建立起能动性机制，让精神世界更加充实、得到增强，能量还不断积累和提升，形成自我调整、进步的良性循环。

"创造性"是指主体所产生新奇独特、有社会价值的观点、理论、产品、平台的能力或特性。它由创造性意识、创造性思维、创造性活动三部分组成，其表现形式是发现、发明，发现是找出原先已存在但尚未被人了解的事物和规律，如霍金发现宇宙黑洞、门捷列夫发现元素周期率等；发明是制造新事物，如怀特兄弟发明飞机、瓦特发明蒸汽机、中国古代发明火药等。

人的创造性是一种不同于智力的能力，它超出了智力测验的内容和范围，是智力测验测不出来的能力，它表现为在各种创造性活动中的能力或特性，包括科学、技术、艺术等各方面的创造性活动，其根本特征是前所未有、与众不同、新颖独特。另外，所创造的观点、理论、产品、平台等既有物质的，也包括精神的，具有社会价值、个人价值或使用功能。像阿里巴巴创建的淘宝、支付宝，腾讯公司创建的QQ、微信都属此类平台。

在创造性的组成部分中，创造性思维是其核心。也许我们身边许多人都想创造，具有创造性意识，同时也开展实施了创造性行为活动，但为什么创造不出成果或者说创造性成果很少，那么，关键还是受创造性思维的限制，也使得创造性方向、路径、方法等受限。谈到创造性思维，我们前面章节涉及逆向思维、平面思维、多元思维都跟创造性思维相关联，甚至代表了主体的创造性能力。这种思维具有联想的流畅性、敏捷性，方法的灵活性、变通性，见解的新颖性、独特性。创造性过程包含具有创造性的各类标准和技术方案并逐步提升、完善，通过执行、实施而得到创造性结果，影响因素包括知识、智力、个性特征、环境制度等，也包括创造性契机。

本书中本来打算专门辟一个章节来论述创新与创造的，但借此机会，单独谈谈创新这个话题，就不用再占一个章节了。创新这个话题，我们引用很多，但怎么理解创新呢，它与创造是什么关系？

创新是指打破原有思维模式在现有的知识和物质的基础上，提出有别于已往惯常思路、见解而具有改进或创造性的方法、元素、路径、环境、事物，且能获得一定有益效果的行为。包括更新、改变、创造三层含义，实质上是创新思维的外化、物化，基础还是思维。它与创造性一样，也是人类特有的认识和实践能力，是人类主观能动性的高级表现。从哲学上讲，是人的实践行为，是人类对于发现的再创造，是对于物质世界矛盾的再利用。人类通过对物质世界的再创造，制造新的矛盾关系，形成新的物质形态。

但创新与创造又不一样，创新更强调意识和思维、能够获得一定有益的效果，比如，为提高电梯使用效率，一幢大楼里电梯控制软件设计的改变，其中一种办法是将原来每部电梯每层停靠改为高峰时段让电梯平分为单双层停靠，与以前所不同的是，有些乘电梯者到自己要到达的楼层至多只是需要多步行一层楼而已，但电梯运行效率可提高约二分之一甚至更多。这就是创新带来的好的效果。这也说明创新蕴含于我们日常生活和工作实践的点点滴滴。

而创造多强调认识和活动、能力和特性、过程和结果，某种意义上说，创新是创造的基础，先有创新再有创造，创造依赖创新意识和思维，创造是在创新的基础上形成创造性成果，如观点、理论、产品和平台等。创新涵盖广泛的领域，包括政治、经济、社会、文化、科技、军事等，用于比较普遍的是学科领域——知识创新，行业领域——技术创新，管理领域——制度创新。当然还应包括我们日常生活领域，而且这个领域很多人不以为然或容易忽视，如创建一个新的菜谱菜系，把房子格局、功能重新改变和调整，废旧物的巧妙更新利用，等等，与生活密切相关。可以说，创新更为普遍，创造标准却更高。只要我们从增强创新意识开始，一定可以创造出更多、更新、更好的成果来。

二十三

动机·目的·出发点·落脚点

"动机"，在心理学上一般被认为涉及行为的初始想法、念头、意愿，以及所表现出来的行为的发端、方向和力度。概括起来，就是指行为的内在驱动力。发于念头，动于行为，经于步骤，向着目标施与能量。这就是"动机"作用的过程。

"动机"一般都处于隐藏状态，不会轻易显现和表明。要了解动机，只能通过一个人所表现出来的行为表象以及他的需要、目的来做分析、推测、判断，了解动机是为了解一个人行为的内在原因和内部动力，从而猜想、预测其行为的方向和力度。如果动机是好的，那么其他人都应该配合和支持；反之，如果动机是负面的，就该知道尽早制止。了解动机越早，则越早作出判断，越早采取行动，便于事情和人的行为向着有利于社会、多数人希望和整体的利益的方向进展。比如，某人在金店附近溜达闲逛，应该有敏感意识，要有意观察、分析其有无察看踩点的嫌疑进而劫店的动机？无论有还是没有，对于提高警戒意识、加强防范措施总是有帮助的。另外一种情况通过举例加以说明，如两人的相处在某件事上有误会，甚至有怨言，但如果不知道引起误会和怨言的原因，即在没弄清楚所作所为的动机是出于什么这个问题之前，就不能轻易或简单下结论、作判断，更不能马上采取措施去应对，因为有可能"好心做了错事"而错怪，误会会越来越深，不利于两人关系交往。如果真是"好心做了错事"，那么可以进一步交谈、沟通、了解，就可能消除不必要的误会。如同动机是本质，结果是表象，二者不一定完全正向对应，好的动机不一定有好的结果，负面动机不一定有坏的结果，具体情况具体分析。了解动机便于掌握本质，有助于把事情做正确，有利于把事情做成功。也就是说，我们对一个人的看法，要把他的动机和表现区分开来，如果动机是好的，表现不好，则一起用"度"的原理来解决表现的问题；如果动机不好，则要先解决动机问题，但也有可能动机不好、表现却不坏甚至结果是好的情况出现。所以我们看一个人至少要分动机与表现、结果三个方面，该肯定的就要肯定，该指出的就要指出。这样有助于人与人之间的相处、协作与和谐。

马斯洛的五个层次需要论也能够说明人的动机产生的原因是需要，另外还有刺激。也可能因为需要而刺激，或因为刺激而产生需要，如美丽物体（刺激）与想要触摸（需要），便是这种关系。

人的原始动机大致有饥饿、渴、好奇、恐惧、性（基因）等几种，相对应的，人的社会动机大致有交往、亲近、爱、成就（被尊重）、掌控等几种。爱正是本书所探讨的主题，与动机相关。

所以，爱作为人的一切行为的原动力，不难解释人的行为的原因、理由和动机。即使是恨，那也是爱的反义词而已，与爱也可以从反向联系在一起，或者说爱的极致便是恨，也有可能是自爱过了头、自爱的度没有把握好所造成。作为爱的主题，我们提倡和主导的是，一个人只要一切出于爱、源于爱，即使还没有意识到和掌握好"度"，那他也基本上不会犯大错或明显错误或后悔也来不及的错，即使犯了错，改错纠错也相对更容易，不至于犯更大的错。人生少犯小错、不犯大错，才是人生追求快乐与幸福的基础性目标。

"目的"与"动机"是一对伴生词组，有动机就有目的，有目的一定也有动机，只是一个是头，一个是尾；一个是始，一个是终。"目的"是指从动机出发，根据行为主体自身的需要而预定的结果和目标。工作中我们常作的要求是"目标明确"，说的就是这个意思，也说明了目的在人的实践活动中的重要性，且引导和贯穿人们行为和实践过程的始终。简单说，目的就是想达到的境地、所追求的目标。

"目的"来源于古人把眼睛称为"目"，把射箭的箭靶中心点称为"的"，射箭是用"目"瞄准射到这个中心点即为射中，从此就明确射箭的目的性就是射中这个"的",而且把具体的射箭动作转化为了一个抽象的词语——目的。传说隋唐时期唐太宗的父母李渊夫妇的结合,就是唐太宗的外公窦毅设计以比武射箭屏风之画中孔雀眼睛为靶心招婿而招到的李渊,因此成就了后来辉煌的唐朝历史。后人也有认为"目的"就起源于窦毅指定被射的孔雀眼睛(目)之靶(的)!

人与人在交往中和人们做某件事都有其目的性,只是目的性的大与小、好与坏以及目的明与不明之别而已。除了自我与他人交往和自己做某件事时要明确自己的目的外,还要尽可能了解与自己相关联的他人相互交往和做事的目的,这也是知己知彼的重要环节,以便于掌控事态、节奏、进展包括方式、方法、路径,以达到人与人相互交流良好之氛围,维护好相互关系,也为了尽快达到做事的目的。应验了一句"有的放矢"的成语。

对于个人来说,重要的是做任何一件事,都要搞清楚目的是什么?为达到这一目的,怎么样设立阶段性计划目标?相当于军事上部队行军要明确其目的地在哪?中间要途经哪些地方?向导在什么方位等,必须要给予清晰的答案。清楚了目标,每个人心中才有底,目标引导,才能形成合力,行军(做事)才有效。即使遇到困难、阻力,则可以更激发、强化自身的意志力去克服,与目的、目标比起来,这些困难、阻力才被认为不是问题或只是小问题,接下来才更有可能达到目的、实现目标。这就是目的的引领性、鼓舞性、激励性作用所在。

有人对于自己的目的性认识,是模糊和存有偏差的。做事不但要有明确的目的性,而且要有正确的目的性,正确目的性的确定需要我们契合实际,包括与人交往的目的性也是如此。比如,我们互相认识了,还继续交往,可能是为了性格相符、志趣相投、学有所长、相互帮忙,不一而足。但从爱的角度出发,朋友交往的大致前提一般来讲是性格相符、志趣相投,但原始目的离不开相互帮助、资源整合、效应集聚、能量增强,为他人、为社会作出更大正贡献。而不是相反,更不是只图索取利用、自私自利。对于做事,当然也应确定正确的目的性,要说明的是,人都有一定的功名利禄欲望和思想,具有这种欲望和思想是正常的,但功名利禄在人的一生中占据哪个层面,是主要、重要、首要还是次要、附属、伴生位置,这才是问题的关键。以源于爱、欣赏爱、付出爱为主要、重要、首要的目的，做事不仅相对简单（至少心里纯净），而且做事能量会明显增强，得到帮助的可能性也更大，得道才会多助，更会接近成功。成功的概率越高、成功积累得就越多，那么成功的伴生品、附属物自然就是名利地位的得到或提升。比如，我们撰写一本书，主要的原始目的就是要让更多的人知晓和懂得书中的道理，比如本书传播的爱度融合的道理，让世间多一份爱度，就会多一份美好；多一份力量，就会多一份成就！如果为了名利而写书，可能就拼凑抄袭、空洞无物了。

"出发点"即起点，或者说已确定的动机或着眼点。与动机还不同，出发点有动机的确定性和显现性，易被发觉、发现。如老师对学生严肃批评和严格管束，其出发点是为学生好，指望学生能成有用之才。

在不同的语境、氛围和程度中，使用"动机""出发点"也有区别。对一般性事物、情境的动因、理由、意愿进行表达，可用"出发点"，对相对重要、重大事物、情境的动因、理由、意愿进行表达，可用"动机"。比如，企业管理中制定并执行严格的制度，其"出发点"是为了企业的有序发展和效益最大化，其"动机"是为了企业绝大多数员工的根本利益，即把企业比作一个大家庭，每位员工都是大家庭中的一员，把大家庭管好了，大家庭兴旺了，每位家庭成员才会好，而家有家规、国有国法、企有企制，这些"规""法""制"就是管理最强有力的依据和支撑。把这种企业无情的制度和对员工有情的管理辩证、有机地结合起来，并发挥其应有的功能作用，企业的严与员工的利就这么真正地、有机地联系和融合在一起了。由此，可见"出发点"和"动机"之一般意义了。

"出发点"与"动机"还是存在细微区别的。

工作中，我们还要确定好"出发点"，每做一件事都要确定其开端、开始的时间和事物状态所处的点或阶段，也是工作方案中所描述的第一步是什么、确定要做什么，即在什么状态、从什么地方入手？好比马拉松长跑比赛中的起点在哪？参赛者怎样跑出第一步的思想准备和状态准备等。"出发点"确定对了，有助于做事有个良好的开端、促进事情的顺利进展、取得事情更好的结局，达到事半功倍的效果。与赢在起跑线表达的是同一个道理。否则，就可能输掉结果，以失败告终。"出发点"与"动机"又有相近含义，表达具有什么样的初衷之意。

与"目的"相对于"动机"一样,"落脚点"是相对于"出发点"而言的,本意是落脚之处,有时也可理解为暂时住处、临时位置,主要还是指目的、目的地。与"出发点"呼应的意思就是目的、目的地。所以,与"目的"部分的内容基本一样,不再啰唆了。

"落脚点"只是对应于"出发点"时使用,就跟"目的"对应"动机"一样。我们平常会较多地使用动机、目的或者是出发点、落脚点这两组对应的词,虽然两组词表达的含义稍有不同,但有时也可同时使用。如作为演讲、作报告或说明执行某项新措施的意图时,就可同时表达,如在某一会议上某主持人说的一段话:"从现在开始,我们将实施一套新的考核办法,这一考核办法是根据我们企业实际情况作的修订、完善,比原来的更细致、更系统、更严格,我们的动机和目的、出发点和落脚点就是要让考核作为一种管理的手段发挥更为客观、有效的指挥棒作用,让贡献大的人才脱颖而出,并获得应有的尊重和待遇,同时让慵懒者现形、自知差距,促使他们努力赶上。企业管好了,大家才会好;大家都好了,企业才有前途……"

由此,作为企业管理者或单位负责人,在准确把握和正确运用"动机、目的、出发点、落脚点"时所能产生的有机联系和功能效用。

二十四

人与人·人与物·人与事·事与事

四对关系，四种思考；四对矛盾，四维人生。

即使是"事与事"，也是与人有关的事，与人没有关系的事是不存在的，正如前面我们提到的，世界上万事万物万人都是相互可以联系起来的。处理好"事与事"之间的关系，也是人生一大要事。

一个人从出生来到这个世界，注定就是社会人，必然与他人发生关联。发生关联的第一人就是母亲，是母亲经过十月怀胎，为这个世界增添的一个生命。随着生命的诞生、延续、生长，与他人的关联会越来越多、越来越广，"人与人"之间就形成了千丝万缕、各种各样的关系，从而组成人的社会伦理关系。世上不存在独立的、真正与社会隔绝的人，人本身就具有这种人之所以称作人的社会属性。

人与人的关系那么多，哪些是有效的？哪些是不可缺少的？哪些是可有可无的？哪些是需要强化的？哪些是可以放弃的？潜在的关系有哪些？等等，都是值得用心思考和认真对待的。分清了各种关系，并知道怎么去处理，那么，做人的重要一课——基础课程才过关。

在这里，我们尝试把人与人的关系分为以下几类：

一是亲情关系：父母、夫妻、子女、兄弟姐妹及其他直系和旁系亲属关系。

二是友情关系：主要是结交的超过一定时间、继续交往的、有一定感情的朋友，包括同学、师生、同乡、战友等。

三是工作（业务）关系：包括同事、上下级、合作方等工作业务往来关系。

四是潜在关系：未来可能发生关联的关系。

五是陌生关系：当前没有交集，也不认识的关系。

六是对立关系：对抗或敌对关系。

按情感深浅顺序排列见下图：

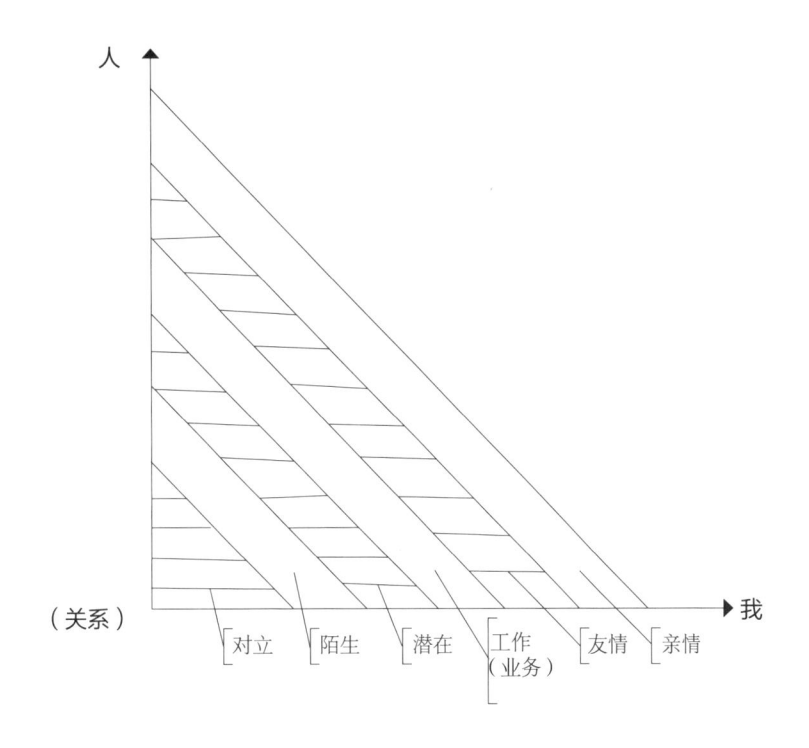

图中有六个区块，每一区块对应一种关系。一般而言面积越大，说明这种关系越重要，对"我"的正面影响也越大，如亲情，从小就靠亲情陪伴长大；反之，按顺序递减，对"我"的正面影响就越小，还有可能是负面影响，也可能越不重要。这里说的"越不重要"有两层意思，就拿对立关系来说，一方面是人和人客观上平常的对立关系确实不那么重要，另一方面主观上不必过于在意已然存在的那一少部分对立关系，至少在一定程度上看淡，当然在细节上还是要注重。如果一个人在生活、工作中存在较多的对立关系时，那就要思过、反省，可能主要问题出在自己身上。

这六种关系的重要性不是一成不变的，它们在某个阶段、某段时期、某件事情上是可以转换的。如亲情在少儿时期最为重要，不可缺乏。但随着年龄的增长，认识的人和朋友越来越多，作为社会人的角色也越来越多，那么，一个人就会把情感分一部分给友情；参加工作后，工作（业务）关系越来越重要，尤其是作为社会人正是体现自我社会价值的时候，相对花的时间、精力逐渐增多，也想由此证明自己的存在感和影响力。关于潜在关系主要是指现在尚未建立但将来完全可能交往的关系，如偶遇或有一面之交的两个人，完全可能为将来的交往埋下伏笔，也许会成为非常重要的一种关系；关于陌生关系，是说任何两个陌生人，将来都有可能产生交集，从陌生到认识到熟悉到产生友情或爱情等，陌生关系的未来可能不仅仅是陌生关系；关于对立关系，通指与自己有误会过节、矛盾问题的关系，如果泛指，还有可能是敌我关系或者叫你死我活和不共戴天的关系，如战场上的敌我关系。那处于和平时代的人们，对立关系是完全可以转化的，只需要一个契机、一个笑脸、一句问候、一次握手等，就有可能改变，如果真的面对这样的关系，何不尝试一下它的转换功能呢。

实际上，人与人之间的关系，没有想象的那么复杂。人都有脆弱的一面，所有人在人格、人性上都是平等的，都值得相互尊重。而且人与人之间的关系随着人类的发展与进步，都有一个演化的过程，即从物质利益到精神需求，从自私到小私到无私，从外在的表象追求转向内在的心灵追求，直至从物质的满足转向灵魂的富有，进而到达以爱为基础的、以奉献关系为主流的境界时，社会的运转才是最平滑顺畅的，每个人的生活才是最充实幸福的。

工作（业务）往来关系是一种合作和互利关系，是依靠规则、秩序建立起来的工作协调和商业利益上的彼此关系。这种关系的保持有一定的随机性，与工作岗位和互惠互利密切相关，与感情关系也许有，但不大。这种关系却也占据了人生的较大比例。

我们提倡的人与人之间的关系，应该是付出奉献关系。有的人付出奉献不求任何回报，是因为这种人本来就以付出奉献为主导、以此为快乐，能够得到心灵的满足感；有的人付出奉献了，别人给自己以回报，无论通过精神上的高度认同，还是给自己以同等的其他回报，那么这本身就是真的得到或叫爱的反射。所以，先予后取、先舍后得、先付出后收获，乃世人生存之爱度法则，与零和游戏、丛林法则完全相反。

即使我们是友善地付出奉献，也可能有人误会，以为装模作样、动机不纯或另有他图，但不管怎样，我们还是要付出奉献。时间久了、长了，世界都会告诉和证明因付出奉献而展现的真实美好，并能感化众人，尤其那些曾经有过误会的人。这也是心中有爱，魔力自来，即使误会，初心不改。道路越走越宽，力量越聚越强，世界越看越大，人生的景观也越来越美。

俗话说，雁过留声，人过留名。雁留下的是悦耳的叫声，而人留下的是良好的名声，意味着人经过的地方、见过的人们、说过的话语、做过的事情、产生的印象、留下的痕迹，都是让人感到合适、轻松、自在和舒服的。比如大众场合不要大声说话、待过的地方不要在原地留下纸屑等垃圾（应该自己把它丢到垃圾桶里或带走）、用过的东西放回原处、不说带刺激性或令人尴尬的话、不做让人感到莽撞突兀的事情、不让人感觉垂头丧气萎靡不振的情绪。而应该相反，带给周围和人们的是积极向上、满身正气、充满阳光的表情与言行。做到这些，也需要爱度修炼前提下和习惯性的自律做支撑。由此，我在想，我们城市为防止人车越线行走，几乎所有的马路都在中间设置或高或低的栅栏，把一个美好的城市弄得像一座分割的围城，让人感到压抑和心塞而不舒畅，只是因为我们人自己不自律不自觉所造成。我们真的期待哪一天不再见到这些人为设置的栅栏而秩序同样井然的那一份美好。

人与人的关系还有其他各种各样的种类，尽管所占比例不高，但都需要自我思索、探求，处理人与人关系的基本原则与方式，只要是源于爱的动机、出于爱的目的、适于爱的方式、符合爱的尺度，任何关系都不难处理好。

人与物的关系也是无时不在、无处不见的。其实，由此形成人与自然的关系。由于哲学的研究是以人为中心，是反映人对整个世界的看法，而物质相对于精神而言，既包括天然物也指人造物。人的精神既可以反映世界，也可以反映对世界的改造即改造世界的问题。人从哲学上来讲也是一种物，如果离开了灵魂而抽象地谈"人"，那"人"只不过是一具具行尸走肉，人也是自然界演化的产物。世界的进化是自然界自发的进化，其演化的最高阶段是以人类的出现为标志。这说明：物质是世界的本源，人的精神是物质高度发展的产物，物质决定精神。但人类的出现，世界便有了改造者，随着物开始被人认识、利用、改造、制作、控制和保护，物就成为人生存和发展的手段，许多的自然物就转化为人造物，处于人为的存在状态，这是人的精神反过来作用于物质的结果。正如列宁所说："人的意识不仅反映客观世界，并且创造客观世界。"人的精神既可以体现于各种物质载体中，又可以存在于人的头脑中，所以精神可以传承积累。物质资源是随着人一代一代繁衍的消耗而逐步减少，精神资源则随之增多。对于具体物体来说，新的物质形态的出现必然代替某些旧的物质形态的消失，这也是物质转化守恒规律。而人的精神不守恒，人的精神的积累是越来越多的，这种精神积累则是创造新的世界的源泉。

我们所提倡的节约与环保，从未有过像现在这样的高度与紧迫，实质上就是对人与物本质关系的重视。比如，一粒米、一张纸、一滴水、一度电、一克油……看似小事，每一个人每一天积累起来的数据可大得惊人。我一直以来觉得，我们常住的国内酒店提供的消耗用品几乎都是一次性的，浪费极大，很不环保，绝大多数酒店提供的拖鞋、香皂、洗发水、浴液、牙膏、牙刷等各类用品都是计入房价的，应该统计一下，这些用品每年用量多大？这些物是否物尽其用了，值得研究。能不能改变管理模式，比如像国内部分酒店或一些欧美酒店一样，这些消耗品不与房价混在一起，可以提供但另外计价收费，而收费的价格部分从原有房价中减掉，即降低房价，用则加收，不用则不收。或者设计或改用可重复使用型产品或包装。这样不仅既节约又环保，为子孙后代着想，还可能因为房价下调而让更多的人住得起，应该可以提高入住率，不会影响酒店综合效益的。为此我们应该共同努力，包括政府应出台相应的收费和税收政策予以鼓励和引导，或者从法规角度作出明文规定。相信效果一定会很明显。

我国古代孔子、老子认为，人物关系被看成一种伦理道德关系。孔子说：

"不义而富且贵，于我如浮云。"(《论语·述而》)阐述了人的义与富的关系，即把物质与道德看成是一致的，所谓"君子爱财，取之有道"(《增广贤文》)。老子对物质是淡化的，看重对精神性的追求，希望过一种"清静无为"的生活。古希腊的柏拉图主张爱情的精神性而超越肉欲。犬儒主义更加无视对物质的崇拜，只要活着就足矣。就生命的个体而言，人无不是在与物质的关系中生存，始终离不开物质。而二者的平衡关系是社会和谐和肉体与精神和谐的关键，物质的过度富有和过度匮乏都是人与物的失衡。人为了生存、生活、生长，都必须依赖物质，那么物质确实起到了人类赖以生存的主体作用。所以，得出一个结论，人无论是潜意识还是显意识，都会不同程度地追求、掌控一定的物质资源，但按照本书的爱度融合原理，物质不能作为人一生追求的首要目标，而是爱度融合产生的附属品和伴生物。本源的爱与追求的物是一对辩证关系，对物的适度追求是应该提倡的，即合情合理、合法合规地追求财富是人类共有的、提倡的人性特征，只是相对爱来说，是处于次要或第二位置的。有爱的人相对更有机会和可能拥有更多的物质财富。有了足够的财富即能掌握更多的物质资源后，本身也是为社会、为人类可以提供更多更好的经济增长、劳动就业、税收保证还有慈善捐赠等，这种状态本质上都是爱的体现。

  人与事的关系，其实就是人如何做事、干事，做更多更大的事或实施规划的事可称为事业，把事做对了、做好了，就是成功的事业。做事的结果一般都会形成一定的物，如物品、器物或作品（含艺术作品），就像写此书的过程就是做事，写书的结果就是书的出版，出版了就算阶段性的成功。

  人可能主动选择事做，也可能被动去做。所以，人一生中会面临许多的选择。也有人说，选择是一种命运。即使是这样，命运也是可以掌控的，所谓掌控，最关键的是努力，如努力选择，努力成功，使自己掌握更多的有效资源，具备更多可能性的选择。常言说的奋斗，其实就是做好准备，为未来的一切可能做好知识、技能、经验、社会关系资源等各方面的扎实准备，机会总是会青睐这样的准备，成功总是为这样有准备的人随时降临。

  人到底是应该做正确的事，还是正确地做事或把事做正确？

前者是首先选择确定，哪些是正确的事，再去做；而后者是不管是什么事，都要正确地去做。实质上，前者是先选择确定哪些是正确的事以及做事的正确方向、道路；后者是遇事就去做而且是做正确，容易陷入俗话说的胡子眉毛一把抓。显而易见，前者才是人做事应有的原则和正确的选项。我们遇事不能不问青红皂白，不能胡做一气，而应该先冷静分析事情的轻重缓急、利弊好坏，从而减少犯错的概率，再决定哪些事应该先做，哪些事可以后做，依次排序去做。对于该做的事，一一做对做好。这样才是做事的应有之道，才能减少做无用功，提高做事效率，才能保证做事效果。

事与事的关系，正如本文开头提到的和本书曾经描述的，无不是分清轻重、缓急、利弊、好坏四个维度，再排列先后顺序依次去做。把每件该做的事做对了、做好了，那做事的人就不用担心未来成功的概率。毫无疑问，这是一种自信，这种自信带来的是自强。

前面曾经写到，世界上万事万物万人无不可以联系在一起，而且它们本来就是联系在一起的，通过各种已知的或不可知的媒介、渠道。如果人们跨入了5G时代，那5G就成为它们之间最佳媒介、渠道，使人、物、事无缝链接、随机联系、随时对接，世界成大一统的时代和我们那么接近，感觉越来越真切。那么，5G时代的到来，帮助我们呼唤心中的那一份真爱更容易实现，爱人、爱物（自然）、爱事的融合更可能成为现实。可以预测的是，爱度融合理念必将是人类未来走向的主导力量——世界因爱而越来越美好！

二十五

从善·从严·从高·从众

"四从"是什么意思？它们有什么逻辑关系？放在一起有什么实际意义和作用呢？

确实，决定用这"四从"，是经过认真思考的，目的是从爱的原理出发，用来表达我们每一个人处理任何一件事所应具有的动机与出发点，或者说应有的标准和要求。

"从善"指依从善道，即发于善意、听从善言、动于善行、止于至善。汉·刘歆《移书让太常博士》："犹欲保残守缺，挟恐见破之私意，而亡从善服义之公心。"晋·干宝《晋纪总论》："聿修祖宗之志，思辑战国之苦，腹心不同，公卿异议，而独纳羊祜之策，以从善为众。"明·凌濛初《二刻拍案惊奇》卷十："他既然从善，我们一发要还他礼体。"

善的本意是品质淳厚，心地仁爱，行为雅致，格调纯朴。从善就是从善为先，从善如流，遇人则诚，凡事则善。一切善字当头，说起来简单，做起来可不容易，是需要修炼到从骨子里散发的善，从血液里淌出的爱。达到这样一种境界，善就变得自然而然了。所以，一切源于心，一切源于爱，从善不再难，善心自然来。

遇人则诚，即是以善待人。无论是身边的亲人，还是远方的朋友；无论是常见的熟人，还是偶遇的陌路；无论是少有的知己，还是对立的关系，等等，我们都应有一颗善心，真诚对待。有人会问，善待亲人、朋友、熟人、知己，可以理解，那对于陌路人和对立面也要善待吗？如何善待？似乎难以做到。其实，这就是我们要重点探讨的问题。

对于陌生人，我们每个人每天几乎都会偶遇、擦肩，而不会产生交集，但潜在的交往还是有的，即今天偶遇、擦肩的陌生人，明天就不一定不相识、不交往；今天的一个眼神、一个举止就不一定不给陌生人留下印象和记忆。生活中常有这类情景：两个人在某一时间相识，当回忆以往经历的时候，共同想起曾经有过一面之缘的场景，似乎一世都是注定，彼此当时已有相识之愿，只是没有合适契机，而今却是要续缘。反之，如果当时一方因言谈举止而令另一方印象和感觉不好，那么，即使再次相遇，恐怕也难相识。初次的偶遇与擦肩，我们能意识到此后的这些可能性的存在吗？如果一切源于从善，不管你是否意识得到，只要一切都归于善意，那善意的结果一定是好的。

对于陌生人，一般来讲，你先对他有善意，他也会报以善意；你若对他有敌意，他报之于你的也难有好意。所以，对任何陌生人，我们应该从善对待，首先表现出的是礼貌、尊重，也许某个陌生人日后可能成为你生活、工作、事业甚至生命中重要的人。这种情况可能性很小，但不能说没有。

凡事则善，即是善意处事，对于任何事，都要怀有善意。这里不仅指做善事，也包括善做事，即善于做事和善意做事。善于做事简单说就是会做事，这里不作探讨。善意做事就是面对任何事情，先把它往好处想，或者认为它是好事。而客观上许多事情并不一定都是好事，所以，往好处想只是在判断它是好或是不好之前，先带有善意，而后再做分析、判断，好事善做，不好之事则要想办法解决好或消除掉，不让它造成实质的负面影响，至少要减小它的负面影响。

凡事则善还有一层意思是，事情本身无善恶之分，加上人为因素及后果，才可分辨出善恶。那么，趋善避恶则是遇事从善的题中应有之义。打个比方，一个人在冬天的野地里受困，这件事看起来是坏事，不是因为事情本身的状态，而是受困的人感到寒冷、饥饿、难受，才让人觉得这是件坏事。但如果此人把这件事当成锤炼自己意志的机会，考验自己生存的能力时，这件事就变成具有正面意义的好事，而处于此境中的人一直都坚信一定能够摆脱困境、走出此地，同时还能积极想办法、订措施并付诸行动，那么善意善为，此事在很大程度上会转化为好的结果。有道是：凡事可善即为善，何事不愁自平安。

"从严"，即一切都不放松、不宽让，以严格严厉严谨为要，一般针对为人处世的标准和要求而言。

首先，是对自己要求从严。无论自己处于什么位置，扮演什么角色，都要有从严的意识。常用的词语有，从严治党、从严治军、从严治企、从严管理、从严要求等，尤其是对个人，可能是管理者，可能是领导，可能是工人、农民、战士、商人、学生或普通老百姓，虽然各有不同的标准和要求，但从严却可作为一个普遍的原则、标准和要求，对自己要求从严不可能是一件错事，错的恰恰是对自己要求过于宽松造成的。有人说，一切从严那就失去自我和自由了，这种理解有偏差。实际上，任何一个人的成功，都需要有从严的标准、有从严的要求，至少比一般标准要严一些，何况从严多了、久了，也就会成为习惯；约束习惯了，也就变成了自由，习惯了的约束才是真的自由。二者本来就是一对辩证关系。

其次，是对组织要求从严。任何一个组织要想有所作为，必须从"从严"开始，一个组织所制定的规则、程序、制度等，一般要有"从严"的标准，至少要有经过一定努力能够达到的标准。如果不需要经过努力，很容易就能达到的标准则不叫从严，对于这个组织未来的发展并不是有利的，因为很容易沾沾自喜、自我满足而不思进取，对组织和组织里的每一个人都将产生一定的负面影响。

再次，是对团队要求从严。这主要针对一个团队的成员而言。一个团队必须制定更为严格的建设标准和要求，成员都能召之即来、来之能战、战之能胜，并且敢担责任、不畏挑战、勇打硬仗，不仅团队成功概率高，而且团队里的每一个人会为有这样的团队感到骄傲和自信、充实而提升、快乐而满足。尽管初期有一个理解、认同、融合的过程，但一贯坚持从严标准，只要形成了习惯，取得了好的成效，团队里的每一个人都会感激这个团队并且从中得到自我提升。

最后，是对做事要求从严。做事的标准虽然反映做人的要求，但做事本身应有特殊的从严标准和要求，这一点，我们从《大学》里的"止于至善"可以找到答案，而做事要追求完美、至善之境界，才能体现从严之标准。

总之，从严是基本要求，是做人做事的常态标准，从严总比从宽好。一旦形成从严的习惯，那么从严就不是压力而是动力，不是负担而是自由。

"从高"与"从严"有类同之意，都是标准和要求，但从高主要是在所有几类高标准、高要求下选择更高的作为自己做人做事的标准和要求。通俗地讲，就是我们常说的，一种是站起身、踮起脚摘到桃子，一种是跳起来摘到桃子，还有更高的是借助竿子撑竿跳摘到桃子。这里，"从高"所指是第三种标准。

大家都知道要对自己要求从高，但怎么做到从高却不一定清楚。在生活中给自己制定目标一般明确正常目标和努力目标，努力目标要高于正常目标。在工作中制定目标，一般最好也是制定两个目标，可以叫作考核目标和工作目标，工作目标要高于考核目标，考核目标一般是跳起来摘到桃子的目标，工作目标一般是撑竿跳能达到的目标。这样，就可以体现"从高"的标准和要求。

正如孔子说的取其上、得其中，取其中，得其下，取其下，无所得矣的基本道理，证明了从古至今都是正确的道理。所以，我们每一个人活着的一辈子都对自己从高要求，他所获得的一定不会太低、太少，而获得的一切又反哺他人、用于社会，一定可以获得更高、更多。这也正是爱度融合的基本观点所能解释和遵从的人生哲学，是人生的一条良性循环之链。

"从众"所指并不是一般意义上的从众心理、从众行为，这里主要是指从绝大多数者的意愿、利益、目标出发去想问题、办事情、作决策、求结果。即从大众之意。

一个国家、一个地方、一个单位、一个企业、一个团体，也包括一个党派，要想管理、治理、运转得好，恐怕这是一个重要原则，即"从众"。国家治理者必须为这个国家的人民着想，而且应该是一心一意、全心全意，才有可能持续、长久地让国家繁荣、人民幸福，如果治理国家的方式、方法、途径、尺度掌控得对和好，那么就一定让国家繁荣、人民幸福。以此类推，一个地方、一个单位、一个企业、一个团体（包括临时性组建的团体）、一个党派都是如此，不同的是，它们治理和管理的对象不一样而已。一个地方如一个省、州即是全省或全州人民；一个单位即是单位的所有职员等；一个企业即是企业的全体员工；一个团体即是所有团体成员；一个党派如果是执政党则在为这个国家的人民服务的同时，在党章党纲确立的原则下，也要为广大的执政党党员服务，包括教育、管理和监督。非执政党也应该具有这样的理念和意识，尽管党章党纲规定的宗旨、信仰不一样。

以上所有这些都是泛指"从众"所遵循的原则。但怎么才能做到"从众"呢？这里略谈几种方法。

（1）想之所想，急之所急。被管理者所想的是什么，他们需要什么，他们急于解决什么问题，除了不合理不合规的要求，管理者要努力想办法理解他们、帮助他们、支持他们，目的是解决实际问题，一时解决不了的，也要做出合理解释和回应，前提是解决认识与态度问题。

（2）深入他们中间了解实际情况。应该是主动而不是被动地了解。管理者有资源、有条件去做了解，并且要了解到真实存在的情况，包括他们的意愿、利益、目标和相关诉求。

（3）静下来认真研究措施、方法、途径，切实解决他们的困难和问题，改善他们的生活和工作状况，提升生活水平，营造良好工作环境。

（4）持续不断地采取以上几种方法，进而持续不断地发挥、提升他们的各种能力，发挥他们的应有作用。

用"从善、从严、从高、从众"四个词从某个方面、某个角度阐述为人处世之要道，有些不完全甚至个别地方显得有点偏颇，但多少能够从中得到一些启发，获得一些灵感。期待以后我们能更加有效地利用"四从"原理来指导我们的日常生活、工作，帮助解决一些疑难困惑和实际问题。

二十六

格物·致知·诚意·正心

尝试去爱万事万物万人,即从内心深处去认可、接受、尊重和敬畏客观存在的所有事、所有物、所有人,继而才去研究、确定怎样处理和对待。其实,这就是大爱、博爱精神的体现,处理和对待的方法属于"度"的范畴。尝试去爱所有事、所有物、所有人,并不是说即使对你不喜欢的事、物、人而强迫自己去喜欢,那就失去其本意了,更谈不上爱了。因为喜欢和爱应该发源于内心,是自发、主动的一种感觉,而不是强迫的。换一个角度说,尝试去爱所有事、所有物、所有人,与采用什么方法处理和对待所有事、所有物、所有人,二者是不矛盾的。前者属世界观范畴,后者属方法论范畴。

那么,到底如何理解"尝试去爱万事万物万人"呢?应该说"爱"是先入为主的动机,不管什么事、什么物、什么人,首先要怀有对它们的爱,也即是带有善意,即使对反向的、不值得去爱的事、物、人,那也是可以改变、改造而转化的;少数不能转化的,可以通过其他方式加以解决或消除;或者采取另一种方式,去发现它们哪怕是一点点积极的一面,去做一些肯定、挖掘、放大工作,尽力把这个世上可能存在的丑陋、厌恶、悲伤更多地感化、转变为美好、欢喜和快乐等。

以上说了这些,我们再引申出格物、致知、诚意、正心,都与格、致、诚、正有关,且定位出格物也包括致知、诚意、正心的动机、视角、层次,即从爱出发去格、致、诚、正,带着爱的情感去格、致、诚、正。那么,这一根本问题得到解决，格、致、诚、正本身就不是什么难事了。

"格物"，大多的解释是探究事物的原理，源于《礼记·大学》。值得一提的是，明代圣人王阳明为了理解程朱理学的格物，有一天他决定要"格"自家院子里的竹子，面对竹子坚持硬"格"了七天，结果晕倒而宣告失败。可是，王阳明是把探察外物误认为是靠冥思苦想来达到目的。格物实质上是从爱的动机开始，把物理解得深刻、透彻，不留下任何疑问、迷惑，既明白这个"物"是什么物？又明白为什么是这个物？这个物与其相关联的周边的物是什么关系、怎么关联的？这个物本身以及与它相关联物共同会产生什么效应？对其他物包括人、事以及一定场域产生什么影响等。

格物是对这个物认知的开始。格是探究，那么就应该有探究的途径、方法，不同的物有不同的探究方法，比如，认识物理特征，解构内在构成，弄清组成因子特性，设想相关问题，提出猜想假设，制订计划方案，开展实验证明，收集分析数据，总结解释论证，做出研究结论，进行反向评价，形成表达交流，对外宣传推介，反复具实试用等。而不是王阳明早期简单的"格"竹子方式。

格物必须具有"实事求是"的精神。格物只能"格"出实际存在的物的原理、道理，才能取得对物的真正认识。格物是致知的前提，格物又是为了致知，即致知是格物的目的。而其真正含义，已是儒学思想史上的千古之谜，从一千多年来的争论至今仍无定论可以证明。如东汉郑玄认为："格，来也。物，犹事也。其知于善深，则来善物。其知于恶深，则来恶物。言事缘人所好来也。"唐朝孔颖达认为：事物之来发生，随人所知习性喜好，"致知在格物者，言若能学习，招致所知。格，来也。已有所知则能在于来物"。北宋程颢认为：穷究事物道理，知性不受外物牵役，"格，至也，穷理而至于物，则物理尽"。程颐也认为：致使自心知通天理，"凡事上穷其理，则无不通"。南宋朱熹也说："穷推至事物之理，欲其极处无不到也。"而可致使知性通达至极，各种理解、解释，不一而足。但格物是把事物弄清楚这一基本含义，恐怕是不会有什么争议的。

前面我们提到，格物从爱开始、从爱出发，带着爱的情感、心理，即赋予格物的大爱、博爱精神，与只是为格物而格物、不与爱相关联，这两种格物其结果是不一样的。从事物本身而言，如果人们去爱它，则它对于"格"它的人们来说也似附于情感和灵魂的东西，来反哺人们、造福人类。并不是说事物本身具有，而是人们赋予，根据作用与反作用（反射）原理，事物则会为人们所用，且所用更加有效，更有利于人们的认知、利用和我们的生存、发展。

从事物与人的关系而言，人始终是主导，带有爱的精神的人去格物，更易于了解、掌握物的根本原理、内在本质、规律特征等，而且除了"爱"物本身，这样的人其格物的目的不只是自己去认知，而且还是为了他人、更多人甚至是更大范围世界和人类的共有价值、同一信仰。格物与爱无论走多远、所花多少时限，它们一定是循环往复，从起点伴随走到终点，又从终点一起回到起点，永远不曾脱离。由此显示爱的力量的持续、伟大。有如一种解释：格物致知是因果关系，格物是因，致知是果。格物实际是要割除物欲，致知就是通达明了宇宙万法的终极真相。物欲割除得越彻底越干净，就越容易获得通达宇宙万法的真正智慧，就越容易明了宇宙万法的最终真相。要割除物欲，恐怕爱才是永久的动力所在。

"致知"一般与格物并列来说，直译为获得知识、感悟智慧。《礼记·大学》有云："致知在格物，物格而后知至。"朱熹《大学章句》取程子之意补之曰："所谓致知在格物者，言欲致吾之知，在即物而穷其理也。"儒家传统的观点认为，天下有不变的真理，而真理是"圣人"从内心领悟的，圣人领悟真理以后，就可传教给一般人，所以"经书"上的道理是可"推之于四海，传之于万世"的。格竹是要研究掌握竹子的形状性质、生长规律等，这就必须通过积极的、有计划的实验探测，而不是被动的、消极的观察，可以去栽种实验用的竹子，以研究它生长的过程，要把竹叶、竹纤维切开来进行分析比较、实验观察，包括借助特殊仪器如显微镜或部分化学试验装置等，才可能达到科学致知的目的。

致知对于学习中的人尤其是学生来说，除了在书本、课堂上学习外，重要的是靠自己思考、领悟并由自己做主张、拿主意，尤其是多运用逆向思维，敢于质疑过去已有的或老师讲解的知识，即使质疑的结果并不改变过去和老师讲解知识的正确，但质疑者一定会从另一面或反面加深对这些正确知识的透彻理解和牢固掌握。更主要的是大胆质疑是创新的开端，向老的权威挑战才能创造新的知识、新的动能,人类的知识和智慧才能不断积累、增长,适应世界、改造世界的能力才会增强,人类世界才能不断进步、前行。

至于致知,有些内容与前述第七章"学、知、乐、用"中相近,就不详细说了。

"诚意"语出《礼记·大学》:"欲正其心者,先诚其意。"指诚恳的心意使其意念发于精诚,不自欺和欺人。是儒家倡导的一种道德修养境界。

诚意,简单说就是使自己的意念诚实,即不要蒙惑自己,也不要欺骗别人。对丑恶的厌恶、对美丽的喜爱,都发自于内心的真实,这样才能使自己心满意足,哪怕是独处独知时,也一定要慎独、慎终。不欺骗别人,更要真诚、善待别人,用自己的真心实意、真情实感对待别人,而不能蒙骗、用计谋算计他人。无论是不自欺还是不欺人,一切源于诚意,但并不是说这种诚意可以随时随地、不假思索、直截了当地表露出来,而是有一个"度"的把握,即方式、方法、途径、尺度的选择,无论怎样选择也不会改变内心诚意和真实初衷,只是表达的时机、场合、形式、程度以及采取的方式不同,而初始的动机和达到的目的都离不开诚意,而且不会改变。

小人因为非作歹、做尽坏事,以至于人前遮遮掩掩、不想暴露自己的邪恶想法和行径,而显示自己虚伪的善意。殊不知,小人之心,内心斗争激烈,所费精力大而多,随时提防别人看穿自己,心理防线脆弱,这种风险意识实际上一直都会伴随着煎熬,心里无比挣扎甚至痛苦,这种掩盖比起作恶本身代价更大。曾子曰:"十目所视,十手所指,其严乎!"富润屋,德润身,心广体胖,故君子必诚其意,是说十只眼睛看着你,十只手指指着你,是多么可敬可畏的严厉呀!财富可以装饰房屋,道德却可以滋润身心,使心胸宽广而身体安适舒坦泰然。所以君子一定要使自己的意念真诚。

也有少数小人因自欺欺人而一时得逞,导致小人会更加胆大妄为、虚狂再犯。且不知,对于小人所作所为,可能未到时候揭露,可能需要时间自己去悔悟。伪藏不住真,恶盖不住善,总有一天,虚伪、奸诈暴露无遗,唯改邪归正、修身练达、诚意积德,才是正途。

达到诚意之境界需要持久的修炼，也不是生来就能诚意的，但是生来一般是多善的，而后天达到诚意却需要积累，特别是诚意的"度"，则更需要在生活工作和为人处世的历练中得到提高、升华，才能掌握好这个"度"。

"正心"一般也是与诚意相伴相生，指心地端正诚恳而不存邪念。王阳明以为"盖心之本体本无不正，自其意念发动，而后有不正"（《传习录》）。强调意诚为心正的前提，实际上，意也是由心而产生的。明末学者刘宗周《学言下》："心之主宰曰意，故意为心本。"所以心意一体，融合为本。

儒家认为，人心受到外界干扰而愤恨、恐惧、好恶、忧患等情绪的影响会不得其正，而心必须有求诚之意，才能减少影响，不乱而正。

正心的原动力也同样来源于爱。如果非要把此类因素包括情感和道德排一个序的话，则应该是：心、爱、情、德，由此有人会问，这不与爱是一切的原动力相矛盾吗？其实，心是一种物理载体，承载着人的爱、情与德等，而正心是让这种物理载体产生正的化学反应，实际上正心是一个动宾词组，正心的结果与爱是吻合的，正心与真爱相伴相生，以心产生得爱，反过来促进正心，不必刻意正心就能达到正心的目的。这是爱带来的动能。有了爱，心自然就正；爱的充满与拥有的过程，就是正心修炼的过程。顺下来，由爱生情、由情积德、由德主为，都是靠心这个载体而实现的。并不影响和违反"爱"是一切动力的来源这一结论。

由爱主导的心正，其力量是强大的，有如思想之力、情感之力、道德之力、信仰之力，心的力量之主宰，可以决定和主宰自身的情绪、判断、行为以及人生之成败。由此可以得出一个初步结论，心力可以自主人生的命运主体，即可控的部分由心力可以做到，另外的部分则受外在环境、客观条件、不可抗力等因素影响和控制。

在《礼记·大学》里"欲修其身者，先正其心；欲正其心者，先诚其意；欲诚其意者，先致其知；致知在格物"。其物有本末，事有始终，知所先后，则近道矣。正所谓：格物、致知、诚意、正心、修身、齐家、治国、平天下。强调修己是治人的前提，修己的目的是齐家、治国、平天下，说明治国平天下和个人道德修养的内在联系。

这里，抄录英国威斯敏斯特教堂的一段碑文。一块很普通的墓碑，上面写道：

当我年轻的时候，我的想象力从没有受到过限制，我梦想改变这个世界。

当我成熟以后，我发现我不能改变这个世界，我将目光缩短了些，决定只改变我的国家。

当我进入暮年后，我发现我不能改变我的国家，我的最后愿望仅仅是改变一下我的家庭。但是，这也不可能。

当我躺在床上，行将就木时，我突然意识到：如果一开始我仅仅去改变我自己，然后作为一个榜样，我可能改变我的家庭；在家人的帮助和鼓励下，我可能为国家做一些事情。

然后谁知道呢？我甚至可能改变这个世界。

这段碑文意味深长，它能让我们联想到很多。

二十七

自我认知·自我评估·自我定位·自我管理

"自我认知"是自我意识的一种，是个体对自己存在的觉察，包括对自己心理、行为的认知和理解。它是一种比较高级的心理认知能力，只有接受过一定教育、积累智力经验达到一定程度的人，才有可能具备这种自我的认知。

生活在当下的人关键不在于有没有这种认知能力，而在于这种认知能力的大小和能否正确地认知自我。关于这一点，人与人之间区别还是比较大的。这种认知具体包括认识自己的生理状况（如身高、形态、体重等）、心理特征（如兴趣、能力、性格、气质等），以及自己与他人的关系（如自己与周围人们相处的关系、自己在集体或社会中的角色、所处位置等）。自我认知即对自我的一个画像，对自我的生活、工作影响非常大，所以它是很重要的人生课程。

我们常说，要说适当的话、做正确的事，其前提就是准确地自我认知。比如身高，若处于中等身高，除非篮球技巧非常好，否则，最好别加入篮球队；若体态较胖，别加入长短跑队；若性格内向言语较少，也最好别加入演讲团、话剧社；等等。自我认知的目的就是在弄清自己基本条件的基础上，对自己有一个正确的评价和定位，从而明白自己在什么场合、对什么人应该说什么话、做什么事，而且把话说对、把事做好。这对我们每一个人来说都是重要的。

自我认知往往有一些误区，一些人常常较多地高估自己，容易骄傲自满，也有许多人会低估自己，对自己信心不足。但是，走出这些误区，准确地认知自己，也是件不太容易的事。经过多年的思考、领悟，考虑实际生活工作的需要，我们一起来试试以下办法：

第一，不管自己什么身份，自己都是大众中的一员，没有什么能够随便超越他人的自我感觉，何况三人行必有我师，每个人既有优点也有不足，应该抱有向别人优点学习的态度和意识。即始终保持谦虚。

第二，勤奋加技巧是通向智慧、增强能力的有效途径。即只有勤奋是不够的，要有获取智慧和能力的悟性，尽可能找到那条最短、最快的路径到达目的地；只有技巧也是不够的，必须以勤奋作为前提才能打牢这一基础。至于勤奋与技巧，哪一个多哪一个少，因人因事因阶段而异。即勤奋技巧有效。

第三，兴趣是最好的助推器，信念是真正的力量源。保持探知未知领域和世界的兴趣，并相信自己，一定不会一直处于落伍与后进状态，总有超越自己、超越他人的机会、时限和可能性，并且完全有可能达到目标。即兴趣信念助推。

第四，追求没有止境，超越将是常态。实现了一个目标，下一个新目标又在等着，目标不会固化，往前就不会停止，这样的人生本来就是一种常态。人的唯一活法与不变的法则是永远往前的追求与超越。即持续超越自我。

由此，自我身份就有了明确的自我认定，这种认定不是固定不变的，而是动态转化的。其实，最好的自我认知还是自我所属的爱之主体和爱之受体，"人人爱我，我爱人人"，爱与被爱的身份才是最准确、最持久、最有效的自我认知。

"自我评估"主要是对自己的优缺点、优劣势的全面了解，包括对自己的学识、技巧、智商、情商的认知，以及对自己思维方式、领悟能力、道德水准和具备潜能的评价等，当然也应该包括体貌特征。

常言说，做人要有自知之明。自我评估准确与否，决定一个人在人群、社会中所言所语、所作所为的方式与尺度是否把握得适当。这种评估必须实事求是，恰当准确，有不足和欠缺的地方，正是进一步提高自身素质和能力的新起点。

阿兰·德波顿《身份的焦虑》中提到："人类对自身价值的判断有一种与生俱来的不确定性——我们对自己的认识在很大程度上取决于他人对我们的看法。我们的自我感觉和自我认同完全受制于周围的人对我们的评价。"

自我评估最直接、最简单、最有效的方法是自己在别人（所有角色）眼中、心中是一个什么样的印象和评价。但要检验自我评估是否正确，还需要在某些场景中进行测试，包括语言表达、事务处理、应急反应等。中国新民主主义革命取得成功，这其中党的领导核心起了关键作用，党内对于核心领导认定，是由核心平时所表现出的出类拔萃和巨大影响决定的。后来在党的核心的领导下取得了一个又一个的胜利，从而建立了新中国，完成了古今中外历史上最伟大的恢宏基业。这不是偶然的，而是核心的雄韬伟略、超凡能力并且能准确自我认识而决定了这一切。

如果不能准确自我评估，不能准确定位自己与他人之间的关系，则可能是话不适当，事不着调，与自己身份不符而偏向。当然，也不是自我评估准确，就一定能说对话、做对事，它只是一个必要的条件，还不是充分条件，还需相关因素综合发挥作用。

对自己具备潜能的评价是一个不太被人重视或重视得不够的问题。每一个人都具有潜质潜能潜力，而且大部分尚未充分展示和显露出来，有些人甚至所具备的这些潜质潜能潜力不可估量，可一生中未被发掘、没有发挥出作用，造成人的潜力的浪费。我们大多数人的潜力未被发挥出来是一个普遍现象。

所以，自我评估也包括自我潜力的评价并把握机会、创造条件去把它发挥出来，产生出为他人和社会的正能量、正贡献。正如爱默生《自我信赖》中说："上天赋予你的能力是独一无二的，只有当你自己努力尝试和运用时，才知道这份能力到底是什么。"

"自我定位"就是发现自己、认清自己在人群和社会中所处的位置及其角色分量。自我定位存在较大偏差的不在少数，定位过高者较多，表现为盲目自大，埋怨社会不公、缺少伯乐，导致意志缺乏、怨天尤人。自我定位是否准确，也是提升自我、继续前行的重要基础和起点。

就如台湾著名漫画家蔡志忠先生所说："大多数人在生活的跑道上都盲目地跟着别人跑，我觉得，要紧的是先停下来，退到跑道边，先反省自己，弄清楚我是谁？我能做什么？我怎么去做？然后，按照自己的方式去跑。"如此跑的效率更高、效果更好，类似"砍柴不误磨刀工"，为的是保持头脑清醒、思维清晰、行为自觉，达到独步也能合拍、独善可及众身之境界，避免盲目、盲从。

所处位置和角色分量决定自己的轻重程度，即是否重要和重要到什么程度？是可有可无，还是不可或缺、不可多得？本质上说，按照马斯洛的五层次需要论，自我价值实现是人的需求的最高层级，那么，人都是追求自身位置及分量之重的，位置越高和分量越重则表明价值越大。所以，人总是追求自己的重要性、价值性。

可以设想，我们如何向他人做自我介绍，或者想象怎样向别人介绍自己，尤其是作自我推荐，都要求有一个真实准确的自我定位。比如，在单位自己是普通员工，还是中层管理人员或者高管，在每一层级里又处于什么水准，是出类拔萃、大家公认，还是不上不下、处于中游，决定了自身的现状和今后的努力方向，而且努力必须是在现时所处的真实状况的基础上，确定一个未来合理的自我定位目标。

所以说，自我定位可以明确现状，找对方向，定准目标，从当下做起，从点滴做起，从现在开始，会越变越好。可谓平凡中挖潜力，努力中见真效，点滴中有进步，积累中求成功。自我定位由此而不断提高、循环上升，真正体验人的价值所在。

如果说，一个人对自我定位不完整、不准确，只是因为他还处在由不完整、不准确中寻找达到自我完整、自我准确的一个过程，最初的自我茫然到自我否定再到自我纠结，直到最后达到自我平衡、自我协调，这就是人生的必经过程。

"自我管理"又叫自我控制，是指个体对自己本身所思所想、所说所作、所达目标等进行的管理与控制，是自管自控、自警自励，最终实现自我奋斗目标的一个过程。也是一种自我选择的过程，是自我选择想什么、做什么、怎么做、做到什么程度的控制过程。通俗地说，是指利用个人内在力量改变行为的策略，普遍运用日常不断增加善意意识、积极行为的方法达到自我提升和自我实现的目的。

　　自我管理包括时间管理、知识管理、健康管理、关系管理、财务管理、工作管理、心理管理和目标管理等八大领域。因涉及的内容很多，这里说明几个比较重要的观点。

　　（一）时间管理：实际就是效率管理，单位时间内所获知识、精神、物资等资源的多少、大小。时间对每个人是公平的，运用却不公平，关键区别是时间的运用效率，特别是零碎时间的整体、有效利用（通过系统思维）。时间效率越高等于人的生命的延长。

　　（二）知识管理：

　　1. 无时无刻无处无人不能学习，尤其在"互联网＋"时代；

　　2. 人凡能感知的，都能学到知识；

　　3. 学习不一定获得有效知识，不学习肯定学不到知识；

　　4. 有知识不一定成功，没有知识一般不能取得成功，更不能持续成功；

　　5. 获得知识的关键在于通过了解、认知并且思考、探求，从而找出事物之间的内在联系和规律；

　　6. 仅仅记住的不是知识，理解是获得知识的基础，运用是获得知识的目的；

　　7. 把知识分类储存在大脑的不同区域，可存取可替代可更新；

　　8. 读什么样作者的书，相当于交什么样的朋友；

　　9. 与人沟通交流也是获得知识的一个渠道；

　　10. 远足去了解世界，可以获取更多直观知识。

　　（三）思维管理：

　　1. 世上万事万物万人相联系；

　　2. 宇宙间从古至今，都是一条永恒流淌的河流；

　　3. 有什么样的思路决定什么样的出路，即思维层次与方向决定行为路径与方式；

4.思维从来就没有被固化过，要有固化都是被思维本身固化了。

（四）健康管理：分为身体健康与心理健康。

没有好的心理，就不会有好的身体。一般来说，人的身体受遗传基因、吃喝饮食、空气呼吸、憋气心塞、生气胸堵等因素影响，但心理是自我可调可控的，比如通过换位心理、多向心理、不更坏心理、排除无用心理等，从而达到心理健康。心理健康直接影响身体健康，且影响作用占据较大比重。

（五）关系管理：关键是有效沟通、情感导向、道德取向、净心通达，从而引导和促进各种关系的管理。这些关系分为家庭、工作、朋友关系等，还包括与陌生人关系（前面章节已有探讨）。

还有其他几种自我管理，这里就不一一探讨了。

自我管理尽管每个人都存在综合差异化，但要最大化地利用自身资源和自我潜能，发挥出最大效用，取得最大可能的成功。从另一角度说，自我管理包括言谈举止、品行素质、知识能力、人际关系以及事业发展等方面的管理。

综上，自我认识是主观自我对客观自我的认识，包括对自己身心特征的认识；自我评价是在这个基础上对自己作出的某种判断，判断失误，容易导致个体与周围人们之间的关系失去平衡、产生矛盾，产生自满或自卑；自我定位是确定自己位置和角色分量，从中寻求自知、自尊、自信而不自卑、不自傲、不自狂，从定位中还要懂得敬畏意识和如何敬畏；自我管理，包括主动作用和阻止作用，自我管理常常产生倍数效用，放大作用非常明显。而被动的外在管理对自己而言，既属被动又相对难以发挥作用。由此，我们更多地提倡由被动接受外在管理向主动实施自我管理转变，尽量领会外在正当管理的意图，把这种意图对接、转化为自觉的自我管理。按照"内因是事物变化的根据，外因是事物变化的条件，外因通过内因起作用"的辩证原理，自我内部积极适应，主动调节，自我约束，适时管控，那么，自我管理通过积极支配与主动抑制相结合的方式来实施和控制行为，往往发挥事半功倍之效。

自我管理并不排除学会如何借助于外部管理资源和能量，来提升自我管理的能力和效果。即是自我管理与外在管理相互融合、把握得当、利用合理，可以良性互动、互相促进、整体提升。

二十八

人尽其才·物尽其用·用尽其能·能尽其效

"人尽其才"是指每个人都可以充分发挥自己的所有才华和能力,包括人的潜能。《淮南子·兵略训》:"若乃人尽其才,悉用其力。"

每个人在自己生存的现实里都扮演着各自不同的角色,都具有各自不同的特点,包括具备的能力与才干。古人讲的"三人行,必有我师",从另一角度说明每个人都有自身的优点、优势和长处,至少在某一点、某一方面能表现出自己的能力和才干,运用得当,一定会为他人和社会贡献自己更多的力量。一般原理告诉我们:理想的社会是每一个人都能尽其才。这就要求建立一种人尽其才的社会机制,尽可能让多数人或者人的绝大部分才能在实际生活和工作中都发挥出来,是社会发展的动力所在。

我们常听人抱怨,能人难寻。其实能人并不少,而是:一要用心去发现,尤其发现人的潜能;二靠培养,通过引导、培训、教育、锻炼多种方式让一个人提升而成为能人;三靠发挥,在合适的岗位干合适的事,关键是发挥人的特长、优势,尽管有缺点和不足,照样是能人,照样干成事。

这里有一个很重要的却容易被人忽视的问题,即从哪个角度、用什么眼光看人。用人者能,则用能人;用人者善,则善用人。用智慧之眼、善人之心看人,则多数人都是可爱之人、可用之处的,即使不被看好的人,在安排得当、使用到位的情况下,也能被改变、改造、转化,成为有用之才。当然人尽其才,一个重要标准或者说关键前提,还是以德为先,有德之人,人尽其才,才尽其用。否则方向相反，能量越大，离目标则越远。用人者德才兼备，具人格魅力，也会无形感化、示范、引导、影响身边人甚至社会人。所以，不能否认德才兼备之人所具有的巨大引导和影响作用。

另外，人尽其才，主要还是靠我们每一个人自己，要不断积累、增强才干，提升能力、水平，还要懂得自身具备了才干没有马上被伯乐识荐，不必气馁，被识荐是需要机遇和过程的，何况自己作为一个时刻准备展示和发挥自身价值和作用的人，一定可以抓住机会，还可以适当创造机会去展示和发挥。即使不去刻意展示和发挥，总有某个时间和机遇会让自己展露。应验一句话：是金子总会发光的。

我国历史上能人辈出，说明能人不缺，缺的是识才之人、显才之世和用才之道。如春秋战国时期，诸侯国众多，战乱不休，加之诸子百家涌现，影响中国几千年甚至影响世界的孔子、老子、孟子应时而生，秦始皇、齐桓公、楚庄王等五霸中的帝王，管仲、商鞅、屈原等一代名人名臣，乐毅、孙武、孙膑、吴起等世尊兵家，等等，霸王良才，繁星众多，影响深远，不失为我国古代"人尽其才"的例子。

"物尽其用"是指各种东西凡有可用之处，都要尽量利用。即各类资源充分利用，不致浪费。孙中山先生曾说过："做到人尽其才，物尽其用，地尽其利，货尽其通。"可以说是一个社会或一个国家资源的综合效用之体现。

具体到一个人而言，人尽其才，物尽其用，即是人的生命效率之组成部分。在一个人的生命旅程中，怎么样才能做到物尽其用呢？道家哲学提倡"大道至简"，表明真正的大道理（指基本原理方法和规律）极其简单明了，简单到也许用一句话就能说得明白，一眼就能看得清晰，一事就能显得精深。博大、深奥、纷繁之道，用简易、质朴、浅显之表达，才是对道理最准确、最深刻的理解，也表现对道理的运用与实践上，最终都要归于简单，尽管在归于简单之前，要经过一个复杂的过程，甚至还要经历数次再简单、再复杂的过程。

所以，物尽其用，一方面本意是让自身所拥有的物资、财富资源尽可能发挥其最大效用；另一方面是因自己生活至简、大道至简而把更多的物奉献出来为他人、为社会共享并尽其所用，这些物才真正用在它最需要的地方，效用自然显示，效果自然就好。

那么，怎样才能做到这一点呢？我们应该具有什么样的理念才能做得到呢？

我们每一个人每天所面临的现实生活、工作看似不简单，甚至还比较复杂。但是，不同的人对于简单与复杂的理解也不一样，比如对同一种生活，有的人觉得很复杂，有的人认为很简单，为什么会出现这种情况呢？那是因为一方面，一个人所处的认识阶段不同，对生活的理解不同，还处于内心复杂、看人看事看物也觉得复杂的初步阶段；另一方面，由于心中缺少爱人之心，导致把本来简单的生活想象得很复杂。生活因爱而简单，比如，从总体上看人与人的关系并不复杂，尽管从细节上看有一定的复杂性，但是一部分人把人的关系想象的过于复杂了，使得处理关系的心理负担很重，不符合人际关系简单化的原理。大道至简既涉及人与物也包括人与人的简单关系。

做到物尽其用，是在更大的格局上体现为他人为社会所用，为他人和社会付出真心、做出贡献，虽然简单但不平凡，所体现的人生价值更大。付出，实则是得到，奉献的是物，回报的是德，付出的是心，得到的是爱。爱才是值得人生追求的真正目标。

日常生活中，个人简单生活体现为个人所消费的物品少的程度，所消耗的成本低的程度。个人生活无非就是吃喝穿用等，实际上吃喝讲营养和效用，而不在乎昂贵、排场，更不能浪费（我们传统的饮食习惯易导致浪费）；穿讲保暖、舒适与美感，用讲方便、实用、功效等，而不在于豪华、奢侈和品牌。客观上，这些东西最终都是为精神享受、灵魂愉悦、自身价值服务的，也只有精神、灵魂与价值才是永久的，而再好的物都是身外之物。由此得出一个结论：一个人可以创造很多的财富，这些财富除了满足自身和家人的需求外，其实都是在为他人、为社会而创造的，尽管所有者权属并不发生改变，但最终财富流动、使用的过程及由此产生的就业、税收、经济增长等增值效应，也在为他人和社会服务。尤其是慈善家正是如此想、如此做并由直接捐献去体现为他人和社会服务的自我价值的。

"用尽其能"，包括人的才干和物的功效，都要充分发挥出它的作用与能量来，为生活和工作服务。

对人而言，人们总是希望自己更有能力和才干，还能把它发挥出来，在为社会作贡献的同时，既能体现出自我价值，还能取得用于生活等各方面开支的需要，去追求和创造美好生活。所以，用尽其能，既是人的外在物质要求，又是人的内心精神追求。一方面合适的人干合适的事，而且放在合适的岗位和平台上使用，用人当如此；另一方面发挥才干的外在机制和内在动力都需要完善、加强，内外兼有，相得益彰。

重要的是自己主观能动性的发挥，在有条件有机会时要充分发挥，在没有条件没有机会时应该创造条件、创造机会去发挥，这种创造能量的发挥不以仅仅达到个人目的为目的，即不以自私为目的，而是以心中的大爱作为动机提升价值境界，才能更好地去体现和实现用尽其能。

这里的"能"一定包括潜能。一个人的潜能是巨大的，但不能用某个具体指标来测量和计算，能力和潜能加起来，才能完整表达"用尽其能"的含义。未来应该期待大家对潜能发挥的重视。

"能尽其效"即善用其效，尽享其能。犹如唐代魏征《谏太宗十思疏》中的"智者尽其谋，勇者竭其力，仁者播其惠，信者效其忠"。文武并用，仁信齐治。

无论是人才还是物力，无论是用所能还是见其效，落脚点都在尽其效上，即要有实实在在的效果并充分发挥出效用。我们追求的是好的效果、成功的效果、最后的效果。在这一点上，有人有一个误区，即对于失败总是去找客观原因和他人之责，其实，只要是与自己有关特别是自己主导的事，如果失败，都应该首先找自己的问题，反省自己存在什么差错。即使有客观原因，首先也要找主观原因，目的是明白在主观上应该吸取什么教训，下一步应该怎么解决主观问题，包括怎么充分估计客观困难和阻力，并制定严谨周密的预案，提供各种条件和制定相关措施预防，问题呈现了怎么解决。即使有他人的原因导致失败，也不用简单指责，因为自己作为参与者也是有责任的。这时需要的是大家实事求是地分析各种主客观原因，并商量研究解决问题的后续弥补措施。打个比方，一场战役输了，如果总结说是因为地形太复杂、敌人火力太猛等原因，那就应该问了，在战役之前，有没有研究地形和预判敌人火力呢？所以，还是因为研究不够、判断不准造成失败的，前面说的理由都不成立。战役输了，阵地丢了，战士也有牺牲的，仅仅找客观理由已没有任何意义。应该找自身主观原因，关键是从失败中吸取足够的教训，为下一场战役做好充分的准备，才是正道。那么，我们要聚集各方面资源（包括军情信息、兵力武器、火力装备等资源），发挥各方面能量，真正做到能尽其效，打有准备之仗，胜利才有望，胜券就可握。

战役如此，人生亦如此。只有寻找自身主观原因，不断地反省自警，才能吃一堑、长一智，才能持续地总结、提升才干和能力，才能保证最终效用和效果。

二十九

真诚善良·尊重敬畏·感恩付出·奉献牺牲

这是从"德"的四层境界所做的描述。我以为,真诚善良是对一个人是否有"德"的基本要求。通俗讲,以德报怨或者是以善待恶是"德"的最高境界,相当于标题中"奉献牺牲"这一层次。

孔子倡导"仁爱",并且从此"仁"成为中华民族的"公德"和"恒德"。从本质上讲,"仁"是把"爱人"作为道德的根本要求,把"天下归仁"作为社会道德理想。讲人与人的关系实质就是讲人与人的爱,如对父母之爱、对子女之爱、对兄弟姐妹之爱,进而推及对他人之爱。这已成为几千年来中华民族传统理念、主要价值取向和根本道德要求,渗透于中华民族的血液中,刻入在中华民族的骨髓里,铸就了中华民族的特殊品质,由此推及"仁义礼智信、忠孝节勇和"。

从"仁爱"看来,与本书所讲的主题"爱度融合"有同工之妙,只是对"爱"的定位与"度"的融合有不同而已。本书不仅是把"爱"定义为道德的根本要求,还上升到人类的共有价值和同一信仰,在一定程度上超越了"德"的范畴;另外,本书还强调爱的方式、方法、途径、能力和尺度与爱的真正融合,而儒家在强调爱的基础上,没有明确指出和阐述二者的融合问题。

其实,爱是德的基础,德来源于爱,且由情作为中间载体;没有爱,很难想象德是怎样存在于一个人内心的。即由"心"作为载体的"爱"而产生"情",由"情"生出和决定"德",而"德"可以分为标题所述的四个层次。

"真诚善良"中真诚是指真心实意、坦诚相待以从心底感化他人而最终获得他人的信任。其反义词是虚伪、虚假、质疑、计谋。《汉武帝内传》说："至念道臻，寂感真诚。"曾国藩先生曾经给"诚"下定义为一念不生是谓诚，故"诚于中，必能形于外"。真诚就是内心纯净无染，表现于外就是真实不虚、率真自然、心怀坦荡、正直无私。实际上，人生一世，与无数人交往，如做不到"诚"，是因为心有杂念私欲且不可坦然面对别人，这与人的素质锤炼和道德修养有关，也与个人的能力能量和心胸宽度有关。打一个比方，一个成年人与一个几岁孩童交流沟通，一般不会计较孩童的无知过失或对自己的蛮横无理，一般都会对孩童理解和原谅，还会报以一笑而过，这里面一个重要原因是对于孩童的能力能量与自己比相差较大而没有必要计较或计较没有意义，何况对自己造成不了实质性的负面影响。殊不知一个人大量的日常生活、工作中的社会交往为什么有许多的计较而苦闷、烦恼、纠结呢？恐怕除了自身的锤炼修养外，自己因能力能量不够强大或者不比交往的对象强大，担心对自己造成实质负面影响而陷于计较之中有关吧。即使自己能力能量不够强大，而不以真诚相待甚至容易计较，导致烦恼、忧虑，那我想问一下，这样的计较到底有没有用？有什么益处没有？答案应该是没有，或者说没有设想的那么大。即使有影响，那也只是导致坏了心情。反过来，是不是不计较，就可以什么都不用做，也不是。唯一要做的是先反省自己的问题、缺点或不足，再确定该吸取哪些教训，下次应该用什么样的正确方法真诚对待、与人交往并提升自己，尤其是要让自己怎样变得越来越强大，能够时常用自己强大的能量去帮助更多的人，才会减少因出现不真诚而误会、计较甚至产生意见、矛盾。而且要相信自己，面对别人的不真诚，不能因此而改变自己的真诚，就像有人说的"不能用别人的错误来惩罚自己"，任何情况下都要做好自己，初心不改，意念不变。何况一个人真正的真诚，一定可以通过时间持久和正确方式感动、感化别人的。这也许就是真诚气质所产生的强大气场吧！有人说，这是不是阿Q精神，不是！这是德的一种高境界！

当然，真诚并不否认特殊情况下善意的谎言，这要以事情的结果是好是坏作为判断的依据，如果有必要，偶尔需要用善意的谎言来促成达到好的结果。比如，医生对于一个检查得了重症的病人，并不马上告知病人这一结果，就是担心影响病人情绪而对治疗不利，其实，这也体现了人际交往中尊重、热心、有情的爱的特质。如果一个人与任何一个人交往都把它看成一次心理咨询和辅导，有这个认识高度的人需要有强大的内心和宽广的胸怀做支撑，但这种主动作为不失为一个把双方关系视为咨询、安抚对象，从而建立良好关系的非常好的角色定位，就像阳光雨露般温暖人心，净化灵魂。

不管怎样说，诚是立身处世的基本德行，其力量至成致远。人与人之间的任何对立与冲突，都能在真诚的言行中化解；任何怨恨与不满，都能在真诚的关怀中消融；任何困顿与厌倦，都能在真诚的互爱中消除；任何猜忌与误会，都能在真诚的交流中释怀。故真诚是为人处世成败的基础，必须随于心、付于行。正如《孟子·公孙丑》所说："以德服人者，中心悦而诚服也。"

当然，真诚不仅指语言的表达，更多的在于行为。少说多做是真诚最好的表达，而且应表达适度，恰恰真正的真诚一定是适度相宜、自然流露、自信谦和、和风细雨、氛围融洽的。

"真诚善良"中的善良是指心地纯洁和善、纯真温厚、没有恶意。其反义词为邪恶、凶狠、阴险、恶毒、奸诈等。美国作家马克·吐温称善良为一种世界通用的语言，盲人可以"看得到"、聋人可以"听得到"，任何人可以感知到。善良不仅是一种道德，也是一种智慧、一种远见、一种自信，更是一种乐观的、深厚的文化底蕴。正如雨果说的"善良的心就是太阳"，托尔斯泰说的"生活中的善越多，生活本身的情趣也越多"，罗曼·罗兰说"灵魂最美的音乐是善良"，卢梭说"善良的行为使人的灵魂变得高尚"，马克·吐温还说"善良的、忠心的、心里充满着爱的人不断地给人间带来幸福"，等等，都富有深刻的人生哲理，闪烁着人性的伟大光辉。

前面我们提到过，人不是性本善，也不是性本恶，而是性本多善，即是人生来有善有恶，而善多于恶，这个世界才呈现出从古至今的历史和现实模样。我们要做的永远是从道德层面抑恶扬善，让社会和世界更加富有美感和充满美好，尽管可能这个社会和世界一直不能消除恶而只留下善，但善与恶的斗争从未停止过，抑恶扬善的信念我们从未失去过，人类从古至今包括将来都会坚守，不会改变。

有人说过，真善的人几乎优于伟大的人，这里暂且不去评论真善与伟大之间的关系，一般来说可能永久伟大的人不会不善良，虽然善良的人不一定做出惊天骇俗的伟大事情，但善良一定是持续的，伴随人一生的，发自于内心的。而一个真正伟大的人，他不仅曾经是或者一个阶段是，也不仅在某件事情上是和某种环境下是真善的，而是一直都是、对所有人所有事也是真善的。不管生前或死后，只有永久伟大的人，才与善良永随，才与善良同在。也许善良微不足道，比如开车时路遇相让别人、停车时给邻车多留点空间距离、进电梯多等一下电梯外的人、过弹拉门时等一下跟随的人一起过、见到人包括陌生人打照面时许以微笑，等等，留给他人和社会的则是善良之光辉和美好之印象。曾记得有两则小故事发人深思。一则是，一场暴风雨后，成千上万条鱼被卷到海滩上，一个小男孩每捡到一条便送回海水里，一位路过的老人对他说："你一个人捡不完的。"小男孩一边捡一边说："起码我捡到的鱼，它们得到了新的生命。"老人沉思良久，便与小男孩一起捡起来。另外一则是，巴西丛林里一位猎人射杀一只豹子后，竟看到这只豹子拖着流出肠子的身躯，爬了近半个小时来到两只幼豹面前，喂了最后一口奶后倒了下来，只剩下幼豹的稚嫩哀嚎声，看到这一幕，这位猎人流着眼泪折断了猎枪。如果说前一个故事讲的是善良的圣洁，那后一个故事中猎人的良心发现，则不失为一种追善犹未晚矣、善莫大焉。其实生活中的善良更多地表现为多一些理解、多一些谦让、多一些包容、多一些同情。

善良会表露在人的眼神、表情、容颜，伪善不可能被遮住、掩盖，一时装善得逞，但迟早会显露无疑，不知道伪善归根结底有什么好处，最多是暂时的好处，也只能是暂时吧，能给人带来最终什么样的好处？检验最终是好是坏，不是单靠物资和经济利益，而是精神的充实、安逸、纯净所带来的灵魂享受。所以，真正带来好处和收益的是真善，不仅为别人，而且对自己；不仅外在表现，而且对内心深处，都不会例外。因为人的价值的自我实现，是因为人的被需要，只有被需要和能够被"利用"，才能体现真正的自我价值，善良就是被需要、被"利用"最好的媒介、最有效的桥梁。唯有真善才能持续长久，唯有真善才能快乐幸福，唯有真善才能自由自在，唯有真善才能无忧无虑。

"真诚善良"连在一起作为道德的第一层基本要求，与人生而性本多善相关联，真诚善良多来源于本性，一部分也需要后来的修为，这与奉献牺牲需要人生不断的修炼、领悟有所不同。如果一个人连真诚善良都达不到，那就只能说这个人无德了，更谈不上对德的更高境界的追求。

"尊重敬畏"中尊重是指尊敬和重视，古代是指将对方视为必须尊敬和重视的心态及言行。现在已引申为平等相敬之意。

现实生活工作中，"把别人看高，把自己看低；把事业看高，把职位看低。"说的就是尊重他人，这里并没有与作为其担任的职责相混淆。这本身就是辩证的，既要负起应有的责任，该管则管，又要尊重上级、尊重同事、尊重下级，严管与尊重并不矛盾，正可以验证和说明民主集中之含义。敢做决策与发扬民主二者也不矛盾，恰恰是辩证法的最好运用。

尊重他人是一种高尚的美德，是个人内在修养的外在表现，在生活和工作中，耐心倾听不打断是尊重，平静微笑以对是尊重，对相关规定和法律制度的遵守是尊重，对同事和普通百姓包括路遇陌生人以诚对待、友好相处是尊重，对他人取得成绩、功成名就给以赞扬祝贺而不是嫉妒贬低是尊重，对情趣相投的人多给鼓励是尊重，对性格不合的人心存宽容同样也是尊重。对于一部分人借口真诚、直率之名动以居高临下、评头论足、批评指责之做法与他人交往，只能说是毫无尊重感，这种所谓的真诚、直率是虚诚伪真，是个人素质、修养不好不够的表现。不懂得尊重他人，迟早情离友散。对于一个领导者而言，同事可能是貌合神离，下属可能是口服心不服，只有负面效果没有正面好处。

尊重他人还体现在个人衣着、文明用语、礼貌行为、举手投足等细节方面。包容他人的过错，适时指出并帮助改正而不是简单粗暴地指责，更是一种难得的尊重。尊人之人常被尊，贬人之人易遭贬。

一个拥有和充满爱的人，就不存在具不具有尊重他人的动机问题，爱是尊重的基础和前提，有爱必有尊，发自内心的尊重也必然有爱作支撑，否则，即使有尊重，可能只是一时对一人一事的尊重，可不是持续的，只是偶然的表象。

我们还提倡尊重自己，与本书里所提到的自爱是一致的。尊重自己和自爱一定会对自己要求更严、标准更高，并且让这些成为自己提升道德、能力和水平的动力之源，以便更好地为他人和社会所"利用"、作贡献。尊重自己即自尊自爱，包括在身体生理、知识智慧、精神健康、关系处理和氛围营造等各个方面，以此来增强尊重别人的能力，增加自力自信的勇气，增添得到尊重的可能性。

"尊重敬畏"中的敬畏是指人对待他人和事物的一种严肃、认真、谨慎和尊敬的态度。如敬畏生命、敬畏父母、敬畏组织、敬畏权威、敬畏领导、敬畏法律、敬畏制度、敬畏自然、敬畏群众等。敬畏不只是害怕、恐惧，还包括敬服、畏戒、畏威之意，如小心谨慎、尊敬诚勉、警示自励，是自己对他人和事物的积极态度和自觉行为，而不是消极接受和被迫畏惧。

敬畏之意在于警诫、约束自己，明方孝孺有言："凡善怕者，必身有所正，言有所规，行有所止，偶有逾矩，亦不出大格。"心存敬畏，行有所止，意味着为人处世要有戒尺、底线而不逾越，要懂得敬重和畏惧，有所为有所不为。子曰："君子有三畏，畏天命，畏大人，畏圣人之言，小人不知天命而不畏也。"敬畏权威，是指对当权者而言，权力是属于谁的就应该敬畏谁，任何一个国家、一个组织、一个部门、一个单位领导的权力都来自所领导和服务的对象，如国家的权力来自这个国家的人民，则权力必须为最广大的给予权力的人民大众服务，就得敬畏他们，敬畏他们得从敬畏由人民大众给的权力开始和着手，拥有和履行这种权力的人就要如临深渊、如履薄冰、如坐针毡。这种敬畏体现为只有公心不能有私欲，体现为高度的自觉，体现为严格的自我约束，体现为具体的行动，最终体现为人民大众的口碑、评价上。

人们都懂得，一生平安最重要。人生是按平安、健康、家庭、事业、快乐这样的顺序而走向幸福的，但如何才能保证自己一生平安呢？敬畏之心是最为重要和关键的，一个人如果没有敬畏之心，就会无所顾忌，为所欲为，甚至丧失人性，干出伤天害理的事。我们对待人生心存敬畏，为人处世从最坏处着想，从最好处着手，把困难和问题想得多一些、深一些，增强自己的敬畏感。遇大事和重要事除了果敢决策、勇于担责外，更重要的是谨小慎微、小心翼翼；遇人生的荣誉和好处则诚惶诚恐、心怀感恩、低调谦虚，始终保持一种神圣感，人生就不会轻易和随便犯错，至少不会犯大错。据记载，唐太宗李世民一代明皇曾说——天子可以自认为圣贵崇高，有所畏惧。当今位高权重的人更应该谦逊恭谨，经常心怀畏惧。对于一个拥万乘之差、操生杀大权的部分君王，尚能想到、说到、做到敬畏，我们当今时代的各级官员、管理者更应如此。正因为怀有敬畏，使得唐太宗常警常醒，心有所戒，纳谏如流，励精图治，才创造了"贞观之治"的伟大时代和辉煌事业。

敬畏之心还体现为一种人生态度、行为准则，尤其是因贪恋导致的腐败，教训可谓不少。这里借用《曾国藩家书》中的一段话："不要以为家里人有人做大官就敢欺侮人；不要以为自己有点学问，就敢恃才傲物；在顺利之时，更不要忘乎所以，很多人身败名裂就是不知道顾忌。"正如古人说的"畏则不敢肆而德以成，无畏则从其所欲而及于祸"。充分证明敬畏之于平安无论对于个人还是组织、国家而言，这种相互关联关系是再明白不过了。

一个人尤其是具有权力的官员保有一颗小心谨慎的敬畏之心，加之对他人的真诚善良之德，怀有对大众和社会的大爱真爱之情，就不可能有贪腐之行、走贪腐之路、酿贪腐之果。

"尊重敬畏"相辅相成，虽有程度上的递进，但也不可分割，共同形成一种完整的较高道德境界。

"感恩付出"中的感恩是对他人的恩惠表示感谢，带着一颗真诚的心去回馈、报答别人的支持、帮助。感恩是一种处世哲学，是生活中的大智慧，也是一个人做人的重要道德要求。学会感恩，为自己已有的而感恩，感恩生活、感恩他人、感恩社会给予我们的一切，同时，不必为自己所没有的东西而忧愁、伤心并计较，更不会因欲得到、索取导致私欲膨胀。这样才会有一个积极的人生观，才是一种健康的心态。感恩既是那些具体、直接帮助过自己的特定人，也包括那些间接帮助、营造和谐氛围的人和组织，同时还包括自己的国家、所处的社会和周围的人们，还有大自然赋予人类的丰富和伟大资源等。俗话讲：滴水之恩，当涌泉相报；谁言寸草心，报得三春晖；衔环结草，以恩报德；投之以桃，报之以李；

吃水不忘挖井人。讲的都是这个道理。

感恩是人性的本质特征，也是社会生活的必然要求。人生在世，经常会遇到困难挑战，不可能一帆风顺，种种失败、无奈都需要我们直接面对、豁达处理。如果怨天尤人、责怪不公，则情绪消沉、萎靡不振，结果可想而知，即一事无成。如果一个人对生活充满感恩，必怀激情，阳光就不会褪去，即使跌倒失败，一定可以从哪里跌倒就从哪里爬起，在什么方面失败就从什么方面入手，重振其鼓，再续辉煌，成功就在不远处等着。

心怀感恩，对失败则是多找自身原因和差距，遇不幸则会自我安慰、自我鼓励；对挑战则能激发热情与勇气，进而获得前进的动力。这就是人们常说的人所充满的正能量很大程度上来源于对生活、生命的感恩，这种感恩，是一首首歌唱生活生命的乐曲，谱写了对生活的热爱与希望之情。

感恩还包括自己曾经的对手或对立面，也许委屈过、被打击过、受过冤枉，甚至影响了生活、工作和进步，但是每个人在这个社会生存、生活，避免不了遇到这样的人和事，只是程度不同罢了。换个角度想想，这样的人和事包括我们曾经历过的曲折与失败实际上帮助锤炼了自己坚强的意志，帮助提醒自己要更加严格要求自己，更加谦虚做人谨慎做事，帮助告诫自己一定要尽快提升和强大自己，让自己越来越优秀、越来越能干、越来越强大，并且越来越对周边人以及社会起到正面的引导和推进作用，影响力也会逐渐增强。感恩一切成就自己的成长成熟，最终被他人和社会认可，证明自己具备进步和干成更大事业的基础和可能。

感恩不分年龄、性别、官位、财富，也不管生活在何时何地、处于什么环境，从事什么职业、工作，或者曾经有过怎样的经历，唯有不变的是拥有一颗感恩的心，去自我消解内心所有积怨，洗涤世间附着的尘埃，温暖人际关系的冷淡，坚信善良爱心的感动。那么，发自内心的宽容、针对压力的承受、对于主动的付出而懂得真诚的回报。由此，再放眼望去，这个世界的风景和人们的生活如此美好！

感恩同样具有循环链效应，其传递的影响作用不可低估。从感恩的循环规律而言，必然是感恩的无限延伸、力量的不断增强，还有抱怨责怪的逐步减少、忘恩负义的消失蔽除，还包括感恩传递的循环作用。据传 19 世纪 90 年代前后的某天下午，在英国一个乡村的田野，一位贫困的农民正在劳作。忽然，他听到远处传来呼救的声音，原来，一名少年不幸落水了。农民不假思索、奋不顾身地跳入水中救人，孩子得救了。后来大家才知道，这个获救的孩子是一个贵族公子。几天后，老贵族亲自带着礼物登门感谢，农民却拒绝了这份厚礼。在他看来，当时救人只是出于自己的良心，自己并不能因为对方出身高贵就贪恋别人的财物。这样，老贵族因为敬佩农民的善良与高尚并感谢他的恩德，决定资助农民的儿子到伦敦去接受高等教育。农民接受了这份馈赠，能让自己的孩子受到良好的教育是他多年来的梦想。多年后，农民的儿子从伦敦圣玛丽学院毕业，因品学兼优、事业有成，后来被英国皇家授勋封爵，并获得 1945 年的诺贝尔医学奖。他就是亚历山大·弗莱明，青霉素的发明者。那名贵族公子也长大了，在第二次世界大战期间患上严重的肺炎，但幸运的是依靠青霉素，他很快就痊愈了。这名贵族公子就是英国首相丘吉尔。这个奇迹般的感恩行善、因果轮回的奇特故事，不仅为自己和后代播下善种，还为国家造就栋梁伟人。值得我们沉思静悟。

"感恩付出"中的付出有交出、支付之意，也就是用自己的所能所有为他人贡献出来，使他人从中得到、收获，或者是自己想得到什么必须要先付出勤奋努力、辛劳汗水。而且得到与付出是成正比关系的。

真正的付出不必去想得到回报，尽管它一定或早或迟、或多或少得到反射性的回报，因为付出本身对于一个德高的人来说是一种充实快乐、一种满足幸福，本身是另外一种形式的收获，就好比在黑暗中点亮灯塔，照亮他人的同时也照亮自己，是灵魂与精神的收获。

俗话说：一分耕耘，一分收获；种瓜得瓜，种豆得豆；读书破万卷，下笔如有神；宝剑锋从磨砺出，梅花香自苦寒来；忍一时风平浪静，退一步海阔天空；等等。说明付出与收获是因果关系。此文中主要强调为他人付出，是从道德层面作阐述的。即使付出，也不一定都能被理解甚至还有误解，所以，真心付出不必想到回报，不被理解甚至误解也不会改变自己的继续真心付出，因为真心付出过程本身的收获不是靠结果或回报多少来衡量的，付出本身的价值远大于别人认可和回报的价值，而持续永久的付出最终一定会被认可，从而积累更多的善良、传播更多的道德、得到更多的尊敬。赠人玫瑰，手留余香。

付出的原动力同样来源于爱。

"感恩付出"其实是一对孪生关系，有感恩就会付出，要付出必定有感恩之心；感恩是心态，付出是行动；感恩是付出的直接动力，付出是感恩的必然结果。我们把感恩付出定位为德的第三层境界。

"奉献牺牲"是道德最高境界的一种表述。既然把自身置于奉献牺牲的位置，那就与古人讲的以德报怨和本书中前面提到的以善待恶之标准完全吻合，当然，以善待恶并不是无原则的。"奉献"是指恭敬地给予、呈献，意思是为别人默默付出，心甘情愿，不图回报。奉献其实是一种爱，是对自己不求回报的无私之爱和全身心的付出，爱又意味着奉献，意味着把自己心灵和身体的力量献给所爱的人，为所爱的人创造快乐与幸福。

奉献乃是生活的真实意义。奉献是无欲无私的真正体现，刚正与无畏是人们活着的追求与向往，把人生的真实意义融入于奉献里，正是伟大品德的标杆写照。

我国古代诗词里描写奉献精神的有许多，如："春蚕到死丝方尽，蜡炬成灰泪始干。"（唐·李商隐《无题》）"衣带渐宽终不悔，为伊消得人憔悴。"（宋·柳永《蝶恋花》）"人生自古谁无死，留取丹心照汗青。"（宋·文天祥《过零丁洋》）"粉身碎骨浑不怕，要留清白在人间。"（明·于谦《石灰吟》）。奉献从古到今从未停止、间断过，即使我们今天所得到、所享受的美好生活、丰富资源，都是由一代一代的人通过奉献传承下来的，人类的发展、社会的进步，必定靠大多数人去奉献，没有人奉献就不可能有人得到，没有奉献在先，也就没有什么东西可以得到。只有奉献者的无私奉献，付出青春、智慧、汗水、热情，甚至是爱心和生命，在造就极大的物质和精神财富的同时，也赢得他人的尊敬、爱戴，永远被人们和历史铭记，也获得人生崇高的情感和生命的延续，其生命的价值已不仅仅是由实际的寿命来计算衡量，而是由他们的精神、灵魂影响力来决定，甚至伴随人类的繁衍、发展不曾停止，永垂不朽，为人类积累的财富特别是精神财富取之不尽用之不竭。

社会需要有这样奉献精神的人，雷锋就是一个典型和榜样。奉献不一定要做出惊天动地的大事，它往往体现在生活、工作中的点点滴滴、默默无闻，其示范作用也是具有强大的引领、号召效应，影响着各种人群和方方面面，让更多的人在享受美好生活的同时记住他们、怀念他们。奉献者由此和从中证明人活着的真正意义。

"奉献牺牲"中的牺牲，虽然在古代用来所指祭祀或祭祀用品，但现代意义是指为坚持信仰和正义目的奉献自己的一切，甚至舍弃自己的生命。可见，这是人类视为最尊贵、最珍惜的生命之舍弃，连生命都可不要，还有什么更宝贵的呢？那当然就是人所追求的品德和信仰的最高境界，无可比拟。既然具有可以舍弃一切的崇高，那以德报怨、以善待恶就不难做到，即不记曾经的怨和恨，不惩他人的过和错，也不纵别人的伪和恶，对于任何人都给予善心和德行。这是一种厚德，也许不是所有人做得到，但一定有人既有心又有行，并作为自己毕生追求的厚德的目标。其实有爱之人携真善之心，要做到这点不是什么难事。

从另一方面讲，我们并不提倡无原则、无底线的以德报怨、以善待恶，不能助长怨、恶的肆意横行。如果"无原则、无底线"，那德的高境界就不是德的应有本意了，就容易起到相反的作用，得到相反的结果。"子曰：'何以报德？以直报怨，以德报德'"（《论语·宪问》），这是多数情况下普遍掌握的原则和尺度，即"度"的把控，讲究方式、方法和分寸，这与我们提倡的最高境界以德报怨并不矛盾。以真正实现德之广润、品之深哺之大义。

"奉献牺牲"立了一个高的标杆，让求德之人始终追求，尽把品德的美好充盈人生的全部，尽把人性的光辉播撒世间的角落，让品德和人性变得更为直观、立体、丰满而富有生机，弥久绵长，涓涓不息。

三十

无意识·潜意识·显意识·超意识

本节探讨意识问题。意识是人的大脑对大脑内外所感知表象和事物的觉察。这种觉察是通过记忆、想象、回忆、辨识、联想等形式表现出来。哲学的解释是：人的头脑对于客观物质世界的反映，也是感觉、思维等各种心理活动过程的总和。

按照意识具有自觉性、目的性和能动性三大作用特性，那么"无意识"就是人的一种生物本能的作用，是指那些在通常情况下没有触及和不会进入意识层面的东西。一般有四种情况：

1. 主观没有意识到，如视而不见、听而不闻；
2. 客观意识不到，受客观条件限制而对某事物无法感觉、思维；
3. 因意识联系断裂，导致意识闪过而流逝；
4. 被隐匿和掩藏在杂乱混沌片段中的意识，如战士在战场中受伤的那一刻可能意识不到疼痛。

另外，被伪装导致没有意识，如人对变色蜥蜴很难觉察。

一方面自己处于无意识状态肯定是有原因的，可能是上面所述四种其中的一种；另一方面是让人明白，通过准确分析原因而找到其消除无意识的方法和途径，即从消除原因着手，使其从无意识转化和变成有意识。一个人一生中知识的积累和智慧的增长，是一个不断从无意识变成有意识的过程，实际就是成长成熟的过程。

虽然我们可以借用无意识这一现象作为理由来达到隐藏有意识行为的目的，尽管有些是很善意的，但无意识也不能被多用，更不能被滥用。

如果两个人在拥挤人群中无意识发生了身体碰撞或脚底踩踏，类似人际交往中别人无意识说了某句话、做了某件事而可能会累及、伤到自己，其中一部分人可能会采取语言、行动回击对方，会造成氛围的尴尬、气氛的不悦甚至争吵，这种情况应该是不必要也是可避免的。如果累及或伤到之事已经发生了，回击对方并不能回到此事发生之前，何况回击对方的结果只能是两人产生不悦甚至矛盾或引起争吵，严重影响心情，倒不如相互理解、微笑以对，示意表达出"对不起""没关系"的态度，生活中就少了一次烦恼、多了一份快乐。

倒是对于别人可能是有意识伤及自己但并未造成明显负面作用的言行，按爱度融合观，能不计较则不计较，能予原谅则要原谅，就当成无意识就行。一般类似的言行从客观上讲很难造成明显负面影响，即使有，主要是主观上认为，心理上的关一时过不去而已。时间和事实可以证明，绝大多数此类情况淡化处理，无论主观、客观还是当下、长期来看都是利大于弊的。

"潜意识"是指人们已经产生但尚未达到意识状态的心理活动过程。它是意识的一部分，只不过是在尚未产生意识之前被暂时搁置或隐藏起来的那部分意识，它是与意识离得最近或最为接近意识的那部分意识，处于无意识与有意识之中间层次。潜意识在某种情况下即可转化为潜力，只需要一个触发点即可，就像潜力转化为真正的能力一样，二者只是触发点的位置以及触发的条件不同而已。

比如，要想写一篇毕业论文，就要储备好平时所学的、与论文题目内容相关联的知识点，了解现时学术界对论文相关内容研究的文献现状，应该怎样理解和创新观点，有哪些论据可用来论证阐述，做出什么结论，达到一个什么样的目标，有什么理论指导和实用之处，等等。犹如建一幢房子，就必须准备好设计施工图纸、建筑装修材料及机械设备、建筑技能和管理经验等。实际上，这些都是实施前的准备，依靠人为的潜意识阶段储存开发，为变成有意识的积累并奠定深厚的基础。

潜意识具有暗示功能。而且给予什么样的暗示就可能唤醒和激活什么样的潜意识，潜意识本身是处于不定型状态中的，我们用富有激情的成功积极的正面心态引导、激发潜意识，就会转化消极被动的心态为积极正面心态，其潜意识就会生成有利于成功卓越的心理意识。这就是生活、工作中为什么积极阳光的人能够获得更多机会、能够把握更多机遇的原因所在。

潜意识蕴藏着丰富的信息，人的潜意识差别相对于有意识的知识智慧而言不算大，甚至很多人都相似或相近。真正的差别在开发利用潜意识的能力和思维所创造的智慧上的不同，以至于获得的创造性思维灵感的不同造成的，显示了人们分析问题、解决问题能力的区别，将会影响到人生的运行轨迹和成功概率。

潜意识的激发是靠不断地思考想象、不断地自我确认、不断地自我暗示来完成的，尤其强调需要多次循环重复。比如一个人遇到挫折，可以不断反复地自我暗示这个事件的偶然性，可以将挫折的影响减轻许多。如果是相反的自我暗示，恐怕负面影响只会越来越大，挫折带来的问题也越来越多。可见，潜意识的影响作用不可小觑。

比如思念一个人时一般也会引起被思念者的脑波与自己同频共振，因心理、意识的相互作用而引起共鸣，从而可感知因此而发出的能量，产生引力和气场。有点像"说曹操曹操就到"的场景再现。这个潜意识有和没有，其结果是有区别的。如同潜意识逐步靠近有意识，变得逐步清晰起来，并发挥它的能量，来改变真实世界的客观样貌。这就是潜意识的神奇之处。

我们无从得知互联网在发明之前，我们有没有想象互联网可以发展到今天这个模样，并被人类利用到今天这个程度，未来5G时代、人工智能的发展和运用更不可想象，人类的生存、生活还会改变成什么样子。到那时，也许人们真能看到、感知、生活在爱因斯坦所描述的"时间和空间合而为一的世界"的"四度空间"甚至是多维空间里；也许人们真能用心灵（或潜意识）感应宇宙意识和信息，并产生从未有过的共鸣，让这一切有机地融合在一起。那应该就是古人说的"天、地、人"的真正融合，"人法地，地法天，天法道，道法自然"（《老子·道德经》）的情景，也许古人真的能够预测。量子力学的研究已超乎我们想象，今后的运用更是无法预测，人类的生命与时空、宇宙信息的存在和交换不知是怎样的一种情形。我们带着既紧张又兴奋的心情等待着未来的到来！

"显意识"相对潜意识而言，是指人们自觉认识到并有一定目标指向的意识现象和心理过程的总和。其特点有：一是自觉性。即处于对外部事物或与他们信息交流自我觉察的状态。二是传达性。对所觉察的状态可以通过一定方式和途径传递给他人并为他人吸纳和利用。三是显现性。即通过显意识来反映表达其存在和发展的需要、情感与意志的。

显意识与潜意识都作为人脑的机能和属性，两者相互影响、相互作用、循环转化，并推动意识的深化与提升。如潜意识在人的大脑反复呈现后，形成一定的程式而转化为显意识，而这种显意识积累、储存到一定量时即达到一定程度后，又会触发解决问题的新的潜意识。意识对于事物联系与规律的把握正是通过这种方式而做到有所发现，进而找到解决问题的路径，达到解决问题的目的。

显意识与人的生活的积累和时间的推移成正比，也与某一事件对人大脑刺激的次数和频率相关。形成显意识（也可叫有意识）语言和行为是一个人的成长、成熟重要的标志，包括对于语言和行为过程和后果的意识判断，从而达到一种目标指向和意识控制的效果。简单说，就是通过有意识的冷静、理智思维，去控制言行，实现目标。

显意识可分为多种，其中，不是所有的显意识都具有功能性，也有无效显意识。那么，我们怎么去形成更多具有功能的显意识而抑制无效显意识的产生，应该引发我们深思。日常许多的烦恼、忧愁和纠结，从心理上来说是来自无效显意识的增多或者说功能显意识的不足，事不遂愿，达不到心想事成的效果。

归根结底，还是取决于人内心的根本动机和目的、出发点和落脚点。一切基于"爱"的显意识显然具有决定权。从爱度融合角度说，显意识属于度的范畴，与爱的有机融合便产生无比强大的能量，引导和促进人生的成功。反之，不是基于爱的显意识，容易产生负能量，阻碍人的前进和成功步伐。即使有可能成功，那也是偶然的、单项的、个别的现象，不可持续，不可复制，更得不到反复验证。

"超意识"即超感官知觉，包括心灵感应、透视力、触知力、预知力等的总称。实际上是指一种能预知未来、改变未来的超时空、超自然的认知能力。利用自我的超意识，人们可以预见未来、改变自我、掌控命运。

超意识是否神秘，可不可测，普通人是否具有超意识？事实是，超意识没有想象的那么神秘，也并不是深不可测，我们普通人都具有一定的超意识能力，只是表现或隐藏程度不同而已。

如果我们不从理论上来谈，也规避所谓的超能预测大师，从一个大家都容易接受的角度探讨，并在实际中来检验，也许能帮助大家理解。

我们把一个人或某件事未来所有可能的走向、过程、状态、目标等都能作出预测，这种可能性越多越细越好；在此基础上，分析在各种条件、环境下最大可能性是哪一种，总体上其结果最大可能性是什么，因而就得出一个初步结论。接着再次对主观人为、客观现实、环境条件的最大可能性作个综合判断，那么对应出现的结果就是一个基本预测的结果。如果排在第一的最大可能性在现实中没有出现即没有得到验证，那第二大可能性就应该作为预测的结果，依次类推。超意识作用也就得到了一定程度的验证。

有了这种认识，目的不是只注重去发挥超意识作用，而是应该主动运用超意识来为自己所用，而不是被动地等待预测的出现。把未来所有可能性都排列出来，只不过要全面、深入研究对于达到最好结果应从哪些方面去创造条件、努力实现，要规避不好或最坏结果的出现，并且明白应从哪些方面和源头上去加以阻止，不让这样的结果发生，就可一定程度上预知和控制将来所发生的事情，成为超意识的操控者、把握者。

我们每个人都希望自己具有超意识，来预感、预知将会发生什么事情，或某件事情将沿着什么走向、发生什么现象、发展到什么程度。实际上，每个人都或多或少、或早或晚或在某些方面具有一定的超意识能力。比如莫扎特在动笔之前就在脑子里构思好一部完整歌剧的旋律，然后准确无误地记录下来，可以不加修改地直接用于演奏。贝多芬在耳聋之后能够创作最伟大的交响乐，证明他在谱曲之前，大脑里存在完整的旋律预感、预知；另外，物理学家斯蒂芬·霍金虽然患有严重的肌肉萎缩症，还不能进行正常的语言交谈和身体行为，但他依靠超意识能力，写出了世界上最伟大的《时间简史》，令人不可思议。也可以想象，当年中央红军在三个月的时间六次穿越三条河流，取得四渡赤水战役的伟大胜利，没有一定超意识能力的运用与发挥是做不到的。

说到底，超意识能力是一种心灵的感知能力，是人在吸纳、积累宇宙中足够多的、各种各样的信息与能量之后，心灵逐渐拥有的感应，可以从远处、从未来或还未呈现的人、事、物那里得到信息，使得对某些重大事件有预感，在事件发生之前就可能知道将要发生的事情了。

超意识能力还表现在不同的人面对同一件事，其中有的人凭经验信息可以得出下一步所要发生的事，且形成一种带规律性的判断，而有的人则没有这种经验，或者即使有过经验也没有有意识地总结，也不能预感、预知，那么前者相对于后者来说，是具有一定超意识能力的人。如爱因斯坦激发和使用了自己 10% 的大脑细胞和心智潜能，而成为爱因斯坦，而普通人这个比例大约是 5% 甚至更少，所以爱因斯坦被人们尊敬地称为伟大的科学家、相对论之父。

我们试着从现在起，能够更多有意识地体会、关注、训练、培养、尝试运用超意识能力，在通往成功的道路上助力远行。

三十一

问题聚焦·动力牵引·资源利用·目标导向

面对现实生活、工作中的种种问题，我们该如何处理，或者说怎么处理比较好，有哪些步骤需要把握，本书中部分内容已涉及，本节将把处理问题的四个步骤单独列出来专门阐述，一方面就这个问题作个较为集中深入的探讨，另一方面便于读者朋友一起参与讨论。

人的一生中实际上许多时间都是用来发现问题、解决问题的，不管是在生活还是在工作中，问题一定会有，只是大小、多少、存续时间的长短不同而已。正是在解决问题的过程中，我们享受着时间的充实。因为一个一个问题出现了，又一个一个解决了，那么，一个一个目标就会持续实现，目标实现了，就能享受成功的喜悦。这一经历的过程正好见证了人生的客观存在。

"问题"是指生活、工作中存在的矛盾、困难，也包括需要回答或解释的难题、疑惑。这些问题随时随地都有可能发生，关键是我们要能及早发现它、知晓它、聚焦它。这是人们生活所处的客观状态。其实，这并不可怕，因为我们同时也在不断地解决它，尽管解决的同时可能新的问题又出现了。如果一个人一生中不遇到矛盾和困难，那么生活一定很空洞乏味，走完一生回过头来看，就没有什么东西值得回味、记忆。这不是一个正常的生活状态。

由此，"问题聚焦"就是我们生活工作的常态。要明白已产生的问题或将可能产生的问题，分析、研究这些问题，对问题作出判断。问题是什么，产生问题的原因有哪些，与哪些问题相关联，问题的本质特征是什么，走势方向又是什么，导致的后果有哪些，等等。只有把问题弄准弄透、想全想细才算完成问题聚焦，这是解决问题的开始，奠定了解决问题的基础，大量的任务还在后面。

问题聚焦最为关键的是，不回避问题、不绕开矛盾、不惧怕困难，而是直接面对、迎接挑战。问题产生了，它就必然存在，你想与不想、忧与不忧、怕与不怕，它都在那里。所以，我们面对现实，首要的是寻找问题、发现缺陷、反省自我、反思不足，而担心暴露出问题尤其是自我问题，才是最可怕的。假如隐瞒和规避问题，那么问题始终得不到解决，反而会越积越多，甚至积重难返，结果可想而知。何况担心问题的暴露会影响什么的话，那就更要预防问题的发生，或者问题一旦发生，应立即采取措施解决、消除它，或创造条件、等待时机尽快解决、消除，这才是聚焦问题的应有之策、必然之道。

聚焦问题的目的是解决问题，问题解决好了，事情也就处理好了。聚焦问题不是胡子眉毛一把抓，关键是要抓住主要问题和问题的主要方面，或者抓住主要矛盾和矛盾的主要方面。要害问题抓住了，不用担心枝节问题，既然牵住了纲，目就能张得开来。

现实中，人们处理问题往往抓不住主要问题或主要矛盾，对解决问题很不利，往往事倍功半。所以，首先是要解决如何有效且准确地判断并抓住主要问题，实际上就是事物的主要矛盾或矛盾的主要方面。比如，中国处于社会主义初级阶段时的主要矛盾是人民日益增长的物质文化需要同落后的社会生产之间的矛盾，而当中国特色社会主义进入新时代，中国社会主要矛盾已经转化为人民日益增长的美好生活需要和不平衡不充分的发展之间的矛盾。这就是对于国情社情的一个重大判断。当然，除此之外，还要分析符合事物特征的矛盾的特殊性、个别性问题，包括次要问题和矛盾的次要方面，它们都对解决问题、矛盾有一定的帮助或辅助作用，对于全面、彻底解决问题和矛盾必不可少，不可忽视。

主要问题是指在事物发展过程中处于主导地位，对事物发展起关键作用的问题。在复杂事物发展过程中，众多问题的作用与地位不一致、不平衡，其中必有某个问题是主要的。往更深的方面思考，在所有问题中，每个问题存在的根据、缘由也是不同的，而且分为主要根据、次要根据。居支配地位、起主导作用的是问题的主要方面，相对来说，其他则是次要方面。我们平时看问题、办事情，就是要集中力量找出问题的关键，抓住重点，解决问题。"擒贼先擒王"、灭敌先灭头、张目先举纲，讲的就是这个道理。

要善于从众多问题中找出主要问题。介绍几种方法如下：

一是分析事物发展过程，若某个问题一直如影随形、相伴始终，那它可能是主要问题。如一个学生从小学到初中成绩一直都不太好，家长静下来认真分析、思考，认为他一直想玩此前曾经玩过的手机或计算机游戏，念念不忘，有机会就找家长要手机、开计算机，还要为他买手机、计算机，等等。对这个学生来说，玩游戏或想玩游戏就是造成他学习成绩不太好的主要问题。

二是找出事物发展过程中那个影响最大的事件，这可能是主要问题。如大龄青年不选择婚育，可能是因为父母离异对他或她造成了恐婚的心理阴影。

三是在普遍性与特殊性两者间作比较分析，找出主要问题。如一个班级，如果每次考试都是极少数不及格，则主要问题在学生，可能是个别学生受学习兴趣、方法或其家庭问题等影响；如果是大多数不及格，则主要是老师的问题，可能是教学方法、敬业精神等问题。

四是未来事物发展可能产生的主要问题或由原有的非主要问题转化为主要问题。需要做出预测、预判、早谋划、早预案、早处理、早解决。这也是常见且有效处理问题的好方法。

主要问题牵一发而动全身，要抓住关键。

接下来还需要分析产生这些问题的主要原因。

一是通过问题本质来分析。问题本身的现状是表象，要通过问题的本质特征作出分析。如学生成绩不好，是由家长喜欢玩游戏负面示范，还是同学中玩游戏小圈子带动，或者这个学生本身就厌烦上课、做作业，或者其他生理身体上的原因。其中必有一个主要原因。

二是通过主流方向来分析。也许问题是暂时的，属于阶段性问题，并不是主流方向问题。要搞清问题的主流方向，加以重视，及时处理解决。然而，阶段性问题也不可忽视，阶段性问题不解决好可能导致转化为主要问题。所以，既要根据问题的主流方向来分析主要根据和原因，也不能忽视暂时出现的阶段性问题及其产生的原因。

三是通过人的内心来分析。人们常说，一切源于人的内心，内化于心，外化于行。不管是主要问题、次要问题，还是问题的主要方面、次要方面，追根溯源都在于人自身，人的主要问题和产生这些问题的根据、原因在于人的内心。人的心里重视不重视、努力不努力、坚强不坚强、自信不自信，等等，才是事物变化发展的真正根据、内因。外在的原因肯定会有影响，而相对人的内心而言都不是主导，因为人的强大内心完全有能力规避、改变、抗争甚至反向利用外在负面的影响因素。说一千道一万，我们没有解决好问题、处理妥事情，是不能也没有理由简单地去找客观原因、埋怨他人、责怪环境的。即使事后总结分析客观原因，也不是为了推卸责任，而是为了下一次更好地吸取教训而提前考虑客观形势和条件。

还是用一个战场上的例子作个说明：与敌交战失败，恐怕不能说是因为对对方战力估计不足、对战地地形环境把握不准、对我方制定的战术方案准备不全、没有想到敌人如此勇猛无惧，等等。试想这样的战后总结和后悔有没有意义，说到底还是人为因素诸如判断不准、准备不足、战术欠缺的问题，或者根本就不应该主动出击或被动应战。这种情况应该学习核心战术，打得赢就打，打不赢就跑，不失为一种有效的战术。另外，当年中央红军长征的四渡赤水，一渡赤水化被动为主动，二渡赤水避实就虚，三渡赤水声东击西，四渡赤水乘隙而进，每一渡都是用兵如神、经典战术的写照和范例，胜了就胜了，这是最重要的客观结果；从另一方面看，建立了这样一种正确的所谓问题观、成就观，就会减少很多不必要的烦恼等负面情绪，从而告诫自己，一定要加倍主观努力，靠自己去解决一切问题。只是要抓主流、明方向、顾大体、把大局。

最终，成功与否是检验能否抓住主要问题、找出主要根据、解决主要矛盾、推动事物发展的唯一依据。

管理者、主导者或领导者对问题的利用还有一种情况，即问题的产生与出现并不马上解决或消除它，而是让它存续一个时间段，把问题用来训练、教学、激发被管理者对问题的洞察、解剖、分析、研究，还有解决它的方式、方法，而且让大家明白问题的危害与后果，掌控解决问题的切入点与时机，都属于问题聚焦的范畴。

"动力牵引"是指由事物运动和发展的推动或引导力量促使事物前进。就像汽车行驶依靠足够的动力推动和牵引，使汽车能高速前进，尤其是从起步到加速，使人在车内感受到强烈的推背感和牵引力。人的进步、事物的发展都需要类似于这种力量的推动和牵引。

人们在生活、工作中都会遇到各种各样的问题，要解决这些不断出现的问题，就需要动力牵引，这样的动力包括精神动力、物质激励、事物内部固有的发展规律等。

精神动力包括希望、理解、梦想、信仰（与爱作为原动力相对应也可称此为直接动力）以及其他精神激励如表扬、信任、报答等，也包括日常各种思想工作方法。精神动力不仅可以弥补物质激励的不足，而且本身就有巨大的能量，是其他动力不可替代的。它具有以下特性：

一是决定性。精神动力是处于人的本质特性的最底部、起基础性作用，不需要其他外力就可自动地、自发地产生动力。本来一个人除了外在身体特征以外，所有心理活动、灵魂之源、身体运动等都由精神为主来主导，精神才是一个人生存、生活最主要的或首要的或关键的决定性力量。这也证明了一个人如果只有躯体没有灵魂或精神支撑，那么，活着的意义、人生的方向、心理的健康、躯体的强壮，一切的一切，恐怕都成为无本之木，无源之水。即使有物质的丰富，随着时间的推移和延续，恐怕也会空虚寂寥、无所追求。

二是持久性。唯有精神力量是持久的、可以不变的，就如有人说过的"唯有爱与咳嗽不能控制，唯有爱与仁慈不可战胜"。爱其实就是精神动力的本源，它具有不间断性和持久性，人的躯体可能有病痛并受其折磨，人的财富可能有多有少甚至由富变穷，但由爱支撑的精神动力不仅不可能因此而减弱，还有可能越来越强。

三是不可限性。精神动力一般不可测量，因此它具有不可限性，大到可以战胜一切，没有边界限制。有信仰的人可以为信仰而牺牲生命，有希望的人一定在今天遇到困难和曲折，相信明天就会变好而鼓舞、激励、鞭策自己，从中找到不竭的动力来源。人的坚强意志也是由精神动力的不可限性决定的。

物质激励主要是由人的生理因素即吃喝穿用住等作为基础，得到的物质上的心理满足，表现为追求物质财富上的丰富，不仅为自身生理需求的满足，也为个人价值体现的心理满足。所以，物质上也能不断地刺激人的追求动力。但是物质激励有一定的阶段性，存在一定的不可持续性，也因人而异，不同的人对物质激励的反应和物质追求的程度是不一样的。

客观地说，物质激励最初是为了人生存的需要，而去想方设法达到物质需求的满足。人们在物质需求能达到基本满足生存需要时，就开始追求情感、精神、文化的东西，相互还交叉推动，循环上升，不断地提高物质和精神双向需求满意度，即物质精神生活的满足，最终导致由精神生活主导决定人的生活状态、幸福指数。这是人类发展史上被证明了的客观现实和普遍规律。

另外，事物内部固有的发展规律也是产生动力的重要源头，它靠自身的运动形成动能、产生动力，来推动和牵引事物自身问题的解决，就像人本身带有的天然免疫力和自我修复力一样，能自我调节、修补、恢复并由此发展、提升、前进。

这种动力还可分为现实动力、中期动力、远期动力；从人的需求类型上除了可划分为物质动力、精神动力外，还有一种叫信息动力。人们对于信息的了解、掌握是一种自然的心理需要，只是不同的人有不同的信息范围、内容和信息量需求，偏重于精神动力来源，但是，它与人们日常的包括交往、工作以及物质需求在内的生活状态密切相关。无论是吃喝穿用、文化娱乐，还是情感尊重，了解掌握外部信息以满足交流欲望与需求等，它们都是不可缺少的人生动力，尤其在企业人力资源管理常用到的待遇留人、情感留人、事业留人都属此类。当然表扬、肯定、理解、兴趣等也属动力范畴。少数或部分情况下批评、否定等也可以起到反向激励的作用。

这些层次、类型的动力，本书其他章节也曾提到，但把信息交流作为动力还需要进一步探讨。当今处于数据化的网络时代，沟通联系增多、信息爆炸、传递迅捷，随之人们对了解、掌握信息的及时性、广泛性、准确性要求和欲望越来越强烈，因为信息是当今最大的社会资源之一，信息就是生产力，就是财富，也是一种强烈的知识和心理满足。因此，信息本身也是一种动力来源。

但是，这种动力作用的发挥也需要人们一定程度的理解、掌握并适时主动作为、积极影响，使得推动、牵引动力更强更大，促使聚焦的问题更快更好地解决。

"资源利用"主要是指对处理事情、解决问题所具备的条件、因素、能量、时机，也包括信息、知识等加以利用。资源本来是指一国或一定区域内拥有的人、财、物等各种要素的总称，我们这里延伸引用至人力、物力、财力、能量和信息等一切条件的总称，经济学上定义为生产过程中所使用的投入。据此类推，解决问题的资源也可被视作为解决问题过程中所利用条件的投入。

这一过程可以描述为：

（一）弄清资源状况，即可利用的资源有哪些、有多少；

（二）将资源分列排序，可按多少顺序排列，也可按与解决问题关系紧密程度排序，做到心中有底；

（三）采取措施与办法，将资源有效作用于问题的解决上；

（四）将资源利用效率进行评估，力求以少的资源利用达到好的解决问题之效果。这样，资源高效利用并且达到最大化就成为解决问题的保障条件。

利用的措施与方法有多种，关键是要找出问题的本质特点和着力点所在，即找出问题病症病因，再有针对性地在所有的资源库中开出处方药方，最后明确怎么服药、什么时候服药、服药量多大，等等，目的是尽快把病治好治断根，让人的肌体、心理重新健康起来，还要越来越增强抵抗力，提升健康水平。那么"资源"这味药是否开得及时开得好，是否对症下药、药到病除，由此来证明资源利用得是好是坏。

大家都知道，不同的问题需要用到不同的资源条件来处理解决。从某种意义上说，也是一个人所具备的能力、能量，比如你所掌握的信息、知识，你所具有的关系、网络，自身具备的基础条件包括身体素质、先天禀赋，你所面临的机遇、环境，你所拥有的智慧、经验等。只是某一个问题的出现，需要你相应地调用你所具备的不同的能力、条件去处理，当然也有一个投入产出的效率问题，即应该用到最小的能量、条件、资源去解决尽可能大的问题或多的问题。

俗话说：机遇总是给有准备的人的。实质上是说我们平时一直都要做一个有准备的人，即学习知识要如饥似渴、增强能量要不遗余力、涉猎知识要尽力而为、提升悟性要勤于思考、超越自我要日积月累。似乎每时每刻、事事处处都要做个有心人，不要忘记去增加知识、长点见识，提高一点能力、水平。我觉得最好给自己立个规矩，每天要有点新收获，不管哪个方面，自己要能感觉、感受得到，无论从听到的、看到的、闻到的、尝到的、触摸到的、写到的、想到的、记住的、用到的，都要用心去学习、去体会、去思考、去领悟，变成自己实实在在理解、下次可以应用的东西。我在想，在不经意间机会来到了面前，我们能不能抓得住，就靠平时的这些积累。不要"书到用时方恨少""少壮不努力，老大徒伤悲""平日弗用功，自到临期悔"的忧伤。要想做个幸运的人，就是尝试建立起自己的"幸运网络"，奠定好自己的幸运之基，能随时开启一个里面装满各种各样百货店式的能量、资源之屋的幸运之门。这里特别说明，知识、智慧、能力是人一生中最大的资源。

资源具备了，剩下的就是应用、利用，做好一切准备迎接机遇的到来，同时也应对问题的到访。好似手中有粮心里不慌，胸有成竹，即使心有猛虎也能细嗅到蔷薇的清香。机遇往往动如脱兔，稍纵即逝，要想猎取"机遇之兔"，捷径只有一个，就是练就一双敏锐的眼睛，练成一手好的快速擒拿之术，关键在眼睛和擒拿，这就是猎兔的条件或叫资源。比如毕业生去应聘，本来是有岗位的，但岗位要求是能写文章、会开车，最好是能担任英语翻译。那么，毕业前在就读期间想过没有，要不要多练习笔头，还抽空去拿个驾照，一直持续勤学英语苦练翻译，如果差一样是不是就有点遗憾或后悔。如果不想遗憾、后悔，就从此刻开始努力吧！拿著名钢琴家肖邦来说，他平时虽然勤学苦练，弹得很好，但来到巴黎却一直默默无闻。一次李斯特发现了他，并邀请他在自己的演奏会上弹奏一曲而一举成名。说明平时练琴就是练猎兔的擒拿法,是抓住机会的必备条件。不过,迎接、应对都是被动的等待,主动的做法是去发现幸运、寻找机遇。比如当年英国和日本鞋厂的推销员都去太平洋岛国推销鞋子,考察完后各自向自己的厂里发回电报,英国人的电文是:此地人均不穿鞋,产品无销路,拟近日即回国;日本人的电文是:此地人均光脚,亦无穿鞋历史,产品销售潜力大,拟长驻此地。其结果可想而知。

这是解决问题、成就事情的第三部曲或第三层次。

"目标导向"是指在解决任何问题、处理任何事情的过程中必须始终以实现目标为中心,以满足目标需要为指引并围绕目标实施一切行为。

目标有远近、大小之分,或者有长中短目标、阶段性目标、终端性目标的划分。目标也是一种激励,任何一个人、一个组织都会有目标。不管怎样,人生无论处于哪个阶段,处理哪些具体问题,都要始终牢记人生目标,不忘初始目标。在这个大的前提下,再分出人生阶段性目标、处理问题的具体目标等,小目标积聚成中目标,中目标汇集成大目标,一步一步推进、一步一步达成,目标导向的功能作用就得以充分发挥出来。

一个目标的确定,实际上是描绘一幅蓝图、明确一个方向、激发一个希望的过程。目标既要有现实性,即实现目标的可能性,又要有激励性,即要通过一定努力才能达成。实现的目标又可以激发制定更高更大的目标,既享受实现目标的过程,又愉悦于目标达成的结果,还要不断追求新的更大目标。这就是一个人生运动交替上升的循环链条,组成了人们尤其是成功人士的现实的人生轨迹。

从问题聚焦到目标导向,中间经过动力牵引、资源利用,每个阶段遇到的人生课题基本上离不开这四个方面,正好是四维人生的现实写照和表达方式。即我们所做的所有事情,基本上都是从问题开始入手,到寻求解决问题,增强应对挑战的动力和意志,再整合资源条件并加以合理有效利用,一切围绕目标、以目标为导向,渐进实现目标。

我们也曾经提出问题导向这一概念,并且提出将问题导向与目标导向相统一。对于问题是聚焦还是导向,不是原则问题,只是提法和理解的不同。不管是问题聚焦还是问题导向，实质上都是将问题作为基础，树立敏锐的问题意识，把发现问题、分析问题、研究问题作为解决问题的切入点、着力点和必经过程，因为历史无非是一个"问题不断解决和消失"的过程，而现实无非是在某一个时间点"问题存在和发展"的现状，通过问题的积累和发展，也必将促进问题自身的解决和消失，这本身也是所谓的问题之辨证思维和客观规律。

目标的设定非常重要。一般来说，设定的目标既要能够实现，又不是较容易实现。目标一旦设定，则一切围绕实现目标而去开展工作、采取措施、制定方案、实施行动，并配合有纠偏、修正、改错以及激励与约束机制，真正以目标为导向，心无旁骛、力无他用。一个目标达到了，再确定下一个新的目标，交替前进，汇集起来就能实现总体目标。这是目标导向的基本过程。

目标导向其目的是实现目标，是处理事情、解决问题的第四步骤和终端目的，前三步骤都是为实现目标打基础和服务的，找到了问题所在，并有动力牵引，加上利用好已有条件、有利因素等各项资源，实现目标指日可待。应该说四个层次、四个方面、四个维度循序渐进、相辅相成，相互递进弥补、合力发挥作用，是一个处事之整体方法。

三十二

技术·艺术·学术·道术

首先解释一下"术"。术乃法、道也，有方法、技艺、策略、谋术之意。可以组成许多词，如技术、艺术、战术、权术、心术、武术、学术、算术、医术、法术、道术等。

本节从其中四个层次、四个方面来探讨关于"术"的问题以及"术"与我们生活、工作的关系，力求包含"术"的主要内容和意义。

"技术"是人类为了利用资源、改造自然、改善生活、提高品质而长期积累和总结的各种知识、经验、方法、技巧和手段。技术主要是为满足人自身的需要和愿望而形成，是人类生存和进化的需要，也是区别于动物最重要的标志。具体说是改变和提升现有事物功能、性能的方法，认知技术的形式和载体包含有工艺、工具、设备、设施、标准、规范、指标、计量方法以及实施过程、应用程序等。我们常说的信息技术、生物技术、新材料技术、能源技术、激光技术、航天技术、海洋技术、自动化技术等都属此类。

技术获取主要是通过学习、实验、分析、研究等途径和方式，复杂技术需要经过反复多次、循环试验并且花费较长时间才能获得。技术从人类需要和自身规律来说都在不断革新、进步，即技术的创新促进了人类的发展，换个角度说，人类的发展离不开技术的进步。

这里，我们不谈技术本身，那是技术类的书籍应该作的探讨。我们要谈的，是与我们每一个人关系密切的思考技术和技术的哲学问题。因为思考技术决定了思维能力，思维能力决定成功的概率，另外，研究技术存在的哲学问题，实际上技术的应用更要涉及哲学问题。

思考技术对于处于同一起跑线和同样环境中的人来说，可以说如果差之毫厘，可能导致失之千里，具有较强的放大效应。所以，思考技术重在细微、深刻，要求严谨、细致、全面、准确。类似于思维方法（前面内容已涉及），但又不完全同于思维方法，思考技术大致可分为转换思路法、洞悉本质法、顺应逻辑法、假设构想法、否定排除法、激励暗示法等。

简单作个解释。

转换思路法是指不墨守成规、抱残守缺，而要具体情况具体分析具体应用，将思路转换一个角度、变化一个高度、引向一个深度，处理事情往往柳暗花明又一村，不会被困难难住，总有办法能够排除困难、解决问题。验证了办法总比困难多、思路决定出路的道理。

洞悉本质法即知晓、懂得深刻本质和其内部规律，通过敏锐、快速洞察事物的本质，找到事物的规律，就像一个高明医生很快且准确地诊断病人的病症和病因一样。

顺应逻辑法是指思考问题要有层次递进性、方向清晰性、程序明确性、逻辑准确性，将相关的关联事物对应列出，并能寻求到与相关事物的关联点，表现为顺应而准确的逻辑性。

假设构想法即常用假设的方法，假设条件、环境、资源、关系的多个可能性，来构想设计过程、状态现况和各种结果，为选择、决定、决策打下多样选择性基础。在假设与构想中只要有一种情况与实际相符和吻合，然后，再反过来验证假设、构想的正确性。

否定排除法是指按否定、负能概率的大小排列出一个排除的顺序，把最不可能到不太可能的几种情况排列出来，就知道应该明确先排除谁、再否定谁。由此，剩下的几种情况其可能性就增大了，也就更容易决策了。

激励暗示法是指暗示意识的重要作用，尤其是激励暗示效果较好，一般来说过多批评指责多数都会引起负面效能。暗示的目的是使自己的心理、精神、灵魂以及身体、生理、细胞都往暗示的方向和区域激活、集中，更多地将现实激发成为那种暗示的现象、模样和结果。俗称心想事成。所以，激励暗示的作用之大、效果之好，可见一斑。

关于技术哲学问题，如果将此延伸、引申到一定程度就是一种自然辩证法，以自然观、认识论、方法论以及技术与社会的结合等为研究领域，注重实用研究，避免意识形态化，无国界无制度限制，但它与社会进步与发展又紧密相关，打通了文理相通的通道，联结理工学科与社会学科的糅合与运用。需要特别提出的是，研究、运用技术必须树立正确的世界观和方法论，让技术尽快尽善地为社会发展和人类进步服好务的同时，探求技术研究与应用的合乎规律和符合实际的方式、方法、途径。

"艺术"是用一种形象来反映现实但又具有典型性的社会形态的表现方法。包括音乐、书画、诗歌、舞蹈、戏剧、电影、雕刻、建筑以及电子游戏等，含有富于创造性的方式、方法之意。如果说技术偏重于现实性、物理性的话，艺术则侧重于抽象性、感受性，二者理性、感性有别，物质、精神不一，实用、意识相异，又都对人类、世界而言不可缺少。

艺术是由人掌握的艺术，艺术又对人起着不可替代的享受、支撑和提升人性的作用，富有潜移默化的教化、育人、引导意义。人的艺术细胞和特长各不相同，但人有没有艺术感及其强弱、敏感程度，对人生的影响是较大的。对人的艺术感而言，天赋成分较大，但后天也是可能通过修炼、培育、训练而达成的。有艺术感的人，人们通常称为艺术气质，对于人的语言表达、行为举止影响较大，而且不可能假借、伪装，而是自然、正常的流露与表现，达到一定程度时，艺术气质就会融入到一个人的身体里，与生俱来一样。

这么多种类的艺术，一个人不可能全部拥有和具备。即使拥有和具备一种或几种，对人的思维拓展、心胸扩容、品位修炼、境界提升都是大有帮助的。如用音乐表现高山流水，用书法表现飘逸洒脱，用绘画表现美感造型，用表演表现人物特征，等等，都是体现和物化着人的一定审美观念、审美趣味与审美理想。生活也并不缺乏艺术，生活也需要艺术，人们懂得一点生活艺术、运用一点艺术手法能装点重复的日常生活、增加乏味生活的乐趣美感、提升人的艺术修养。俗话说，生活就是舞台，每个人都是这个舞台上的演员，所不同的是，生活的舞台表演的都是真实、现状版，而且每一次表演都是直播，而没有彩排。其"表演"风格是真诚、朴实、自然的，而不能是虚伪、哗众和做作的。

其实，任何艺术和艺术表演，最终落脚点都在情与美，情感真不真、形式美不美、能不能打动人是衡量艺术水准的重要依据和评价标准。只有心中有爱、充满感情的作者和表演者才是好的或成功的，才能被大众所接纳和认可，才能形成艺术应有的影响力或者叫艺术效应。如生活中的语言表达与艺术不可割裂，语言丰富多样、风趣幽默一定会在生活中占据主动、先机，有利于人际交往、事务推进。正如有人形容的，说话或者语言表达也是一种生产力，在商务谈判和争取业务拓展上表现得尤为明确和突出。一般要求领导者和管理者语言表达能力强，语言表达水平高——就证明了这一点。

培育艺术细胞、培养艺术爱好，是我们一生中都应该作出一定的努力去追求的。起码内心的充实性、形式的丰富性、思维的拓展性、修养的多样性就具备了基础和条件，可以从多角、多层、多面去想道理、看问题、办事情，而不会墨守成规、固执己见。说到底可以开阔思路、灵活处事，多渠道、多措施、多办法去面对问题、克服困难。不管怎样，以成功为检验标准和最高目标，少不了艺术的支撑和点缀。希望生活、工作中的我们都是艺术爱好者或艺术大师。

"学术"是指有系统的专门学问。也是对客观存在物及其规律认识的学科化。广义上指知识的累积。相对于技术、艺术来说，更偏重于理论和科学研究。其要求和特点是创新性，如提出新问题、开拓新领域、首提新观点、构建新理论、发掘新材料、作出新论证等，都反映了对客观事物认识研究的程度，揭示客观事物的规律性。

本节不是为了研究"学术"问题，而是提出我们每个人在增强学识智慧和研究问题方面要有点学术精神，即规律探求和创新意识，在永远保持创新性的基础上，研究探知事物的本质特征和固有规律，并形成系统性、达到全面性、具有深刻性，以至于像透视镜一样，透过事物的表象看清摸透内部模样和构造，就像剥洋葱剥到洋葱的芯一样。要解决问题，必须从内部着手，由内而外逐层开方下药，正与剥洋葱相反，像从地核中心向地球表面发出的震波，层层传递、层层影响、层层递减，也好像药性从人体内向体外发效，逐步消除病症，才能解除病根，真正把问题解决好。

那么，要求我们思考问题要具备足够的缜密性、严谨性，还要有层次性、递进性和贯穿性，保持清醒的头脑和清晰的思路。做到这点，我们是可以通过学习、试验、锻炼、培养等方式达到的，跟我们人生年龄以及经验积累的阶段性有关，只是我们都期待早一点进入和达到既具有创新性又相对成熟性的阶段。

"道术"一词，源于《庄子·天下篇》中的"天下之治方术者多矣，皆以其有为不可加矣。古之所谓道术者，果恶乎在？"本意是道士的自身修行之内容，即道家哲学。而这里讲的"道术"是指有关于天道、地道、人道之大道、常道也。所以，"道之引申定义为条理性、规则性、规定性、规律性，用现代的话说，"道"就是指规律，而且是一般规律、普遍规律。"道术"或"道学"就是研究宇宙世界普遍本质和一般规律的学问。传统的"道术""道学"还渗透社会生活的方方面面，包括日常人伦、生活生命、人性人本之道。"道"无处不在，无孔不入。很难想象离开"道"，我们怎样"讲道理"？我们何以安身？我们怎么立命？可以说，"道"既包括了普世意义的道，也包括具体的方法技艺。春秋时期的士人须以道术为安身立命之本，即守道以明志，持术以干禄。正所谓"道术将为天下裂"。证明古代"术"的裂变，这种裂变从古代学术（应包含在道术中）发展的角度看，却能看出这是一种历史的必然，是学术从单一的萌芽阶段向繁富的成熟阶段的发展，从综合学科状态到分科细化阶段的逻辑转变。这就是古代学术形态的转换，今天都能看见这种转换的影子。

道教中人也有称"仙术"的，道教中人常有"道无术不行"的说法，即"道"寓于"术"，行术就是演道。其中有道教仪式和经法、驱邪、消灾、辟谷等内容，多少含有一些迷信色彩。今天我们讲"道术"可从两方面理解，一方面，我们心中有"道"，说话表达、行为举止、行事处事自然都讲求道理、符合规律；另一方面，"道"在心中，不必刻意求"道"，就能形成"道"场、气场，于无形中就能感到一股能量或达到一种境界，让事物朝着自己所期待和希望的方向和结果发展。在实现"道"的过程中，有"术"即方法、技艺方面的采取、实施和辅助，道与术融合，讲"道"、悟"道"、布"道"、达"道"就顺理成章，则可以达到无所不能知、无所不能为的境界了。

到现在为止，"道术"并没有像我们想象的那样，把它理解得多么透彻、准确，还有一些未为人知、肉眼不可视的物质、能量、介质等需要探索、认知，从此角度上说，似乎"道术"还是有一丝玄学之嫌。但正确理解、运用"道术"的含义和方法，仍然是我们要探索的，作为哲学范畴，对应于中国人的思维习惯和文化传统，更适宜于把西方称之为哲学的东西而归之为与"道"相关的学术范畴。"道术"也并不很复杂，何况天下之大道最终归于简单，也就是天下一切事物和规律的归属都在于简单，或者说它们最终的呈现都再简单不过了，正所谓大道至简。

这不仅是对谋事者的基本要求，更是谋局者所必须具有的一种格局。

三十三

显微镜·放大镜·反光镜·望远镜

"四镜"大家都能理解各自具有什么功能,但从哲学的角度讲,此"四镜"对人生的意义、作用非同寻常。本章我们就不用对四镜作出词语解释了,但读者朋友们一定从所谈到的内容中更加明了它们的真实含义。

之所以使用"显微镜"一词,是想表达:在人的一生中,无论真实的生活中用没用过显微镜,但是一定要经常用显微镜照照自己,照什么?古人说:"以铜为镜,可以正衣冠。"而显微镜用来照衣冠上的小瑕疵、面颊上的小污点,这还是次要的,主要的是用它来显现自己身上存在的微缺点、小不足和不太纯之处,让这些微缺点、小不足和不太纯的地方暴露在自己的眼皮底下让自己看得见,显现在自己的意识里让自己感觉得到,搁放在自己的心里让自己记得住。目的是时刻提醒自己改正、纠错、纯化,以免轻易、长期暴露在世人的眼里、心里和意识里,也避免形成负面印象以至于给自己造成实质性的负面影响。

显微镜不仅用来照自己,也要照别人,既要善于发现别人身上的小优点、微特点和小长处,看看他或她有哪些地方与自己不一样或具有哪些优势,值得自己去发现、肯定、欣赏和学习,同时,还要用适当方式表达出来,表明自己对这一优势(或优点)以及对这个人应有的好感、尊重和肯定,就跟一个人喜欢另一个人或爱一个人要说出来,或用其他方式表达出来一样,否则,一直放在心里,对方是难以确信你的想法、观点和态度的。比如对于商业谈判对手,要报之以真诚友好的微笑,善于观察和发现对手的细微亮点、优点并恰到好处地表达出来。从另一角度来说，这也是一种谈判技巧和策略，既表示自信，又缓和气氛。这样，就奠定了一个良好的谈判基础和氛围，谈判进展方向更易主动掌控和把握。

显微镜还用来照事物，是从细微处着眼，从事物的点滴细节处来帮助判断事物大格局范围的特征、联系及规律。老子说："天下大事，必作于细。"（《道德经·第六十三章》）所谓细节决定成败，其实就是从使用显微镜开始，洞察细节并从解决细节问题着手，才是决定成败的关键，也是成与败的细小差别所在。这说明，成与败，往往不在于人与人对待事物处理的宏观方面，因为宏观问题明显，大多情况下，大家都能看清都能重视并处理好，而恰恰是容易被忽视的细节小问题，成为阻碍成功的关键问题。这样的例子不胜枚举。

古英格兰有一首著名的民谣：少了一枚铁钉，掉了一只马掌，丢了一匹战马，败了一场战役，丢了一个国家。原来，在英国查理三世时，国王查理决定与里奇蒙德决一死战，于是他让马夫去给自己的战马钉马掌，铁匠钉到第四个马掌时，差一个钉子，铁匠不以为然，便偷偷敷衍过关。不久，查理与对方交战中忽然一只马掌掉了，国王被掀翻倒地，导致战争失败，随之国家易主。

再比如，2003年1月16日，美国"哥伦比亚"号航天飞机升空80秒后爆炸，致使7名宇航员全部遇难，只因一块脱落的泡沫。曾经一位很优秀的中国留学生，在美国一家公司度过工作试用期，却没有被录用，只因他时常把相机胶卷放入冰箱中，公司人员不可接受这一习惯，即用品与食品不能放入同一冰箱，会导致食品变质、有害，有损人的健康，这可能是没被录用的主要原因。也许还有其他细节问题一并影响了自身的形象和印象。

有人说"放大镜"不就是显微镜吗？的确，它们的功能非常类似，但我们把它们区分开来，是为了说明另一个道理，何况它们的用途也不是完全一样，至少二者针对的对象不同。放大镜并不一定只针对微小、细节之处，它可以是对本身较大的对象再放大去看。

一般什么东西需要我们放大去看呢？我觉得，应该是对别人的优点、长处应该用放大镜去看。我们每个人都有优缺点、长短处，当我们面对某个人时，也许对这个人外形或身上的某个性格特征、习惯或言谈举止不习惯、不适应，有些人就可能产生反感并表露出来。其实如果真遇到了低素质的人应该躲着，最好是远离。而低素质毕竟是少数，我们日常生活、工作中打交道的绝大多数人主要还是性格、脾气、修养等的不同，都是有可能转化、改变得越来越好的。所以，平常我们还是应该用放大镜照别人的优点和长处，一方面自我心态尤其是宽容之心会更好；另一方面交往起来更容易建立起真诚、自然、友好的氛围；同时，还有可能帮助、鼓励别人作出向善向真向好的改变，此种影响可能是气场的作用、无形的影响。我们自己还可以静下来实实在在学习他人身上的优点、长处，哪怕只是那么一点点，那也是一种气度、一种收获。看到别人优点、长处多了，而谦虚、学习的意识强了，交往起来自然就多了轻松感、亲和力、真诚度，少了负担感、隔离性和陌生感，自己成长进步成熟会更快。

"放大镜"还有一个很重要的作用，是放大能量，包括意志力。我们每一个人所具有的能量其实不小，只是由于许多时候我们自己忽视了。生活中只要调整好心态，对于事情有一个基本判断，寻求正确的方式方法，一定能取得一些收获和成功。失败后的坚持、意志力暗示与成功后的自信同等重要，避免出现已经努力了99%，在剩下的1%时而放弃的可惜的结局。把自身能量充分的发挥、有效的展示，从而自己给自己打气，心里暗示"自己能行、自己会做到的！"加上采取切实的行动，能量就真的能够释放，就会变得更加强大。比如参加体育项目比赛时，在意识和精神状态较好时，潜意识告诉自己今天一定要赢、一定能赢，那么，在实际比赛时，则潜力集聚、能量释放，首先在气势上压倒对手，境界上藐视，细节上重视，可以更多地挖掘潜力，发挥出比平时好的多的水平，赢的概率也高的多。除了比赛，做其他事情，如果同样不断暗示自己，做起来也会比平时的效果好许多。放大效应不可低估。

"反光镜"是我们自己要经常反照、反观自己，既要知晓自己有哪些特点、特征，又要明白自己有什么短板、缺陷。即通过反光镜正确认识自己、准确定位自己。前面部分内容已涉及反思、反省及定位的问题。这里着重谈一下把别人当成反光镜来反观自己，进行比较学习与弥补，针对性与实用性会更强，是加速进步与完善自己的最有效方式和途径。

　　一生中遇到并认识的人，不是一个小的数字。能认识多少人，与个人性格和工作性质有关。这就是一个人生活的社会圈或"朋友圈"。人的知识和能力除了靠读书、旅游、自己总结领悟外，其重要来源于他人尤其是认识的人或朋友，无论是观察、交谈还是共事，都可以学到东西、获得能量、总结经验、吸取教训，即使是从负能量多的人身上感受自己怎么样才不至于有那么多负能量，当是吸取教训就好。所以，珍惜所有出现在人生旅程中、路过自己生活路途的人，他们一定在自己生活中起了或多或少的影响作用，不管好的坏的，好的用来认真学习，坏的用来吸取教训。何况用中国的俗话讲，相识就是缘分，每一次相识都值得珍惜。

　　换一个角度，即自己也是别人的反光镜，别人也会拿自己来反照、反观，那么，我们自己要做一个什么样的"反光镜"、折射出一个什么样的自己，就当沉思了。起码对自己标准更高、要求更严，也更应该注意微小细节，塑造、追求自身尽可能好的、完美的形象。

　　实际上，光从镜子的侧面看会有一个折射角度，侧身的位置不同，折射角度也不同。这告诉我们一个道理，要想（关）照到别人或被别人（关）照到，就应适当调整照射角度，也是不断调整自我的人生方向、人生尺度，于人有利，于己不会差！

　　"望远镜"是引导人们把问题与事情想得更久一点、更长一点、更远一点，正所谓站得高、看得远，想得深、立得稳，四者层层递进、相互关联、形成体统。

　　站得高是我们站位要高，站得高得靠思想与境界的高度，更要靠内心的修炼与丰富，即使站在那么危险的高处也不会飘摇，依靠底气厚度支撑，德位相配，不忧位高，心里才会踏实。人不是一开始就能站得高的，要经过较长时间的学习、修炼、领悟，先有大胸怀，再有大格局，才有高站位。所谓"高"，是相对于人们的平均高度比周围人高、比一般人高、比平均高度高，也许才称得上"高"。大致有一个定位测试，提出来供大家研究：一个人的高度（实际可用能力、水平、才干、德行等综合指标测算）达到或超过人群中50%～60%水准，可称为才子；达到或超过60%～70%即为贤人；达到或超过70%～80%则为仙人；达到或超过80%～90%的是为圣人；而处于金字塔最顶端者，则为神人。反过来，处于大致30%～50%者为凡人；处于5%～30%者则为俗人；当然也有极少数者属于那一类差的人，甚至是垃圾人俗称坏人（见附图）。这种划分不一定完全合理，但让我们大致有一个分析判断的依据，希望能对人群的准确认识有一些帮助。

古人经常用诗词来形容高远之意。如王之涣《登鹳雀楼》："欲穷千里目，更上一层楼。"杜甫《望岳》："会当凌绝顶，一览众山小。"王安石《登飞来峰》："不畏浮云遮望眼，自缘身在最高层。"苏轼《题西林壁》："不识庐山真面目，只缘身在此山中。"从正反两方面说明登高才能望远，站高才能看清。

看得远是我们要真正把眼前的问题与事情放在更大格局、更远未来中思考、把握和处理。换个视角，即处理问题与事情要经得起历史的检验、长期的考验和结果的验证，从眼前来看，却是能把问题看得透、把事情把得准、把今后想得清。不能鼠目寸光、眼光短浅、缺乏格局，容易导致大事无成。

想得深即是什么问题、事情都得考虑全面、仔细、深刻、透彻。要想无论在未来多远多久，回过头来看都没有感到遗憾、后悔，就必须对现在的问题、事情想得深，少走弯路，少犯错误，多成就事情。

立得稳是在做到前面三个环节的基础上，人生就能立得更稳。稳是人生的基调，每个人都力求避免大起大落、漂浮晃悠、摇摆不定，虽然有时候反过来也能起激励作用，把坏事变成好事，但毕竟没人愿意去折腾、悬空，不愿意整天提心吊胆，把心提着生活。

事实上，人站得高看得远，心情也会不一样，有大格局和长远眼光的人对身心健康是有帮助的，精神状态良好，激情更加饱满，生活滋润满足，不去计较小事，容易忘掉坏事，不会怀恨他人，想问题办事情的状态会更加积极，形成一种良性循环的过程与结果，意义不可谓不大。这就是我们想要的一种生活格局、命运高度。

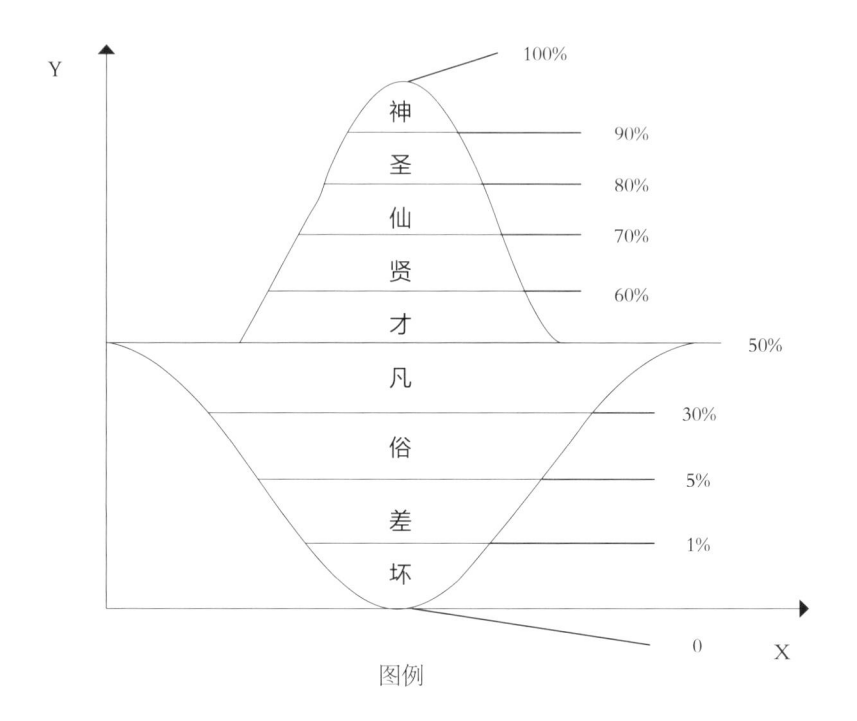

图例

三十四

真心实意·真情实感·真学实用·真做实干

"四真四实"不知能否概括为对人对事的四个关键要素。

前面"两真两实"主要针对待人为人、与人交往所具有的态度、动机、出发点;后面"两真两实"主要针对处事对事、学习提升的要求、标准、落脚点。合起来"四真四实"就成为以爱为基础的一切为人处世、学知干事、创新创业既原则又具体的要求。

"真心实意",真实诚恳之意,是指对待别人要用真心、要合实意,没有虚假。人与人的交往每天每时每刻几乎都会发生、遇见,但交往过程、结果怎么样?恐怕很多人没有在意,也说不清楚。我们追求的是自然自在、轻松舒适、快乐和谐。要达到此种境界,没有真心实意是做不到的。

真心就是表达真实的内心想法,也许是语言也许是行为。有时人不能真心与人说话、真心帮助他人,一方面是因为存在私心,且私心不可告诉别人,不能让别人知道,心里还是担心别人看透自己的私心杂念甚至是忌言讳行;另一方面是因为自己认识境界不够高,对自己不自信,怕别人误会或看不起自己,不敢真心相待,怕暴露短处;还有可能是缺乏真心相待的实力,包括自己所具备的实际能力和所能表达的恰当方式。人有不足是正常的,面对与人交往,不必隐瞒、忌讳,只是用合适的方式告诉别人。对别人的帮助请求如果做不到,不必回避,说真话就行。表明自己能力不足,以后可以努力增强能力,同时选择对方能接受的方式告知并展现真诚友好的态度,其结果或效果远比用虚假对待要好得多。这样就更容易做到诚实守信，不会因为做不到而降低信誉，影响个人形象，其效果反而会因为真诚而获得别人好感。

实意是连着真心说的，其实二者意思接近，都是真实意思的表达，怎么想就怎么说，怎么说就怎么做。但是想、说、做三者之间是指表达实际意思、真实意图，也并不是对负面的东西直接表达，如真的对一个人感觉、看法不好就不一定马上说出来，而是为了帮助他、表示对他的友好，在合适的场合、环境下，用恰当的语言方式表达出来，实实在在帮助调整、改变、进步。既做到了实意，又不是简单直接做到实意。真心实意与虚情假意、三心二意相对应，做到真心实意的关键是推心置腹、设身处地，站在别人角度考虑问题，想别人之所想，急别人之所急，有能力的情况下尽力去帮助、达成别人。而相反的情况是，明明自己做不到，还虚情假意表示自己能做到，让别人信任你、指望你，结果却耽误了别人，坏了别人的事情，这才是不能理解的，叫作自作小聪明，伤人不利己。

"真情实感"，即真挚的感情，实在的感受。与真心实意相似，对人要付出真感情，表达真感受。情与感比起心与意，又深化了一步，进步了一层，比如用情比用心含义更多更深，耗费人的能量则需更大更强。一般来说，对所有人或普通相识之人用心对待，而对待亲人、朋友、同事应该用情来表达，其含义是有所不同的。

有人说，人哪有那么多真情实感用来对待别人？能用来对待身边的亲人就不错了。这种说法似乎也没错。但是仔细想来，一个具有爱心的人，对他人用真情实感是能做到的，只是所具备能力、所用方式、对待方法和侧重点或者说表达层次、程度不同罢了。比如我们对待父母、孩子或妻子丈夫与对待朋友、同事，在真情实感的表达上肯定不一样，这也是伦理道德和社会赋予的责任不同所决定的，角色决定方式、程度。但有一点又有特例，如果一个人所担当的角色和责任涉及国家、民族、区域、单位等大局利益，当个人情感和大局利益与更大角色和责任发生冲突矛盾时，应该先选择后者，把绝大多数人的根本利益摆在前面、放在首位，因为绝大多数人的利益包含有自己或家庭的利益，孰轻孰重应该清楚，也是我们常说的大局观。如大禹治水三过家门而不入，屈原为国投江自尽，霍去病匈奴未灭何以为家，石碏为国家大局处死儿子大义灭亲，赵太后在触龙劝说下送出宝贝儿子到秦国而获得国家安宁。在四川汶川大地震中无所畏惧的无数英雄们，还有那一个个老百姓中间的道德楷模，等等，都属于这一类。

当然，真情实感也不是直来直去、不用讲究方法的，恰恰是越真越实还越要注意方式方法，让别人接受真情实感时还能感受真诚、自然、轻松、舒服，而不是尴尬、难受、沉重。说明不能只有真实的动机，还要有合适的分寸。否则，为什么会有人说对人真、对己傻、吃得亏是大智真智呢？因为它是大德厚德所带来的真情实感的最好体现。

真情实感还应运用于国家治理、企业管理、团体控制方面。一个治理者、管理者、控制者必须用真情实感对待最广大的人民大众、企业员工、单位职员，并且把无情的法律制度与有情的治理管理有机结合，把严管就是厚爱的理念贯穿全过程。何况严管可能涉及严处的对象只能是少数人，为了绝大多数人的利益必然舍弃少数人的私念，这也是必须遵循的基本原则。要对治理、管理的对象（即国家、企业、单位及其人民、员工、职员）怀有深厚的真情实感，才会真正担当起一份强烈的责任，就必须严格治理、管理和控制。严管成了习惯，人们就得到了充分的自由，因为真正的自由就是习惯了的约束，二者是辩证关系。如此，未来的美好才会馈赠于现时的人们和将来的世界。

"真学实用"是指人们在学习与实践过程中为了确保效率效果而遵循的原则。

真学就是要把想学、要学的东西真正弄通弄懂、完全掌握，要知其然，还要知其所以然，即知道是什么、为什么，还要知道关联什么、类似什么、区别什么？如果有可能，最好还要知道知识的起源、发展和演变过程，曾经经历过哪些争论，由错误到正确或由正确到全面的过程。真学还要敢于存疑质疑、敢于挑战，带着疑问学，不盲从权威，不盲信已有知识。真学还要体现在今天要学的不留明天，今天弄懂的一定在于今天，不要带着问题、疑惑和缺憾入眠，何况如此情况下还会影响睡眠质量。养成这种决心和意志并成为习惯，那么，真学就不是问题，学习效率效果一定会大为增强。

真学还应当知道所学知识的本来意义，还要明白其引申意义，对其他事物的借鉴意义，真正达到举一反三、牵一发而及其余之目的。为接下来真正运用知识做好准备、奠定基础。由此说来，真学就是要真正理解、融会贯通。

实用就是要将掌握的知识变为能力，在实践中加以运用，尤其是运用在具体的日常生活和实际工作中。如果对将要运用的知识真正弄通弄懂了，运用起来就能找到正确的切入点、着力点，会胸有成竹、心里有底，因为从思路上、层次上、脉络上、规律上都能了然于胸、不存偏差，就能抓住关键（即事物的主要矛盾和矛盾的主要方面），运用自如，就能见到实效，且事半功倍。一知半解是不可能达到实用目的的。

实用还讲究运用时机、环境、氛围、方式的选择，以确保运用效果达到最好。

真学是为了实用，实用是真学的目的，真学是实用的前提，用才是关键。真学实用一以贯之、连而不分，学的时候想到用，还琢磨如何去用；用的时候想到学，学用一体、知行合一。在此基础上能将知识再次升华、深化、创新，算是知行的意外收获了，或者说是理论与实践交替提升了。

打个比方，老师课讲得好不好，关键还是看学生理解的深度如何，是否真正融会贯通、理解透彻？还能举出实际例子引导理解，最终变成学生能举一反三和融会贯通的知识；学生在讨论环节发言，由此也能听出是否真正理解；另外，我们许多管理者、领导者主持会议并作讲话时是照本宣科还是自由发挥、表达自如，更能反映其是否做到真正的真学实用，证明其能力水平的强弱高低。

所以，真学不是死记硬背，而是生动理解；实用也不是抄用滥用，而是活学活用。同样的知识在不同的时间、环境、事物的运用上，为确保运用效果，其运用的方法、策略、力度也不尽相同，而应该是灵活有效地运用。

"真做实干"是指在实践中要拿出具体的、实际的行动一步一步实现目标。这个行动是通过一点一滴、一步一个脚印的行为动作来完成的。

真做就是真正地实施、真实地执行。既然是真，就要体现为不成功不罢休的决心意志，又从实施的具体目标、程序、措施、办法、标准、时限、分工等制定诸多方案细节开始，然后再按计划方案（复杂到一定程度的事情则需要制定书面方案）组织实施，并把控进展、修订方案、完善计划、确保如期达成实现。简单的事情虽然不必制定书面方案，但也要有预的意识，在脑子里想一想预案、做一个预判，再去实施、执行。以上方案内容都必须符合事物的客观情况、内部特征、外部环境、资源条件等，还要设置修订、纠错、完善及保障机制。

真做不是说说漂亮话、做做表面文章，即不是说了不做，做而不实。而是不仅要做，还要实在去做、抓紧去做，更要坚持不懈、做而见效。真做更倾向于对于行为从总体上实施的要求、把握。

实干是真做的延伸意义，二者都是说，我们平时做事情都要脚踏实地，而不是虚功假做。实干更偏重于对于行为从具体上实施的动作、举止，虽然与真做类比意思非常接近，但仍有那么一点细致区别，比如实干是真做意思的强化、意义的递进。

正如约翰·菲希特所说："行动，只有行动，才能决定价值。"英国谚语所说："行动不一定带来快乐，但没有行动则肯定没有快乐。"但我觉得行动一定带来充实，与困难、曲折没有太大关系。托·富勒所说："行动是知识特有的果实。"马克思也说："一步实际行动比一打纲领更重要。"只有行动才能给生活增添力量，行动才能有所作为，有作为是生活的最高境界之一。

有人认为，思考就是行动，事实验证行动。如果真要这么认为，那么，思考确实是一种行动，它是行动的开端，是行动的重要基础和前置程序，"三思而后行"嘛。如果说思辨是奢侈品，行动就是必需品，思辨任务一般是由管理者或领导者在更高层次上完成的，而行动一般则是由多数人共同协作完成的。思考力和行动力则是所有人最重要的两种力量。验证行动的结果则靠事实，这反过来说明，我们一切行动的目标是要求得到一个好的结果，即我们所要的事实或者事实的客观状态。

以上所阐述的"四真四实"是检验一个人为人处世及道德标准的一杆标尺，因为真诚与善良同属于道德范畴，此"四真四实"就是真善标准在日常学习、生活、工作中的具体体现和验证。四者结合起来，基本涵盖、包括了人生追求道德的实际意义和远大目标，一体四翼，一人四维，是人生哲学的具体化和实践载体。

三十五

存在感·呼应感·参与感·获得感

当代人们所追求的，包括这"四感"，与马斯洛五个层次需要论并不矛盾，甚至存在相通之处，但是这"四感"反映了与这个时代相吻合的人们共同的心理感受和目标追求。也许不是全部，但一定具有代表性。

现时，我们常说有人在自媒体通过发微博、朋友圈、当主播等方式刷存在感，表明自己及其影响力的存在。证明自己的存在本身没有问题，而其影响力如何，就另当别论了。

"存在感"就是一个人对具有价值的事物以及一定范围的人群关注自己或被自己影响而产生的感觉，这种感觉就是存在感。存在其实包括物质存在和精神存在两个方面，对人来说，前者表现为人能够以物理形态即实体出现，并参与实施相应的实践活动；后者表现为人的内在精神、心理需求，并且有丰富的想象和强烈的意识。存在感反映的是精神、心理上的感觉程度，如果存在感缺乏，则表现为精神世界的空虚、寂寞和不满足。心理上的需求并不只是物质上的填充和丰富，存在感更不是简单强调和依靠物质生活富足的程度来体现，尽管物质生活在一定程度上或在一个阶段上也能证明存在感，但它不能一直持续、永恒存在，更代替不了精神上的丰富性所带来的存在感。孤独寂寞的人渴望被人关注、在乎，做出一些另类举动或非凡事情来体现自己的与众不同和自身价值，以获得所谓的被关注、被尊重和存在感。从人性来讲，这与马斯洛需要论中的第四层次受人尊重的需要基本对应。

人类经过不断的进化到工具的使用、语言的表达等，都是为个体生存而发展的。说到底，我们的精神并不是事先就存在来掌控我们躯体的，根据物质决定意识、意识又反过来作用于物质的原理，精神是作为躯体行为的指导以及对外界处理和反映的一个心理性活动。所谓精神追求只是这种活动所依赖的器官的一种功能而已。

存在感是一种主观感觉，代表着人的个体对自身存在的一种判定行为，它是根据个人的世界观、价值观并在一定社会范围内，与他人对比所产生的差异而在个体中所表现出来的一种自我肯定或否定的精神行为。人们判定自身是否存在、是否有价值的标准各不相同，对于是否受到重视尊敬、是否受到关注肯定的要求也不一样，那么所表现出来的个体差异也会很大。亿万富豪可能为一单千万级生意被拒绝而烦恼，因为他觉得缺乏存在感和影响力，而一个普通职员可能为年度表现不错而涨薪每月几百元而满足，存在感随之提升，自我感觉良好。

我们分析一个明星为什么要经常爆料、一个创业者为什么要追求财富、一个官员为什么要想被提拔重用，其中都有存在感在起作用。有存在感的怕失去存在感，有的还想进一步增强存在感；缺乏存在感的更要证明自我存在。茫茫人海中，何去何从，都有意无意地受着存在感的牵引和影响。也许有的人做梦，梦见自己走到大街上被人一眼就能关注到、认得出，还蜂拥而至围绕身边，证明自己具有特别之处。而最怕的是在这个快节奏的社会被人忽视、遗忘，没有存在感。这就是凡人的明星梦、官员的升官梦、创业者的财富梦，都或多或少与存在感相关。

不能否认，追求存在感具有积极意义，促使人们勤奋努力、积极向上、不畏困难甚至百折不挠，为了自身的进步和人类的发展起到了动能作用。但是，个体存在感虽然要体现，却体现在哪个方面，是唯一角度还是多维方面？对于个体来说差异较大。

如果一个官员的个体价值只能体现在唯一方面——做官，而没有任何其他优势、特长或兴趣爱好来展现存在感，那么，他（或她）在官场上一般都是不遗余力、一心争取、谋划钻营，没有其他出路可以证明自己的价值，表现出来就容易敏感多疑，保官位、往上爬（暂不从政治信仰的角度作分析，政治信仰将在后面章节中探讨）。他们会把当官或从政当成人生唯一的价值体现和存在感知。由于平时注意力几乎全部集中在这一点上，遇到什么烦心事、不顺利或被忽视、轻视、漠视就容易钻牛角尖而出不来，那些空白时间没有或不能被其他事情填充，没有或不能被其他特长优势所引起的自信转移。说到这，您就不难理解，历史上曾经充斥于官场的所谓复杂性、争斗性甚至是尔虞我诈的存在，从人性角度分析，在一定历史阶段是有其存在的合理性的。

同理，"呼应感"是彼此声气相通、相互应答联系的感觉。比如互动的双方有听有答、一呼一应、互相联系、彼此响应。我们生活中常见到的接打电话、回发短信、回应微信、点赞留言等都属此类。对于打电话不接也不回、发微信短信得不到反馈回音，就是缺乏呼应感的一种表象。

我们希望别人对自己发出信号的正常呼应，那么也得要求自己对别人的及时呼应，而且互相都能感知呼应，呼应感随之而建立。呼应感，人之常情，性之常理。

呼应感几乎无所不在。别人叫你名字你答应一声，你叫别人名字人家对你回应。工作和事业中用得较多的呼应感是指在与基层群众、企业员工、单位职员上下沟通、左右联系中对于他们所提意见、建议、要求的响应，使他们能够明显地感受到他们被重视、被尊重的呼应感，通过呼应感而感受他们的存在感，他们在保有存在感的基础上，所提的意见、建议、要求得到回应，也许这些意见、建议、要求有对有错、有合理有不合理、有办得到也有办不到的，但都应该给予相应的回应。不同的吁请用不同的方式给予呼应，只要做到真诚实在、讲清道理、尽力去办，按此三原则回答响应，大家也都能理解。如现时能办的马上去办、条件暂不具备的努力创造条件去办、对制度规定有误解的尽力解释清楚、确实不能办或办不到的说明原因理由，不能忽悠、掩藏，大家的眼睛是雪亮的，心里是明白的，至少相信大家提要求的目的是善意的。但如果因为怕做不到、担心惹麻烦而不回应或推迟拖延回应，其实是没必要的。如果不回应或拖延回应，总体来讲恐怕后续麻烦更多、工作量更大。其实，人与人之间的交往又何尝不是如此呢？

"参与感"本来是对参加、参与、加入、参议其事的感知。似乎是以第二或第三方的身份加入、融入某件事之中的自我感觉。如参加讨论、加入某种组织、参与某项活动、参议事务计划、参加行动实施等都属此类。

当你在百度上搜索"参与感"三个字时，弹出来的几乎全部都是与小米公司有关的一本书《参与感》，内容是说小米成功的原因是用户的参与感，与其如此，还不如说参与感是用户决定小米第一款手机MIUI的新功能的不断扩展。雷军在这本书的序言里开篇说了一句"猪会飞的背后，参与感就是'台风'"这样的话，并且解释为，台风口上猪也能飞——凡事要顺势而为，如果把创业人比作幸运的"猪"，那行业大势就是"台风"，还有用户的参与也是"台风"。叠加的双重台风也许真能让风口的猪飞起来。

参与感也是存在感的提升与深化。小米让用户感受比其他同类企业更多更强烈的存在感、参与感，确实是品牌营销的一种有效手段，同时也是产品功能扩展、质量提升的便利途径。所以，参与感的效用很强大，证明自我存在的同时还增添了一份责任感，因为与己相关应该当成自己的事对待并去做，这本身就是一种动员或发动的功效，而所花成本却很低。人与人的交往也是如此，也是体现人的情商很重要的一个方面，比如，交谈中人称代词多用"我们"而少用单独的指称"你"或"我"，包括指出对方的不足时，也许也在告诫自己是不是也存在同样的不足、怎么弥补这些不足、以后如何少犯因这些不足而引起的错误呢？所以，多用"我们"指称代词，比如"我们在工作中还存在一些问题和不足"，而不是说"你"怎么样怎么样，既可以帮助对方，对方较容易接受，自己又多一次警醒，可以得到更多，并没有失去任何东西。交往方面类似的例子有很多，善于发现、善于运用，效果会很好。

"获得感"表示获取某种精神或物质利益后所产生的满足感。既包括人的追求、梦想、尊严、同等享有的权利等，又有衣食住行医、吃喝拉撒睡等个人生活和关联物质需求、收入保障等，强调一种实实在在的"得到"，它是幸福感的来源，有了获得感，离幸福感就不远了；但没有获得感，幸福感就无从谈起。我们最终追求的是幸福感。从另一个角度说，精神上的获得感更接近于心理上的幸福感。

从精神层面说，心灵的踏实、精神的愉悦是检验一个人在精神层面有没有获得感的重要指标，它能持续、永久发挥作用，可以说是人生的毕生追求，是人的精神健康乃至身体健康的重要保障。多读书、读好书就是其中一种；与人交谈交往得到心灵上的慰藉、知识上的增长、道理上的领悟、精神上的享受更是常见的获得感体现，看电影电视、听戏曲音乐或欣赏书画作品、游览风景名胜等，对于人的精神获得，注定是作为文化或旅游主导的主渠道了。我想特别提出，中国几千年积淀、传承的传统文化如此博大精深、影响甚广，其精华都是被证明是好的、是有用的，也是一直被保留传承至今而没有消失的最重要原因。自己的祖先最了解他们的后人，我们也最了解自己的祖先，把祖先给予我们的东西除珍惜外，还要结合时代学习好、运用好，不枉祖先对于中华文明的苦心追求，算是对祖先的最好报答。也许这就叫传统文化的时代化、大众化和应用性。

从物质层面说，收入的提高、物质的满足是检验我们有没有获得感的直接可见可触的指标。虽然它没有精神获得感那么持续、永恒、重要，但没有物质获得感也是万万不能的。人赖以生存的最基本条件是吃穿用，在此基础上，人才有可能去接触、了解甚至创造精神世界，后来也被反复证明精神世界与物质需求的逻辑关系，但是，人类最终还是把不断满足人的物质和精神需求两个方面共同作为人类永恒追求的目标。世界发展史从来没有改变这一法则，尽管发展出现过曲折、世界发生过动荡。

作为管理者更应懂得被管理者的这两种需求。既要关心他们的收入情况、生活状态、物质需求，更要关注他们的所思所想、精神追求、心理感受。所谓事业留人、待遇留人、情感留人，说的是同样道理。如果说有所不同，那也是在轻重缓急上区别开来，因人因事，具体问题具体分析具体处理。

以上"四感"，有人会觉得还不够全面。比如，为什么没有归属感、责任感、成就感、荣誉感和幸福感呢？这么多的"感"只拎出这"四感"作阐述，是不是有偏颇之嫌。我觉得，这"四感"与时代相呼应，联系可能更为紧密、更具代表性。我们平时也会运用到其他"感"，也很正常，也很重要。但是这"四感"的内容以及意义的边界划分并不那么死板、固化，许多都已经包含了其他"感"所要表达的内涵，或者说其他"感"的表达似乎都能在这"四感"中找到自己的影子，找到它们的代言者。如同幸福感与获得感之间的关系。

这也是本书之所以称作"四维人生"的原因！

三十六

公开·公平·公正·公信

标题里都有一个"公"字,这里"公"的意思是共同、普遍的,范围指大众、社会、国家或一定范围内的集体,也包括世界。

那么,"公开"的意思就比较好理解,即对大众不隐藏、不遮蔽、广告之。它是相对于保密、隐瞒而言的。如果"私"是"公"的反义词,公开则就不应有私心、私利、私藏,没有自己特别的秘密或把应让公共知晓的都公布出来。按照人生来"性本多善"的原理,善多于恶,有恶就得克恶,有善就要扬善。除去私心私利是人性修炼的毕生课题,也是达到"公开"目标的前提和基础。

公开主要针对强势一方或管理者对弱势方或被管理者通过一定方式、实施相关信息的发布、公布,是一种主动沟通、通报信息的有效方式,目的是畅通渠道便于知晓、争取理解、求得支持,以达到最大公约数,共同努力去实现同一目标。

公开方式用得好、用得恰当,产生的作用肯定是好的。

公开的内容应该是有选择的,不是什么信息都能公开的,如核心技术资料,企业商业秘密,尚处酝酿的人事、项目方案,未定的战略规划,尤其是战争期间的战略战术、兵力部署、武器装备,等等,没有解密之前都不应公开。但是应该公开所能公开的所有信息内容,不要怕被有关方面和人员知道得越多就越被动的想法,把公开当作一种共享资源,让享有者真正享有,并发挥其效能。这就是公开的目的之所在。

公开的方式也有多种选择，怎么有利于稳妥、全面、快速、准确四原则，就怎么公开。这里不作专门讨论。

人的个体交往之间，个人信息公开到什么程度？也是值得思考的。随着信息时代的发展，个人许多信息已不是什么秘密，这些信息也是信息时代、大数据网络的重要资源。即使这样，个人信息应该有更强烈的保护意识，无论个人图像、照片、住址、单位、身份证、银行卡、家庭成员状况、收入包括身体健康状况等，除了有些因工作、业务、交往必须公开外，要尽量保密或控制知晓范围，以避免造成一些不必要的麻烦和损失。

另外，与朋友、同事等交往，在介绍自己或交谈过程中，应该将个人情况介绍多少、什么范围及细致程度，要有一个合适的度，既便于相互了解沟通，又不至于因介绍过多过细引起不适和误解，因人而异，因事而变。一般来讲，能不公开的就不公开，可公开可不公开的也不公开，没必要公开的就更不用公开，只有必须公开的才公开。古人云，言多必失，还是有道理的。

所以，信息公开应遵循的原则是：谨慎性、缜密性、适度性。

"公平"本意是大家平等存在，实际应用中，多指处理事情合情合理、合法合规，既不偏袒也不压制某一方或某个人。它是法所追求的基本精神之一，即"法律面前，人人平等"。

公平一般表现在四个方面，即权利的平等、分配的合理、机会的均等和司法的公正，包括政治的、经济的及其他各种权益。一个人在社会合作中承担了责任，就应公平地得到他应得的权益。如果一个人少承担责任或多享有权益，就会让人感到不公平。春秋管仲《管子·形势解》说："天公平而无私，故美恶莫不覆；地公平而无私，故小大莫不载。"

作为社会成员，人不可能脱离社会而存在，而且每个人都有追求平等的强烈愿望和应有权利，要想维持社会的稳定秩序、良好运转、持久合作，必须坚持公平这一总原则，只有公平才能实现这一目标。另外，个人的发展与社会的进步是你中有我、我中有你，互为条件和保障，良性互动、循环提升，必须依靠公平原则免除人们的后顾之忧、心头之患。如果不坚持公平原则，社会没有了公平，不可想象世界将变成什么样子。尽管做到真正的、实际的、绝对的、事事的公平还不可能，但提倡、坚持公平必不可少，反对、消除不公平要付出全力，否则，人心混乱、秩序不稳、社会动荡将不可避免。

解决社会公平的基本办法是完善法律制度、实施民主治理。人人享有公平的各项权利并能通过合理合法的途径方式主张、实施并享有，从中获得应获得的那部分利益。所以，公平不仅享有权利，还要实施权力，更要获得利益——这才是一条完整的公平链。享有公平的同时，也要承担相应的责任和义务。

我们讲人皆生而平等，虽然出自美国《独立宣言》，但它成为一句不朽的宣言，也被认为是最具影响力的预测理论。人生来人性、人格平等，包括法律规定的权利义务也平等，但平等并不意味着人生都一样，包括人的生活状态、生命旅程、人生结局实际上都各显不同，原因除了人的个体差异外，其中一个重要因素是利用这一公平资源的方式、效果大不相同造成的。所以，人们应该重视对公平资源本身公平性的认识、理解，并加以合理并有效利用，最大化地享有公平、获得利益。

"公正"属于伦理学的基本范畴，意为公平正直公道，没有偏颇和私心。它是一种价值判断，内含有一定的价值标准，即法律。《朱子语类》卷二六："只是好恶当理，便是公正。"公是心里公，正是好恶得来当理。在中国古代，公正、正义往往指道德修养，不含有个人之私的一种美德。它带有明显的价值取向，而所侧重的是社会的基本价值取向，并且强调其合宜性和正当性。从字的结构分析，公，平分也；正，是也，直也，不偏不倚。如战国·荀子《赋篇》："公正无私，反见纵横。"

包拯是中国公认的刚正不阿的典型形象。他被人们称为包青天，性格严厉耿直，为人刚毅，疾恶如仇，秉公执法，不随意附和，不取悦别人，更不装模作样，可对自己要求很严，吃穿用跟普通平民完全一样，没有任何私心杂念，一心只为公正。正像清代何启所言："公者无私之谓也，平者无偏之谓也。"不也是"正者无邪之谓也"吗？

"公信"按照层级来讲是处于前"三公"之上，或者说是由前"三公"基础之上综合达成的"公信",因为公信是人类精神文化价值的通论,也称为公共信用或公众信用,是社会经济和分工协作高度发展阶段人类普遍认同的价值观,是社会各主体间认同的社会关系和经济关系的行为准则。它至少包括公理、公义、公权、公利四方面,其实都是关于社会普遍认同和遵守的、由法律和自然赋予的各种道理、责任、义务、权利以及获取的合理、合法的利益。

公信也是一种理念,需要经过社会长时期公开、公平、公正地运转、协调、修正、完善而形成的,一旦形成,就是这个社会公众普遍遵循的价值观,并且从个人诚信开始,与社会信誉互为依托、相互促进,社会的进步与发展才有了坚实的价值基础、厚重的道德支撑。一个人生活和工作在一个公信的社会里,促使每个人都讲个人诚信,就不用花费精力、心力去考虑是否诚信或防止别人不讲诚信,个人纯洁性、能动性、创造性将大为增强。如果一个人在一个讲公信的社会里不讲个人诚信,个人将无法正常生活、工作。尽管目前存在个人不讲诚信的情况和现象,也还不算过于少见,说明公信程度还不够,公信力还没普遍真正形成,存在公信不足、管理漏洞问题。要建立这样一个真正的公信社会,任重而道远,虽难而信心足。

以上"四公",我们平时会经常采用,而且我们每一个人心里都有追求"四公"的美好愿望,但真正达到"四公"境界、形成"四公"理念,却不那么容易。有一点可以肯定,只要我们坚定持续地提倡爱度融合,把爱作为我们未来前行的本质原动力,源于大爱的力量一定能够引导、推动、促进社会公开、公平、公正、公信的形成,爱才是"四公"的支撑基础和力量来源。把大爱精神贯穿于个人灵魂净化、社会道德至上的一切始终,那么,"四公"的普遍价值目标会加速实现,社会运转更加和谐的美好景象会展现在世人面前。

我们共同期待。

三十七

上善若水·厚德载物·道法自然·无为而治

中国传统国学中有很多这样经典的总结。但我们从中选取这四个词作为一节的标题，是因为觉得它们有很强的代表性，而且可以作为初次涉猎国学、进入国学领域、提升学习国学兴趣的敲门砖。一部分人一开始学习国学，不知道从哪学起，找什么样的书来读，如果直接读"四书五经"也不是不可以，作为国学初学者，先对国学产生兴趣并作初步了解，然后再去读相关书籍和系统学习，我觉得可以达到事半功倍的效果。这也是一点切身体会。

这四个词我们把它们作一个大致划分，即上善若水、厚德载物侧重于从如何做人的角度阐明其深刻道理，而道法自然、无为而治侧重于从如何做事的角度探索其基本规律。它们所包含的意义相互也有交叉，做人与做事不可能也没必要截然分开，何况我们先辈早就告诫我们"做事先做人"。但是，弄清它们各自侧重于哪个方面有助于我们理解、研究，更有利于我们实践、运用。

"上善若水"字面意思是极致的善良是像水一样包容和利于万物。扩展意思就很丰富了。我们来看《老子》怎么说的："水善利万物而不争，处众人之所恶，故几于道。居善地，心善渊，与善仁，言善信，政善治，事善能，动善时。夫唯不争，故无尤。"（《老子·道德经第八章》）老子说："善为士者，不武；善战者，不怒；善胜敌者，不与；善用人者，为之下。是谓不争之德，是谓用人之力。"（《老子·道德经第六十八章》）道无所不在，水无所不利。据此，水有九善：可有可无、可容可渗、可去可留、可高可低、可动可静、可载可覆、可柔可强、可方可圆、可隐可现。

（一）可有可无：意思是人们要用到水时就找到水而用，是为有；当人们不用水时就搁置它、放着不用它，当它不存在，也与此不争，是为无。比喻人被需要时就现身、出手、助人，不需要时则好像这个人不存在一样，而且也不争，更不刻意让人知晓自己的存在，默默无闻、任劳任怨、无怨无悔。既可有也可无，有无都坦然，有善而无我。

（二）可容可渗：人的善良要像水一样包容万物、容纳百川、接纳一切，而其渗透力又无可比拟，可以进入看似没有缝隙的东西中、物质里，如海绵、土壤等，渗透性极强。无所不能包容且几乎极少东西不能被渗透，以水温润和滋养大地、人类。人体70%由水组成，生命的维系主要靠水，没水就没有生命，包括动植物。那么，人的包容心和渗透性又怎么样呢？要像水一样去包容，人生至善止于包容一切，只有通过修炼、悟道、求善才能不断扩充这样的包容心和容纳度，最终达到包容万事万物万人的境界。另外，人也要有渗透性，无形渗于有形，德行渗于行为，无声渗于有声，潜移默化，循循善诱，用善之心，才有高格调大气场来支撑引导人格、大德的渗透、影响。

（三）可去可留：水，去时隐声、留下则用、离开无痕；水，随人之愿，去留一念间，把奉献精神诠释到极致。人当如水，去留无悔，只为人世，更加完美。是去还是留，源自心灵的等候；要想世人好，无所谓去留的安排。有意看淡去与留，是因为心中总是有追求，像水一样来去可无影踪，不计较、只付出、无条件、有大爱。

（四）可高可低：主要是指水居其位可在山顶，可在峡谷，且从高往低、顺势而流，无论高低，都不刻意显山露水、昭示自我。做人亦如此，顺应自然，选准定位，认清自我，可高可低。身居高位不颐指气使、高高在上、蛮横傲慢，也没必要自以为是、唯我独尊，更没必要顺我则善待、逆我则冷对。而应该以感恩之心对待世界、以敬畏之心对待自然、以平常之心对待富足、以责任之心对待事情、以大善之心对待他人，以达到高处不示高、高处显大爱之境界。即使是普通百姓、基层民众，还是与凡人俗事打交道，同样要正确定位、不卑不亢，理顺心态、认真处事、乐观生活。虽然水往低处流，人却往高处走，对于富足人可羡慕，却取之有道，但不嫉妒、也不气馁，更不应恨，既要为自己的目标、理想勤奋努力、勇于拼搏、永不满足，又要平心静气、安于生活、知足常乐。一切以平常心待之，喜不必形于色，苦不必诉于人，高不必优与心，低不必怨尤天。从不争高下，谦虚低调，淡问功名。

（五）可动可静：动如脱兔、气势如虹、一泻千里；静若处子、一汪碧水、镜可照人。可动可静、动静相宜。善人则也是，人活一生要拥有热情、充满激情，为了希望、理想，奋斗不能停止，意志不可削弱，如水般强大有力、不可阻挡；又有"悠然见南山"的一片心境，心静如水，心纯如水，自有其乐，平和而止，止而清朗。岂不是达到一种身外无物、心里无欲、身心无扰、勿虑不忧的清静状态吗？

（六）可载可覆：水可载舟、亦可覆舟，两面皆有，世人皆知。治水不如顺水，围堵不如疏导，道理古已有之。水有其自身规律，不能背道驰行，水为人为世所用，应有尊重、敬畏之意识，顺则载舟，助人匡世，逆者覆舟，灾难难免。人心如此，多说安人心之话，多做顺人心之事，疏导、释放、缓解多于闹心、堵心、劳神，不可火上浇油、助长负面情绪。心气顺了，团结和谐，相互支持帮助；人心堵了，无法畅快，推向负面，则要对立，覆舟在即。利于万物的水，也可形成洪水猛兽，吞没、冲毁万物，带来灭顶之灾。具有典型的双重性。

（七）可柔可强：我们可用温柔如水形容一个人的性格，也曾经用刚强如山表达一个人的坚强意志和果敢行为。一方面，水既可柔顺似锦、施以润泽，又强大无比、势不可当；另一方面，水与善仁，对强者尊重，保持敬仰，而对弱者理解、同情、鼓励、帮扶，表示亲近，而不是对强者唯诺、排斥、嫉恨，也不是对弱者轻视、欺负、打击。人性格有差异、能力有大小、刚柔有分寸、历练各不同，承认客观现状、理解个人世事，向真向善如水，相知相扶共进。另外，水可柔可强，水亦能以柔克刚，以柔胜强，刚柔相济，滴水可以穿石，执着坚毅，不达目的不罢休！人何尝不是如此呢？

（八）可方可圆：指水能随物成形、顺应物状。从不挑剔，从无怨言，只会适应，不必担心不贴切或不顾大局，可方可圆，可圈可点，可长可短，可大可小。有人说，中国古代的铜钱有方有圆，且外圆内方，联想起做人，实应可方可圆，既保有内心的真实性格和既有原则，又表现出方式、策略、尺度上的灵活性和技巧性，其是为了别人好、为了大家好，为了整体或大局好，最终为了实现远大的共同目标。而方式、策略、尺度上的灵活性是以不自私不任性不狭隘为前提，是为了奉献、付出而采用、运用、掌握。正如水之善德也。

（九）可隐可现。前面也提到，水不争功名利禄，被利用完就自觉放低、自行退隐，当被需要时又现身在前、挺身而出、全力以赴，从不挑三拣四，也不提要求讲条件，永远是这样一种宽厚包容。只要尊重它的规律、顺应它的脾气，从来不用考虑讲什么条件、给什么好处、付什么报酬、花额外成本，上得了台面、争得了大面、显得了威力、作得了贡献。同时，又藏得住尾巴、耐得住性子、忘得了功名、收得了场子。似水，似人，亦然，不必分清。

另外，水本无色无味，一般来讲，加什么色变什么色，放什么味成什么味；还可冷冻成冰，固化成雪，亦能加热成气，汽化为雾，蒸腾九霄，为云为雨，如虹似霞，蔚为奇物、壮观。

给大家介绍日本作家江本胜所写《水知道答案》这本书，用拍摄的122张水结晶照片提出作者的观点：水不仅有自己的喜怒哀乐，而且还能感知人类感情。对此，有人提出反驳意见，这里，我们也不去求真伪。但不管怎样，这类问题或现象值得研究。我觉得，水分子结构在不同环境、氛围、条件下呈现不同状态是完全有可能的，尤其是人体中的水分、血液分子结晶体与人的情绪、意念、感悟肯定是有关联的，甚至有直接的影响，进而会影响到人的身体健康，比如，生气、愤怒、忧虑、怨恨是人们患心血管疾病较为直接的导因。除此之外，人的主观意念一定影响人的气场，气场一定影响周边的人、事和物，包括自己就像对一个伤心哭泣的人你很难笑出来、对不记宿怨而微笑的人你少了许多责怪和生气、对一个善意的人你很难恶语相加一样，正如老百姓流传的一句俗语"伸手不打笑脸人"，所以，不可忽视心灵和情绪所产生的强大作用。上善之人必定有上善之气。

"厚德载物"，指道德高尚者能担当大任、容养万物、接纳百川并享有天地的馈赠和福报。《易经》有坤卦，其《大象》曰："地势坤，君子以厚德载物。"另乾卦里一句是"天行健，君子以自强不息"。两句话含义：前一句是真正的君子能接物度量、承载万物，也能因厚重之德拥有、承受相应功名利禄、荣耀富足。说明德位相配之大道；后一句是自然天地的运行刚劲强健，而君子在世处世像天地一样，发愤图强、不屈不挠、永不停息地运转。传统文化强调天人合一，人源于天地，是天地派生者，所以天地之道就是人生之道，融入一体。

厚德载物，关键在德。德本意是顺应自然、社会和人类客观规律去提升自我、发展自我的意识。在心为德，舍欲之得，得德。《老子·道德经第四十九章》："善者吾善之，不善者吾亦善之，德善。信者吾信之，不信者吾亦信之，德信。"由此，本书也曾提到过，德的基本判断标准是善良（善）、真诚（信）；同时，德的最高境界是以德报怨，以善待恶，以信对伪。与老子说的完全吻合。当然说容易，做到可是件不容易的事。

我们说，人，性本多善，与性本善有所不同，与性本恶更不一样。但每个人多善的程度又有较大区别，与父母的基因传承、与天赋形成期的胎教及学龄前引导培育、与后天的道德教育及示范引领都分不开。我们一直都在试图努力培育一个具有良好道德的社会、国度，真善和谐相处，营造一个道德之花盛开、友好美丽祥和之氛围。

保持善本、激发善意、引导善举、坚守善心，就是培育初德的必经之路和有效途径，还要一代一代往下接力、传承，让道德的光芒、力量发扬光大、主导人心。事实证明，道德无形的力量远胜利剑有形的力量，道德柔善的力量远胜表面刚强的力量，其实这就是道德的伟大之处。凯洛夫曾经说过："感情有着极大的鼓舞力量，因此，它是一切道德行为的重要前提，谁要是没有强烈的志向，也就不能够热烈地把这个志向体现于事业中。"似在说明，常讲无能不做官、不持官，而无德便无贵、不久富，而感情真挚、恒久之力正面影响道德行为，所以修德便可以从为人用心、待人用情开始，一步步拓展、延伸，是修德的一个基本步骤、持久过程。中国古代总结的"仁义礼智信、温良恭俭让"就是做人起码的道德准则，即为伦理原则。如以此来处理与协调作为个体存在的人与人之间的关系，那关系可想而知是人类社会追求的真正的和谐道德社会。

修德，从自我做起、从身边做起、从点滴做起、从分秒做起，大德必从微处显，大德必看细节，大德便是永久，大德才有大福。所谓德位相配、德福相依嘛。如果一个人可能能力不强，但德行一定要好，德行是能力的最大弥补、支撑，德能相济，德是第一。能力再强，德行不好，不可重用；德行厚重，能力不够，还能提升。二者谁重要，一目了然。

德行具体体现为日常思想、言行：

1. 有话明说、冷话热说、直话意说、真话实说。

2. 多些肯定、鼓励、表扬，适当或少用批评、否定、责备。

3. 信任多于怀疑、优点多于不足，多想别人好处，尽量弥补缺陷，不去害人、可要防人。

4. 与人方便，善解人意，为别人着想，多尊重他人。

5. 低调为人，谨慎处事，放下身段，自降身份。

6. 剔除私心，立信为本，诚恳朴实。

7. 感恩敬畏，勤于思考，乐于助人，激发热情，充满正能量。

8. 微笑以对，宽容为怀，恕人之过，原谅为上，不怀报复之心。诚如一副关于弥勒佛的楹联所说："大肚能容，容天下难容之事；慈颜常笑，笑世上可笑之人。"

9. 少说多做，诚实守信，无私与人，德高一定望重。

以上是从偏重于做人方面作的阐述。

"道法自然"，出自老子《道德经》："人法地，地法天，天法道，道法自然。"

老子将天、地、人乃至整个宇宙的运行、生命规律精辟概括、宏观阐述出来，它揭示的是整个宇宙的特性，包含天地间所有事物的属性，以及它们均效法或遵循"道"的自然且固有的规律。

早在开天辟地或人类诞生之前，有一种东西就已经存在，且不可能以人的意志为转移。这种东西混混沌沌、无边无际、独一无二，遵循着自己的法则循环往复地运行永远不会停止，它作为世间万物乃至天体本源的存在根本，如天体运行中地球围绕太阳转、动植物生生灭灭的循环原理、人类与天体和动植物享万物之间的生存关系及法则，这一切的规律我们不可能准确简单地描述清楚，但可用"道"作笼统地称呼，且"道"无处不在，无往不至，古往今来，无穷无尽，自然而然。

说通俗点，人受制于地，地受制于天，天受制于规则，规则受制于其本身。所以，关键是本身具有的规则，而且每一个事物都有它自己本身的规则，人类就是永远不断地探知宇宙也包括宇宙之外几乎所有事物（含未知事物）它们自身的规则。这里的规则，就是《老子》的"道"，就是客观规律，顺应而不是违反它自身固有的程序规范、标准要求。这在我们平时学习、生活、工作中常常遇到，这种现象我们可把它称作"规律意识"，时刻树立和保持一种"规律意识"，是我们揭示关注、认知探寻直到找到规律继而运用规律、按规律办事的基础和前提，并且要养成一种思想自觉和行为习惯。虽然寻求规律的过程并不简单，可能还存在很多困难、阻碍，但一旦找到规律，那么只要按规律办事，事情处理起来就变得简单明了，更不会走弯路、跑偏向、犯错误。所以，花费一定的时间、精力、成本去寻求、探知事物的规律是值得的，未来还可以反复、循环运用这一规律，也为探知相关、相近、相邻事物的规律打下很好的基础，使这一过程也变得明白、容易。这也算是砍柴前的磨刀之工了。

道法自然还涉及"道"与"万物"的关系，即"道生一，一生二，二生三，三生万物"，"道"不仅产生"万物"，而且也是万物得以存在、生长、发展的基础和保证，是万物的根源、母体，但"道"也从不主宰、控制和干预万物，它具有

"生而不有，为而不恃，长而不宰"的至上美德。认知了"道"及其认知原理，那么，认知、了解"万物"就可在"道"的引导下、在"道"的范围内加速实现。"道"与"万物"的关系联想到国家治理者同天下老百姓的关系，用"道"认知百姓、治理国家，了解其需求，掌握其规律，一切从百姓利益出发，一切为了百姓，由此去制定国家治理的路线、方针、政策，就是按"道"行事，让百姓受益得利。古今中外，国家治理的成功典范和失败案例，恐怕无不涉及这一规律，概莫能外。

一个国家、一个社会、一个区域、一个组织、一个团队的管理之"道"也是如此，是否把最大多数成员的利益放在首位，是否把一个管理单元的整体利益作为最高原则，就是我们常说治理、管理的关键之"道"。由"道"展开的具体治理之道、管理之策由此定位，同理而已。

关于对"道"的理解，我们举两个例子。比如学生在学生时代尤其在大学阶段，无论学习什么专业，但比学专业知识更重要的是学习学习的方法、原理，掌握学习的规律、技巧，摸清学习的方向、门道，包括确定自己的兴趣、特长，选择合适的专业、目标等。从某种意义上说，专业学习只是掌握学习方法、原理和规律的一个过程，何况许多学习在硕士、博士阶段换专业以及参加工作与所学专业不对口，而取得卓越成绩的也不在少数，大概也能证明这一点。

再比如，我们做所有事情，像领导讲话、与人交流沟通、做事的节奏力度的把握、文体类专业训练，等等，都特别强调自然、放松或松弛、适度，涉及"度"的原理。实际上，这也是做事之"道"，像歌唱要讲究自然与情感、力度与松弛之间演唱的辩证关系；书法也要讲究字的个体与整体布局、身心放松与笔法力道之间书写的辩证关系；围棋要讲究布局与手筋、取势与实空、中盘与关子、弃子与占地、声东与击西之间手法的辩证关系；网球要讲究速度与角度，力量与线路、旋转与点位、常规与意外之间打法的辩证关系；领导讲话要讲究表情与姿态、语速与音量、评述与强调、自然与深沉、松弛与气足之间表达的辩证关系；与人沟通讲究情商与真诚、技巧与朴实、内容与形式、善意与幽默之间交流的辩证关系；其他做事的节奏、力度都涉及此类辩证问题，即它们各自的规律性问题。我们都对此应该加以认识、实践和总结其中各自的原理规律，从而提高、提升对规律认知、把握的能力和水平，即更快地提高、提升诸如以上提到的学习、歌唱、书法、围棋、网球、讲话、沟通等各方面的能力、水平！

"无为而治"本是老子的《道德经》讲道家的治国理念。但我们现在已将它引申、运用于各类管理中，包括企业管理、城市管理、社区管理、组织管理等广泛领域。其本意并不是不为，而是顺其自然、顺应规律不妄为、不多为以及由不为而达到无所不为的管治之道。

无为实际是按"道"而为，按"道"则不能背"道"妄为，也不可、不必超越"道"之界限多为，按"道"而为则所有事情都能做得好、达得到。老子说过："为之于未有，治之于未乱。"（《老子·道德经第六十四章》）说明老子对无为的理解，还是按"道"做事，难事则不难，细节成就大事；预则立，不预则废。其中一个重要的道理就是抓住事物的关键，"举纲""按律"则可将复杂的问题简单化，简单的问题具体化，具体的问题常态化，常态的问题规范化，进而实现自觉性、习惯性、可循环、可重复。而且做到了这些，就再不用费太多脑筋、想过多办法即不用花太多的时间、精力、行为即可多做事、做成事，因为总结、找到了它的规律性，形成一套系统、完整的规范性做法。这就是所谓真的"无为"之状态。

通过这种"无为"达到做事有益、做事不败、无所不能的境界，分层而论，则是：

（一）按照事物的自然趋势顺势而为，不争、不偏，即无为。

（二）放得下、弃得了、选得准，该做不该做心中有数，有所为有所不为，凝神聚气。再集聚精力去作为，把该做的事做好。

（三）时间的推移、经验的积累、规律的掌握，恒定范围内的事即使不为，按它自身的规律正常运转，事毕则成。新出现、新增加的事按同样方法、程序照样达到循环的预定目标，就能通过"无为"达到无所不为。并从中寻求"乐为"、找到快乐，包括学而知其然，知其所以然，学而知其乐，乐而践其行。

"无为"并不是主观臆断作为，也不是无人为之为，而是"顺天之时，得人之心"；顺地之性，享其物用；顺人之意，得其天下。无亲无疏、无私无杂、无彼无己，无道无为，而靠自然与民众的自为无为无不为、自治无治无不治，靠法治、德悟、情亲、信远，识准人、用对人、育好人，信任加依靠、激励加约束，则无为胜有为。无为而治对后世安邦治国影响很大，如战国时田氏代齐，用此来治理国家，成就了"齐国霸业"；而后，汉初出现了"文景之治"，唐初出现了"贞观之治"，明朝出现了"仁宣之治"，清初出现了"康乾盛世"。中国历史上的五大太平盛世，都是直接或间接、有意或无意地在道家思想的影响下取得的。

企业管理亦如此。管理者在制定一个好的企业发展战略、建立一套完善的制度机制、确定一个中长短期目标、把人员队伍用对用好带好，则从具体、琐碎的管理事务中脱开身来，让团队去实施具体事务，比如研发、生产、技术、销售等，自己则在总体上、宏观上、大事上有所为，而在细节上、微观上、小事上按分工放开而有所不为（并不是不注重细节，而是由基层去关注做好细节）。我以为，企业管理的最高境界是无为而治、止于至善，而判断标准则是规范化、标准化进而达到手册式管理，员工根据手册内容就能知晓自己该干什么、怎么干、干到什么程度、达到什么要求、考评标准、自己预评结果直到兑现薪酬奖惩收入额度，手册都清清楚楚、明明白白。手册制定好并执行顺了，就能达到无为而治的境界，管理就可能致于至善。分工、分细、分层而为，从而达到高层逸然、员工建功则企盛，反过来则企衰的管理状态和目标。正如古人说的"君逸臣劳国必兴，君劳臣逸国必衰"。

这里举一个例子。孔子《论语·卫灵公》："无为而治者，其舜也与？夫何为哉？恭己正南面而已矣。"舜派鲧去治理洪水，9年后失败了，舜就派鲧的儿子禹去治水。禹果然不负重望，13年后平息了洪水。大禹治水由此而来。而且舜对百姓仁慈、对下属宽厚，还作五弦之琴以歌《南风》，以乐舞治教。舜治国不仅成功，而且他自己要做的，只要安安静静坐在那而已。这就是舜奏"南风"治天下的故事。

三十八

逆势待势 · 平势顺势 · 乘势借势 · 创势隐势

"八势"之势，细分势能，虽客观存在，却日用不知。

受"道法自然"联想、启发，为人处世均要顺其自然、顺势而为。而顺势只是"势"的一种，按照"一分为多"的观点，到底有多少种"势"呢？于是，出现了至少以下递进、分层的"八势"：

逆势而动、待势而定、平势而行、顺势而为、乘势而上、借势而谋、创势而就、隐势而成。

"势"一般是指形势、情势、趋势，也指力量、威力、气势。更多的是指从高位往低处形成的力、气和向，由此叫作势力、气势、胜势和趋向。在具体语境、氛围、场合下使用，又有不同的含义指向。

"逆势而动"，即反作用于势，反势而行，也可说是倒行逆施。无论是自然之势还是社会运行之势，逆势则结果不是葬身势中，就是埋身于势，或者藏祸于势，至少也被挡于势外，无法前行。除了少数情况下真理被掌握在少数人手里的情形，而形成了对势的相对看法、不同理解造成逆袭外，一般不可能有好结果。我们打个比方，犹如逆水行舟，不进则退，在水势作用强大情况下，人为划桨逆流而上，几乎不可能行得通，更达不成目标，到不了目的地。逆势而动，是我们认为的最负面势之情形，也是为人们与社会所不容的一种势能作用。是一种主动的逆向功能，如违法犯罪行为。

"待势而定"，是等待势头而来再确定如何行动。待势包含有看势、析势、研势、判势之意，而后确定来势再决定应势的方案。这样一个过程完全符合决策程序、规律。也是处于第二层面的一种表述，是一种看似被动、实为预动的备用动能。犹如拟于江河行船，因河道地势情形、水势大小缓急不明，等待情势明朗后再定于何地下水、何时起航。企业决策也常常会遇到此类情况。

"平势而行"是就均等、平衡势头之时采取行动。平势指所采取的策略，在时机、场合、来势情形下做出的就势而定。这里有一个对平势的判断，平势是相对而言，没有绝对的平势。一般来说，平势而行可能是在平势时不得不行，因为平势时行动相对更合适、最有利，没有其他更好的选择；另外，平势而行可能是人为在平势时为求平稳才行动，有一些消极、被动之意。生活、工作中一定存在这种客观情况，是否实际按平势而行，还得分具体问题、具体情况、具体分析、综合决策。犹如在平静的河湖里行船，只需撑篙、摇桨，不用做多余的动作即可让船前行。

"顺势而为"，是我们讨论最多的一种情况情形。与道法自然、无为而治相关联，本意也是因"顺势而为"而起，通过分析细分而来的。前面已经讨论较多，这里再说明一点，遵循古人之教诲，我们平时更多地意识到，遇事则应该怎样看清顺势、适应顺势、把握顺势，从而拿出行动、顺乎而为。犹如江河上顺流而下，像一幅"两岸猿声啼不住，轻舟已过万重山"的好景和势头。

"乘势而上"，即乘着势头积极作为达成目标。如乘风破浪是乘着风的方向和势头劈波斩浪向着目的地前行，伺机而动是乘着机会来临立即抓住机会采取行动果断出击实现目标，也叫相机而动、乘机行事、见机做事。犹如从下游游向上游，要乘水流不湍、风浪不大、水势相对平缓等时机，抓紧向上游动。主要是要看准时机、势头，要积极主动作为，要有坚强的意志、恒心，要有不达目的不罢休的决心、勇气。善于抓住机遇的人一定是有智慧的人，也是一个平时都在做准备、时刻都在等待机会的人，一旦机遇来临，哪怕稍纵即逝，也会牢牢抓住，便能一举成事。因为机遇总是垂青有准备的人，就是这个道理。

"借势而谋"，本身没有势而能借势、谋事而成事。知者借力而行，慧者运力而动，荀子说："（君子）善假于物"（《荀子·劝学》），意为君子的资质、聪慧与一般人没有什么区别，之所以高于一般人，是因为他能善于借用、利用外物。如读别人写的好书、学到的知识就多；登高就能望远；顺风呼叫传声可达更远；借助车马可赴千里之外；借助舟船可渡江河；船能借助风势或借着顺流，挂帆、顺水远行，就像诸葛亮借东风，等等，不一而足。

在企业管理中借用有利的客观经济环境、政府政策措施、社会资源条件、创新技术优势等大力开拓发展创造不凡业绩，属借势而谋的典型事例。具体在这里就不作解释了。

"创势而就"，指没有势头创造势头而成就事情。与我们平时说的"没有条件创造条件也要上"同理，体现了当代人提倡和追求的创造性和创新精神。确实，当代社会，创造性思维、创新精神以及创造性行为显得特别珍贵和重要。我们做事的基本要求和标准是不遗憾不后悔，即今天所说的话、所做的事在明天、在将来不会感到遗憾和后悔；而做事的最高境界不仅仅是把事情做对做好，而是把不可能的事变成可能，即看上去或大家都以为此事不可能做成，但是，通过创造条件包括借用势头抓住有利时机等，信奉"办法总比困难多"这一信条，就能把看似不可能的事做成做好，取得意想不到的成功结果。这是检验智慧与意志的最高标准之一，表明创势的奇特之处。犹如为了渡江河，砍下岸边的树木、枝藤做成一个木筏而渡过去；生产产品遇到技术瓶颈而组织力量攻关突破；为了在平稳的高速公路上轻松开车而设计制作自动巡航系统，以圆满解决这些问题。创势应用于方方面面，我们处在一个创造性的时代，不创势、不创新就会落伍、落后。

"隐势而成"，是指隐藏锋芒、蓄势待发、韬光养晦、悄然而成。反过来讲，不能锋芒毕露、高调张扬、急于求成，否则，势必以失败告终，即使阶段性成功，也难以持续和最终成功。所以，隐势同样重要。即使有明显优势、强力势头，也要自然而然、谨慎低调，此时无形胜有形，不可有意宣扬、急告他人。这是古人总结的经验、规律，当代事实同样能够证明。

有势而隐也不是刻意为之，就像个人的优点、长处不必刻意张扬与隐藏，让人随着时间推移、认识的加深，自然都会知晓。所以，尺度需把握好。隐势也不是在需要发挥优势、势能的时候而去隐藏。隐势与扬势是一对辩证关系，该隐则隐，该扬则扬，把握好时机才能成就未来。

比如在竞聘过程中，竞聘者在准备个人全面的资料时应如实客观中肯，不必夸大、张扬、主观，包括主观性用词都要少用或尽量不用，而用事实和成果说话，且现场面试不急不慌、不卑不亢。通过思路清晰、层次清楚、内容翔实、观点新颖、形式丰富的表达方式，自然而然地表现出自身优势或与众不同。自信于此，尊人有加，人才才会难得。

以上"八势"，关键在势，势在必行，行必有果。

三十九

本质特征·内在规律·关联关系·发展趋势

我们究竟应该怎样认知事物？

从古到今，我们都在孜孜不倦、锲而不舍、贯以求之。

又有不少人对此心存疑惧、不甚明了或一知半解。

我们试着从四个方面或维度进行阐述、论证。

首先是探寻事物的本质特征，其次是找出事物内在的固有规律，再次是搜索并弄清与它有关的关联关系，最后是分析、预测它未来的发展趋势和方向。有了这些，事物认知的全面性、准确性、深刻性、关联性、发展性基本上都涉及了。力求为大家表述清楚，并能有所启发、有所裨益。

"本质特征"，是一事物区别于其他事物的内在特点和特征。相对于普遍性而言它所具有的特殊性或独有性，也是相对于基本特征而言它所具有的个性特征。就拿"人"来说，对应与其他动物有其内在特征，按马克思所阐述的制造和使用工具是人区别于其他动物的标志，是人类劳动过程独有的特征，那么，制造和使用工具就是人的本质特征。那么白人、黑人、黄种人、棕色人等就对应于某个基本（肤色）特征。

如果从哲学角度理解，本质特征就是组成其事物独具个性并起支配和主导作用的存在或物质现象。是人或事物可供识别的特殊象征或个性标志。

仅就特征而言，是一个客体或一组客体特性的抽象结果，是对众多、共有的特性抽象出某一概念，这个概念就是特征。而本质是事物本身所固有的根本属性，任何一个事物必有属于它自己的本质特征，认知一个事物就像认识一个人一样，每个人都有只属于他（她）自己的五官、脸型、肤色、发质或发型特征，即使初看起来有许多相似之处，但只要仔细究察，一定有细微区别，就像世上没有两个完全相同的指纹、没有两片完全相同的树叶、没有两朵完全相同的雪花一样。对于事物的认知，也应究察它细致、微小的本质特征，而且只属于它自己，以便我们能认知本事物、区别他事物。

怎么去认知事物的本质特征呢？由于认知事物的本质特征是认知者通过已有的知识由表及里、由外而内地对事物能动的、创造性地反映和总结，那么，认知事物的本质特征大致有哪些过程呢？

（一）学习认知能力：通过阅读、听课、旅游、交谈等方式将所获得的直接或直观知识，加以思考、领悟而得出一些原理性、概括性、一般性结论，知识就得到了深化、强化、固化。这只是认知事物的基础，知识面越宽、越广，对事物的认知越能起到帮助作用，增强认知事物的能力。

（二）辨识外在特征：事物总有它的外在表象，而且存在这一事物与其他事物所不同的外在特征，对其了解的越细越深，就可能提供越多的辨识度。记住并识别它的外部样式，相当于掌握事物外在表象所存在的这一矛盾体的特殊性，就进入了认知事物的开始阶段——认识事物。

（三）了解变化原因：一方面了解事物的变化过程。事物不会一成不变，在它存续期间发生过哪些和怎样的变化，要弄明白；另一方面了解引起这些变化的原因，这里或首先是了解外部原因，因为变化总是有原因的，这些原因需要通过一定的分析推理才能搞清楚。

（四）分析发展动力：事物的发展过程就是运动的过程，是内部矛盾双方相互作用的过程。内因是事物发展的根据，外因是事物发展的条件。因此，要把握事物发展的过程，就必须在了解其外部原因的基础上，深入事物内部分析考察它的内在矛盾，即对事物进行矛盾分析，包括事物的主要矛盾和矛盾的主要方面。实际上这就是事物发展的内在动力或动力源，它的发展是靠什么力量来推动、促成的。比如，学生成绩不好，要分析一定程度的外在原因如学习环境不好、任课老师教学方法水平落后等原因外，关键要分析自身内在的主因，即学习动力、愿望不足，不想吃苦存在懒惰思想，今后生活和工作可以依靠父母，等等，这些才有可能是导致失利的根本问题、真正动因。要想成绩好并考上理想中的大学，从一开始也许是从小学或更早就立下志向、坚持恒心、不改初心、努力到底，那些外在原因和内在矛盾都是在学习过程中能够意识到并通过采取办法、作出调整，经过努力能达到的目标，即能够正视它并且能够解决它的。这一环节是认知事物的关键，是处理事物、解决问题最重要的前提。

（五）提炼本质特征：就像一个人的气色好不好是受他的内脏器官、气血循环正常不正常决定的。事物的表象一定是受它的内在本质特征控制的。本质特征的提炼是认知事物的最后环节，相对于对人的内脏、气血内部构造、循环特性实施检查、诊断，是肝功能某项指标，还是血脂、血压、胆固醇等，对人体的健康特征就有一个准确判断。事物内在特征就是它的本质属性，比如通过指纹这一特征可以帮助确定犯罪嫌疑人，但是，如果做一个指模故意留下纹印来误导办案，那就可能办成冤案了。但如果加上基因排查或血液检测就可以说更为准确，因为基因才是一个人区别于其他人的最本质特征，不会有错。对事物的认知就是要探寻它的"基因"这一最透彻、最根本、最本质的特征。事物的"基因"与事物产生的缘由、变化过程、外在环境、发展动因、根本矛盾都相关联，因为关联才有一定影响作用。提炼的过程就是检查、诊断的过程，关键是在弄清主要矛盾和矛盾的主要方面的基础上，进行总结、概括、提炼。如一个员工被提拔重用，其本质上是因为他个人为人处世、能力水平决定的，不排除有外在因素如有伯乐对他印象不错，从而发现了他并对他的未来看好，刚好那个适合他的岗位又空缺，相对最为合适等综合因素起了作用，但根本的动因是自身内在的存在，包括他平时所表现出来的为人处世和能力水平。好比世界顶级网球大满贯赛事采取淘汰赛制，世界排名靠前的选手很可能在第一轮就被名不见经传的选手淘汰掉，要不觉得可惜，要不觉得赛制不合理，把高水平选手送不到后几轮比赛中，会影响到赛事的关注度和整体比赛水准。这种想法完全多余，且不说水平的发挥有偶然性，但按照男子五打三胜、女子三打二胜的机会，如果都不能把握整个比赛的机会，只能说水平至少在这个时期相对下降了，胜者水平快速提升造成的结果，当然也有状态的影响。只要输球就没必要去空谈客观原因，谈客观原因也没有什么意义。但根本的原因可能是高排位选手自恃强势、小看对手，或赛前骄傲自满、不好好训练准备，或遇到烦事、影响心态，或故意一轮游、输了走人的刻意安排等。认知这些输球的原因就能明白了，输球这件事背后所具有的真正原因、本质特征是什么？何况赛制的设计本来就是不为偶然性负责的。不管怎么样，归根结底，比赛最终还是意志和水平的综合较量，只有唯一，没有例外；凡有例外，都非本质。新生代的崭露、老运动员的更替，规律就在于此，它的好看也就在于此。

"内在规律"，是指事物本身客观存在的、不随人的意志的改变而改变的规则。其哲学含义是事物运动过程中独立于意识之外的固有的、本质的、必然的、稳定的联系。它是在弄清事物本质特征的基础上再深化的变化和联系规则。

事物的内在规律是事物的内核，找寻其内在规律的目的是更准确把握事物当前的实质，更是为了预测和预判事物未来的发展方向和趋势，既要适应事物发展的方向和趋势，又要想办法让事物向着有利于我们所需要的方向和趋势演进，尽可能避免不利一面的显现，意义非常重大。有人说，既然是规律，可以人为干预吗？人们改变不了规律，但由于规律在一定条件、环境下所发挥客观作用的程度、大小、多少、方向和结果都有可能是不同的。所以，我们改变不了规律，但可以改变规律发生作用的条件，如水的沸腾这个规律就有条件，即一个标准大气压和加温到100℃，离开这个条件，这个规律就无从谈起。我们如果影响这个规律的发生，通过改变大气压或温度两个条件中的一个即可。

我们认知事物内在规律并作出科学的预见，用以指导我们自己的行动去改造世界，为人类造福。同时，通过改变或创造条件，限制某些规律发生破坏作用的范围和程度，使人们少受其害，在一定条件下还可以变害为利。

前面第三十七节谈到"规律意识"，在这里再作说明。它是发自内心的，以规则、规律为思考问题的思想原则、处理事情的行动准绳。从某种意义上说，就是尊重和敬畏规律的意识，要有强烈的探求规律、认识规律、利用规律意识，让规律发挥它特有的作用，造福人类。同时，又要充分发挥我们自己的主观能动性，能动地反映世界和改造世界，增强自身能力，发挥主动作用，而不是处于等待、被动状态，即人的意识具有一定的反作用力，在一些特定领域和条件下这种反作用力还会很强大。具体体现为：意识活动的目的性和计划性，还有创造性和选择性，它对改造客观世界具有指导作用。人的意识对人体生理活动具有调节和控制作用，如情绪、精神、意念，如充满激情则催人向上、使人奋进，如精神萎靡则使人悲观消沉、缺乏信心、丧失斗志。比如科学研究就要靠人类自身的主观意识作指导，包括克服困难、冲破阻力要靠意志力，研究方法、计划、目标要靠自己制订，结果要靠自己总结、概括、完善，等等。我们在工作中也常常要能动地做各种事情才能真正推动实践活动。

"关联关系"一般用在《公司法》《证券法》中，用以阐明控股股东、实际控制人、董事、监事、高级管理人员之间是否存在并利用关联关系损害公司利益，而作出的关系界定和严格规定。在此所涉及的关联关系是一个更广泛的概念。一个事物只弄清它的本质特征、内在规律还不够，还要弄清它与其他事物之间的关联关系，这在我们分析和处理这一事物时也很重要。不顾及关联关系，考虑问题要么不全面，要么不细致，要么不慎重，因为具有关联关系的各方面是相互照应、相互影响的，有的甚至是一成俱成、一损俱损。所以，必须研究事物的关联关系。

关联关系是一种结构化的关系，指一种对象和另一种对象的结构性耦合方式、程度、期限。可能是单向关联、双向关联，也可能是多向关联。有些事物看上去与另一事物没有什么关联，但是，经过仔细分析、研究，它们之间又存在关联，有的还是强关联。所以，对于关联分为隐性关联、显性关联。对隐性关联因隐而不露、不予察觉，很可能造成自己和关联方的失误和失败并且导致损失的后果。

关联关系也有可能是依存关系或依赖关系、继承关系、包含关系、并行关系（如赛道上的赛跑）、潜在关系等，要认识并弄清这些关系，需要树立"关联意识"，想任何问题、办任何事情，都要有意识地联想与哪些人、哪些事或与这些人的哪些事，还有哪些条件、环境等因素相关联，所办的事情未来可能与哪些人、哪些事将发生关联，等等。这就是我们平时评价一个人是否严谨、周密的重要标志，也涉及看问题是否全面、准确。对于预想、考虑到的关联关系，目的是为了厘清、看准这些关系，并要采取措施，用合适的方式处理好这些关联关系，或许要制定一个周全的预案，做到万无一失。这在军事战争中应用更为频繁、普遍，如包括敌我双方兵力、武器装备、地形地貌、战略战术等都属于关联关系，具体例子就不列举了。

日常生活中遇到此类问题更为普遍。比如购房，本来花钱购买即可。但具体到某一区域（城市）、某一阶段，则要考虑自身购买力跟限购政策，需要购房的急缓程度、价格涨跌趋势、所处地段房源房型情况、其他相关成员的态度意见，重点是资金的来源和筹措等。相关关联关系弄明白了，自然就知道该怎么决策了。

可以说，在这个世界里，任何人、所有事都可以或可能发生改变，唯一不变的就是改变本身。它们的发展趋势也不例外。

"发展趋势"，本指事物或局势发展的动向。其中应包含发展的路径和可能的目标。任何事物都有它自己的发展轨迹，无论是过去、现在或者将来，这一轨迹可循，意味着过去到现在的轨迹已客观存在。根据已有的轨迹，在一定边界条件下，人们一定可以分析、研究、判断它未来发展的路径、动向或可能达到的程度即目标，无非是在此基础上罗列出所有可能性的方向、路径或目标，并将这些按现实中实现的可能性大小顺序排列，一般而言，排在最先的可能性情形与现实情况最有可能吻合，那么，人们对其预测的准确度也就越高。尽管如此，人们也不排除其他排在后面的可能性情形会在现实中出现，也同样做好这些情形出现的准备预案。这样，预测趋势与实际检验结果一般不会有太大偏差。

对发展趋势预判得越准，则证明决策能力就越强，决策准确度就越高。所以，决策的功夫关键在"预"，要在"预"字上做文章，并做足做好。

成功的企业家几乎没有例外，他们"预"的功夫都很高，他们对事物的发展趋势尤其是对他所从事的行业发展趋势的判断都非常准，如比尔·盖茨、马云、马化腾等，都是在别人还没作出准确预判的情况下，他们却对信息行业、互联网趋势、大数据应用、大众消费者需求、建立平台的绝对优势等都看得比别人清楚、准确。当然，他们不是一时一次性全部预判准确，而是先预判大势、认清大局，再逐步深化、细化，还要不断调整、修正、完善，经过多次反复、循环论证或试错、纠错，最终形成一个完全符合发展趋势的决策方案并付诸实施，他们成功了。为亿万人做出了示范并提供了产品和消费平台，也大为方便了广大消费者，创建了一个成功的模式。当然，每一件事的成功不仅是靠这一点，这只是一个必要条件，成功还需要其他条件做保障即充分条件，如成功者坚韧不拔的意志、勇往直前的决心、不怕失败的勇气、敏锐果敢的洞见、超凡脱俗的智慧，等等。如果说对发展趋势的认定是一种选择的话，那么，他们的选择是超前的、是智慧的、是准确的，是在把握发展趋势前提下的最优选择、最现实选择、最有效选择。

预判发展趋势，一定要与事物的本质特征、内在规律、关联关系结合起来，而且四者是一个事物的四个方面、四个层次、四个维度，认知事物必须将四者融合贯通，把四者之间的关系在不同事物中的表现特征要具体情形、具体分析、综合认知。四者是相互联系的整体，只有对每一项都作认真、严谨的分析、认知，才能形成对事物整体的准确认知，才能对解决问题、处理事情打下坚实基础。

当我们熟练掌握事物四个维度的认知方法、技巧并能娴熟运用时，我们心中的疑问、困惑就会越来越少，对事物的理解、把握会越来越深、越来越准，再加上有效的行动和执行力，那离成功就不会太远。

四十

赋予文化内涵·人本情感导向
服务至善理念·超然收益意识

无论是个人还是企业，抑或是各类组织团体，在任何对外交往交流中，都涉及四个方面的问题。更为准确地说，是对个人、企业、各类组织团体自身所作的全面要求，或者说是一种高标准。虽然真正做到很难，但是，有这个标准和要求与没有这个标准和要求，其结果是不一样的。有朋友会问，为什么是这四个方面的标准、要求呢？是不是其他方面还没有包含进来？应该有。但这四个方面是主要的、关键的，浓缩成四个关键词是：文化、情感、服务、收益。文化是基本要求，就像我们平时评价一个人时常说的口头语"他好有文化呀！"跟多读书、读好书和文化修养有直接关系。如一个企业也应该有企业文化，是一个企业的灵魂所在，也是向心力、凝聚力所在；情感是人们共同追求的一种内在需要，按马斯洛层次需要论处于五级中的中间层即第三层，把它可以看作联系或串联其他各层需求的纽带、核心，在人们获得生理、安全需求之后最普遍、最紧迫、最重要的需求，并且接着往下传承、递进为受尊重和自我价值实现的需要；服务是每一个人和每一个组织应该具备的意识，不管一个人职位多高、职责多大、能力多强、任务多重，服务意识是不能缺乏的，与管理职能并不矛盾，这里提出一个重要的概念是服务至善；收益是检验一个人、一个组织效率和成果的重要指标，这里强调的是超然收益或叫意外收获，是一种所追求的最高境界的表达。

"赋予文化内涵"，是指用文化的载体赋予个人、组织、产品等以人们所公认的精神和思想方面的内容。中国在几千年的历史长河中积累沉淀并传承下来具有极其中国自身特色的传统文化，其特点有稳定性、多样性、民族性、传承性，不仅对中国也对世界文明形成了巨大影响，作出了重大贡献。其本质性的、深刻的内涵是哲学，是价值观、人生观、世界观、生存思想与方法的丰富体现，比如，以天、地、人、时四维一体为灵魂，以民本法治和独裁专权两种思想文化相互交织为主线，以仁义礼智信、温良恭俭让、忠孝节悌廉社会教化为规范，以正心修身齐家治国平天下为己任的精神和思想贯穿于中华国学传承的始终。其精髓是刚健有为、中道中庸、崇德向善、天人合一、经世致用、生生不息等。其表现形式是宗教、信仰、道德、艺术、风俗等。当然，也受历史条件限制存在一些糟粕。

有人这样总结，说文化是根植于内心的修养、无须提醒的自觉，以约束为前提的自由、为别人着想的善良。似乎有道理，但不完整、不全面，文化应该有更大的外延、更多的内涵，因为个人的文化素养是如此，古文化的传承更无例外，那么，关于文化，还有许多新的外延和内涵，应该包含进来。

现在要回答的是"赋予文化内涵"具体是什么含义，怎样才能解释，赋予文化内涵应该具有什么样的状态和达到什么目标？

赋予文化内涵，对于个人来说，是给个体身躯里赋予精神层面、思想内容、意识灵魂类的东西。换一种说法，就是给一具具"行尸走肉"赋予活灵活现的灵魂，让它们变成一个个真正的活着的人。反过来说，没有文化、没有灵魂的人就不能叫作人，那只能是行尸走肉。文化对于人类来说是多么的重要，人类在解决温饱之后最重要的就是学习文化、追求精神、丰富灵魂，其实这就是赋予人们文化内涵的三个阶段，且层层递进。基础是学习，从学文化开始，如阅读、思考、领悟、升华、概括、总结都是学习的方式方法。一个人文化内涵越丰富，其内心和思想就越强大，就具备相应的高度、宽度和深度，世界在其眼里显现出的就更清晰、明亮，人与世界就能更好地融合在一起，就更容易接近天人合一的境界。

赋予文化内涵，对于一个组织或团体来说，是给这个组织或团体赋予特有的价值观、信念、精神、规范、准则等。如企业有企业文化，包括企业精神、制度环境、人文传承，当然，价值观和企业精神是企业文化的核心。它是企业个性化的体现、物质化的统领，也是企业生存、竞争和发展的灵魂，由物质文化（如产品）、制度文化（如规章制度）、精神文化（如价值观念）三个层次构成。我们认为，企业最终竞争的不是产品、不是市场，而是由产品或市场作为载体并蕴含其中的企业文化、企业精神，虽然隐藏在产品、市场的背后或深处，但是它带来的影响却是由隐性转化为显性，无形中让人们与社会能够感受到的企业文化和精神，是通过产品、市场和服务所带来的一种力量，也表明企业的个性化特质。如海底捞提供的等待区域的非物质文化遗产节目的表演，某餐厅餐具上印制的中国古诗词或传统书画、菜品上设计的古代传说图案，耐克商标象征希腊女神翅膀的羽毛并以此代表速度、动感和轻柔，其广告语 Just do it 也表示想做就做，坚持到底，等等，都赋予了浓厚、丰富且具有特色的文化内涵。正如有人说的三流企业经营产品，二流企业经营品牌，一流企业经营文化，不无道理。

对于其他组织或团体同样需要文化内涵，其原理类同。

赋予文化内涵，对于产品而言，是给产品赋予较为丰富的文化含义，让产品成为文化最好的载体并为消费者所认同，还让消费者从中得到文化的熏陶和温润。产品无论从名称、外观，还是功能、质量，无不烙下文化的印迹，没有文化的产品只能干瘪、枯燥、单一、死板，人们不得已而使用它，而一旦贴上文化标签、赋予文化内涵，产品就像有了灵魂一样充满生机活力，体现人文价值。一个更贴近于人性的产品，人们一定会给予更多关注、充满更多喜爱，勾起更大的拥有、购买和使用欲望。如星巴克咖啡，品尝的不仅是一杯咖啡，更是享受一份心情，通过星巴克体验营造人们除生活居所和工作场所之外的第三生活温馨空间，把印有绿色双尾美人鱼并盛满热气腾腾咖啡的杯子注明："这不是一个杯子，这是星巴克！"韵味十足，意味深长。如住宅开发企业提出让住宅带有"建筑无限生活""创造健康丰富人生"的理念走进市场，走进人们心中。如建筑企业把"建筑，是历史的心跳，是大地的塑造"，"为岁月立传，为山河树碑"作为标志性宣传语，很富有诗情画意。

"人本情感导向"，是强调以人为本、贯穿情感为主要导向的关怀理念。人是情感动物，应该是最注重情感的动物，如果一个人失去或放弃了人特有的情感，老百姓就会说他与禽兽无异，对心狠手辣、行为恶毒的犯罪分子，可能被说成是"禽兽不如"，都是可以理解的。我国在三千年前的西周，就出现了以实物形式体现"以人为本"的理念，三龙相拥一人，是"以人为本"最直接、最显性的历史记录和证明。以文字提出"以人为本"最早是春秋时期齐国名相管仲，他曾对齐桓公陈述霸王之业时说："夫霸王之所始也，以人为本。本理则国固，本乱则国危。"（《管子·霸言》）实际就是以民为本。后来又有人提出"民为邦本""民为贵""民者，君之本也"等，阐明了我国"以人为本"的理念由来已久、源远流长，与当代我们提出"人本情感导向"一脉相承、异曲同工、殊时同理。

人本情感导向实质上是一切源于爱的人与人关系处理原则。有爱就有情，以人为本的情感往大处说是大爱，往具体事例上说是爱在行为方式上的体现。个人与个人之间的人本情感，表现为相互了解、理解、尊重、包容、原谅，大事小事、随时随地都能深入到对方的内心里，站在别人的角度想问题，在此基础上再判断是否合理、合情、对错；即使相互产生矛盾冲突，也可能是有什么原因或理由，然后再帮助分析，弄清原委、缘由，接着是一起寻求办法统一对错认识、共同面对解决。这是一种对别人真正的关心和爱护，要拿出真心诚意去除虚假杂念，充满热情与激情，情感导向则发挥出引导、激励、发动的作用，这种作用是情感以外的东西所不能取代的。

在组织管理中如何运用好情感导向？如一个企业就是要一心一意为其绝大多数的员工利益着想，为他们服好务，不管是出发点还是落脚点，让绝大多数员工听得见、感受到还要摸得着，在某个阶段不一定是一种方式表达，比如不是所有年份都能涨工资，更不是管理者从早到晚都笑脸相迎，也不是只说好听的话、只做开心的事，许多时候企业管理为解决问题而必须是严肃的、稳妥的、谨慎的。情感导向与严格管理二者本身就不矛盾，严管就是厚爱，把企业管好了，企业有效益、有实力，员工们才能从中得到实惠、好处。具体体现为：关心员工的状况、重视员工的需求、解决员工的问题。当然，不是员工所有问题都能解决，但要有一个良好的态度和动机，能解决的着手解决，还要尽快解决，需要具备一定条件解决的一起努力去创造条件，不能解决的解释说明情况，求得员工理解，相信员工是能顾全大局的。如海底捞火锅店的员工就是企业真正的核心竞争力，他们的重要性远超于利润，甚至超过了顾客：员工宿舍离工作地点不会超过20分钟路程，为正式住宅小区，配有空调，有专人保洁、洗衣，宿舍配有计算机，夫妻双职工考虑给单独房间，等等。人性化、情感型管理理念渗透到点点滴滴、细微末节，结果是把企业对员工的爱，由员工传递给顾客，即把人本情感导向与关怀通过员工的细心周到、温馨热情的服务散发和作用到每一位顾客身上，形成一个爱的链条，顶端是企业经营的良性循环。值得我们深思和借鉴。

人本情感导向融入到产品里，则是一个伟大的发现。带有情感的产品最容易被人们接受，有一种天然的亲近感，甚至欲罢不能。"钻石恒久远，一颗永流传"，代表爱情的钻石传奇不愧为经典之作，让人类自从有了钻戒以来就赋予了钻石特有的爱情永恒的含义，似乎只有钻石能代表永恒，记不起还有别的什么东西能代替钻石了。有人说钻石这样一种营销手法是世界上最大的营销骗局，即使人们已经意识到，可又有谁逃离这个骗局了呢？如今，甘愿受骗者，自有后来人，而且从未停止。这不能不说是一种奇特的现象，清醒并主动投入"骗"局怀抱的，不知道还有没有其他案例。因为作为主要由碳元素构成的钻石制成的钻戒还有没有其他更多的使用价值。

"服务至善理念"，联想到《大学》里的"止于至善"，并把它应用到服务领域，就变成了服务至善。这是一种将服务意识、服务理念、服务项目、服务行为达到极致完善、没有瑕疵的最高境界。理论上如此，并不意味实际服务能真正达到这种程度。我们提倡的是一种理念、一种精神，并努力去达到，即使达不到，具备这种理念也要比不具备这种理念所达到的效果要好得多。坦率地说，服务至善理念是完美主义者的要求、目标，是完美主义在人与人关系处理和服务领域的再现。

我们前面提到过，人与人关系的本质就是服务与被服务的关系，与财富、权力、地位没有直接关系。把那些长辈晚辈、上级下级、管理者被管理者甚至是陌生人之间的具体关系抽离出来，剩下的唯一本质性或抽象性关系就是服务与被服务的关系，每个人既是服务者又是被服务的对象，不同时间不同场合不同环境下各有不同的角色定位而已，而且角色在不停地互换。验证了一句老话："人人为我，我为人人。"

既然如此，连同所有关系的本质都是服务关系，那么，提出服务至善理念就是顺理成章的了，也就是"止于至善"在服务这个领域的恰好应用。可否做到，就在于一颗纯粹的心灵、一个坚定的信念、一己尽力的意志，持续去做，力求至善，不改初心，不为所变，久久为功，厚德一定能够感化他人，坚持一定能够得到回报。

有了服务意识、理念，关键是要有行动。让自己在服务别人的过程中得到美好与快乐的体验，让别人真切感受到被服务的温暖与收获。带着一颗爱的心服务，服务就是爱的一种表达，与爱一样也具有循环性、传递性与反射性，也具有发散性和放大效应。生活在一个服务别人又享受服务的氛围中，那就是真正的快乐、幸福。

一个组织、一个团体同样除了如管理等职能之外，应具有强烈的服务职能和意识。如人民政府，就是通过对政治、经济、文化、社会等各方面管理的方式，服务于所管辖范围的人民大众。从此意义上说，管理就是服务，服务也是管理，但归根结底是服务。即管理只是手段，服务才是目的。我们常说政府的各级官员是人民的公仆，公仆是做什么的，公仆就是做服务工作的，就是人民大众的服务员。

应用于企业就不用多说了，它是通过产品销售和消费者使用来完成服务过程的，而且这个过程应该是至善的，即要达到完善的程度。消费者不仅从想要的服务中能得到享受，对于一些其他的服务，企业也可以通过产品链接服务让消费者得到享受，"至善"应该包括这层含义。对于企业，服务还体现在对于自己的股东和广大员工，也是属于企业服务的对象。

如作为拥有自主知识产权的华为手机，就一直不断地在研究、修订、完善其使用功能，随着时间推移和需求变化，尽量让一款手机的功能满足使用者不断增长的需要，尽可能达到至善至美；腾讯的微信功能同样如此，如发出微信后 2 分钟内的撤回功能是发明微信平台之后约五年时间加上去的，解决使用者纠错之所需，等等。不仅如此，随着社会的进步、社会化服务分工与功能也越来越细，服务至善也越来越深入人心，层出不穷、日新月异的服务平台、共享经济改变了人们原有的日常生活方式，大网络、大链接、大服务也日有所成、日见其善，是从我们当代人开始的幸运。

让我们在服务与被服务的氛围中，服务他人并且享受服务，从自己开始，从现在开始，从小事开始。

"超然收益意识"，是首次提出来的一个概念，一个富有高境界的意识概念，是想表达为人处世中给人意外惊喜、超预期收获的主观感觉。超然有超过想象、出乎意料之意，一个人获取了超过预先想象的、出乎意料的收获所得，都会有惊喜之感。

要让人感觉有超然收益，包括知识上的、精神上的、观念上的、物质上的、事业上的，等等，不一而足，是我们平时不太关注的，或者有意为之甚少。然而现实生活中确实存在，也能实实在在一定程度上给别人或让自己享受这种超然收益。由于不常遇到，所以多数人大概容易忘记还有这样的事。虽然如此，我们还是要提出这一概念，期待各位在平时的生活里能给别人或让自己享受这份超然收益带来的快乐满足，时常有意外收获、惊喜之感。

先从语言说起。作为交际工具，日用而成习惯，多数人不太琢磨语言的细微功能与魅力，以为表达清楚即可。其实不然，语言表达的不同用词、修饰、方式、角度，其功能效用与魅力展现是很不相同的。为什么没有人反对或不喜欢幽默，就能证明这一点。在语言交流上让别人有惊喜，则除了表达方式上的独特之外，还在乎表达的内容，即用全心、用真意表达出对某个事物的看法，说出别人想到了却不便说、想说又说不出、说出来了可能词未达意等情形，同时其观点富有新意、富于首创性还有实用性等，就具备了让别人有超然收益感的基本条件。

语言魅力具有无限性，许许多多好的语言表达方式，我们用或者不用，它都在那里，想不到就用不到，语言的丰富性却一直都存在。何况，语言是最廉价的有效资源，虽然主要用来交际，但一个好的语言组织与表达比如演讲，它所产生的效应能远远超出语言本身的效力。如美国民权运动领袖马丁·路德·金于1963年

8月28日在林肯纪念堂前发表的《我有一个梦想》经典演说，使他成为美国最具影响力人物之一，还获得了诺贝尔和平奖。

日常生活、工作中交际语言的运用也是如此，要达到高境界，语言基本功尤其重要，但更重要的是发自于内心的情感、源于爱的动力和一切为别人着想的善良，语言其实是为这些而服务的工具。语言功能再强，如果只是为表达而表达，如果只是没有情感的无病呻吟，如果只是缺乏爱的枯枝干叶，如果只是少了善良的表面同情，试想一下，那能打动人心吗，那能给别人带来哪怕是一丝一毫的惊喜吗，答案是不可能的。

再说说行为。行为是最为直观的动作表达，这种表达的意图和心思一般都能被人捕捉得到，不能指望把动作、行为所表达的内心世界能完全隐藏起来，骗子可以得逞一时，不能作为长久"职业"，因为终究会被识破，就是此理。

怎么理解行为与超然收益的关系，怎样通过行为方式让人有超然收益感。举个例子，对于在大街上摔倒的老人到底是扶还是不扶这一行为，因为曾经讨论热烈，导致有人谈"扶"色变。如果此事发生，路人可能有如下几种反应，一是不关我事，视而不见，自顾自离去；二是出于好奇，停驻观察，弄清原委，袖手旁观；三是趋前问候，表示关心，但怕牵连，不敢搀扶；四是电话报警，交给公权，尽一己之责；五是上前搀扶，维护公德，体现互助，但冒被讹风险；六是在前一条基础上，请人帮忙录下视频作为证据保存，以证明自己纯粹助人之行为。以上种种，社会众象历历在目。而要想建立一个具有良好秩序、和谐互助的社会，或从道德层面要求，或从性本多善的人之本性出发，"扶"是当然之义举、自然之反应，不可等待、犹豫、顾虑；但在存有一种戒备心理的社会，"扶"在大多数人看来就成为超然行为，让被扶的人有惊喜、意外之感并怀有敬佩或崇敬之意。采取前面四种行为的人也不能过于厚非，只是行为要求或道德标准不一样。事实上，扶一把摔倒之人是人之常情、理之应当，是人心理的直接或第一刺激性反应，由于在场人众多，谁去实施这个行为，给别人、给社会一个楷模、示范效应，在当今应视为具有特别意义的行为，应当鼓励。

超然收益的例子也给我们每一个人在日常生活、工作中的言谈行为举止有许多的启示，值得我们每一个人沉思这其中蕴含的深刻道理。

另外，对于企业产品而言，不仅让使用者体验至善的服务，更高层次是让消费者从产品的功能配备、使用的方便程度、包含的文化底蕴、享受的服务细节等超出自己的想象，能从中获得意外惊喜、额外收益。微信的使用和发展，尤其是刚推出时，真让我们有此种感觉，只得称奇。这几年的用户拓展、经济效益、股票市值、社会效应等综合性的积累，都充分体现了这一点。

给别人"意外"惊喜与让自己获得成功，到底是哪一个先有的呢?

四十一

用脑思考·以情待人·用心做事·以身力行

似乎四者之间没有什么必然联系，但当写下这组词之后感觉都是发自心底的声音。动脑、重情、用心、力行是对我们的经常性要求，也是为人处世的高标准目标。其排列顺序也是按常理理解的，待人比做事重要。

思考本是思维的一种探索活动，具有积极性和创造性的特点，源于主体对意向信息的加工。读书是对知识的直观获取，而思考则是对知识的深度加工；读书可以对知识死记硬背，而思考则是对知识活学活用；读书还不能算作自己真正拥有的知识，而思考才可能把知识融入脑子里。思考包括分析、综合、推理、判断等思维活动。

所以，我们提倡"用脑思考"是提倡勤动脑筋、善于思考，把思考作为学习知识、认识事物、寻求规律的必经程序和重要步骤。善于思考既可以提高学习、认知的效率，又可以让脑子越用越活，处于良性循环之中。善于思考其中的一种表现是把事物与所掌握的知识联系起来融会贯通，把知识运用于对事物的观察、了解、掌控和处理，并可以扩散、类推到其他事物及其他知识的运用上。本质上讲，思考终究是主体对事物的矛盾或对某事物的目的的认知过程。

思考是一条不停流淌的河流，取之不尽，用之不竭，思考得越多，思想就越丰富，获得的领悟就越多，思想之力就越强大，最终不可战胜的是思想。

不得不提到思考力，即思维的作用力，它涉及"力"的三个基本要素：

一是大小。取决于思考主体自身的知识面和信息量，并与之成正比。扩充知识面和增加信息量是思考的必修课，因为知识面和信息量是思考的原素材，是思考赖以存在的前提和基础。

二是方向。思考是一种有目的、有计划的思维活动，有一定的价值指向，即思路，有别于妄想和幻想。

三是作用点，即着力点。思考必须集中在特定的对象上，并把握其中的关键点，以防止分散注意力、扰乱思绪、摇摆不定、流于表面的情况发生，有助于认识事物的本质。

这三要素分别决定了思考的广度、高度、深度，也决定着思考的角度和向度，以及强度和力度。掌握了这三要素，就能提高思考的效率和效力。

思考的过程其实是一个用脑的过程。要经常提醒自己"用脑子想一想"，开动脑筋，虽然要聚焦对象思考，但思维的过程可要天马行空、不受约束、多维发散，从聚焦到发散到集中的一个循环渐进过程。思考是人类获取力量最有效、成本最低的一种渠道和方法，成功之人必定有成功的思考路径和方法，有他自己的独到之处。从某种程度上说，思考力决定了靠什么生存、生活和处于哪个层次？不太思考的人一般都靠体力劳动和更多时间换取生存、生活条件，处于较低层；有一定思考力且能运用思维的人，则靠知识、智力生存、生活，处于中间层；善于思考者，则是靠识势、取势、运势、用势而换取资源、提高地位、掌握命运，处于社会高层，属于佼佼者。那处于最顶层的一定是思想家，或是哲学家，他能引领、主导、影响社会的趋势走向、生活方式、人与人关系等，属于各领域的影响者、领导者。

借此机会，给大家谈一点关于思考的思考。人类并不掌握世界上所有存在的知识、事物，我们现在所掌握的，可能只是很少的一部分，未来不知道还有哪些知识、事物类的东西被人类认知。但我们认知或不认知，它们都在那里，它们都照样存在。这也许是人类可悲的一面。人类也在不断进步，在人类进步的过程中，我们都是其中的一员，是实实在在的平等参与者。然而，我们每一个人在遇事处事中经常会因为知识匮乏、理少法穷而再无进展，其实，绝大多数事情总存在对应的方法、办法能够解决、处理好，只是我们不知道而已。那我们可以设问，我们为什么不努力去寻求到这些方法、办法，既然它存在，一定可以通过某种渠道、某种路径能够学习到、了解到、掌握到。通常意义上，世界上如果有人能够懂得并掌握，那我们自己能不能也想方设法懂得并掌握，因为我们得相信我们自己。这样的办法是让自己的思维无尽发散，"极"中生智，确有可能大脑洞开、智慧闪现、豁然开朗，以至能想出好的、有效的办法。长期管用的办法还是通过学习、思索、训练、积累等打下坚实基础、开阔思路，在可供选取的众多办法中比选、决策。多一些思考、多一点穷尽。所谓创造性其实就是比别人或比过去可能多一度思维，这多一度就是多一种选择、多一种选项，就完全可能成就一个结果。

另外，读书把自己摆在作者的位置，如果自己来写这样一本书会怎么来写，就会理解得更深；如果了解一款产品把自己放在设计者角度来思考，就会了解得更多。其次，要善于质疑，如质疑书与产品还有哪些不足、缺陷甚至不对的地方，自己认为应该怎么修改、弥补、纠正才能完善。如此思维，思考力会大为增强。

"以情待人"，顾名思义，是用真情对待他人。说得容易、轻松，做到却有点难。但是，回到本书的核心主题"爱度融合"，有爱就有情，真爱有真情。我们曾经提到的"真心实意、真情实感"，与此类同。在此，仅说明真情的力量无穷无尽，世界上多了真情，就少了自私；有了真情，就多了温暖；真情永在，生命才放光彩。真情就像看不见的空气、触不到的太阳、永不灭的航灯，更是润物的细雨、醉人的春风、深情的凝望，为人们点亮心灯，展开情怀，去投入地拥抱整个世界。这种情包括亲情、爱情、友情、同事情、同学情、战友情，等等。

以情待人，会以微笑示人，以真诚交人，以善良待人，心就不会累，力就不会弱。古人有言：害人之心不可有，防人之心不可无。以情待人不会有害人之心，防人之心也不用过度操心，但在一个还不是所有人都以情待人的情形下，适当设防还是有必要的。不过，一个以真情待人、少有设防的人也能对许多人起到感化、同化效应或关联、扩散作用。

按照近几年大家越来越认可的医学观点，真情待人，疾病可以少生，气色表象俱佳，能量也会增强。因为具备真情的人其心律跳动更有规律、更加正常，身体的状况一般会因通畅而不痛，能量一定会既正又强。一个美好和谐的社会要靠真情的种子播撒，一个持续成功的个人定有真情的伟大胸怀。所有一切，爱才是永久不灭的火种。

"用心做事"，是讲做每一件事都要用心。用心做事才能做得圆满，努力必须用心，勤奋定有所获。用心是指做事要细致、周全、到位，防止偏差、粗糙、遗漏，事情才能做得好、做得成功。

用心本是指集中注意力，使用心力，专心做事。可以分解成三个基本要点，即洞察入微的观察力、全面精确的判断力、及时有效的执行力。体现为全心投入、全力以赴，最终达成想要的结果。如作家平时就很注意观察生活、体验生活，有细致入微的观察力才能写出经典名作。英国著名作家狄更斯每天坚持到街头去观察、去聆听、去记录人们的言谈举止、行为姿态，不论刮风下雨都不间断，积累了丰富的生活素材，他才写下了《大卫·科波菲尔》《双城记》中的精彩人物、逼真的社会场景而成为一代文豪。还比如商人预判力对于经商成败起到决定性作用，春秋时期的楚国发生过一个"买椟还珠"的故事，楚商去齐国卖珠宝，为了畅销，他特地用名贵木材制成许多非常精致美观的小盒子，盒子还散发好闻的香味，并用来装上珠宝，有个郑国人看见盒子后就买了一个，打开盒子，把里面的珠宝拿出来，退还给楚国商人，可他付的却是买珠宝的价钱。楚商赚取的是珠宝的价钱，付出的却只是木质盒子，可见他对设计、制作盒子的用心判断很准确，才有如此的效果。

一旦作出判断就要付诸实施，如果楚国商人光想到了而不去买木料制作盒子，这个故事就不可能发生了。行动才是关键、才能见到实效。"以身力行"其实说的就是执行力，虽然与"用心做事"有交叉内涵，但不妨多一点强调身体力行、付诸行动。无论有多么好的观察力、判断力，没有很好的执行力，那么也无法见到效果，那也只是空中楼阁、纸上谈兵，是水中月、镜中花。现今时代强调执行力，还要达到及时有效的要求，就是要雷厉风行、果断行动，同时要计划周密、稳妥推进，以确保实效。

"以身力行"的内在动因是享受过程、追求结果，二者皆有。实施过程是实施的人可以想象一个结果去实现它，其行动过程本身让身体与心灵都处于充实、饱满、实在、应用的运行之中而不至于枯燥、空虚，何况还觉得这一行动有意义、有希望、有动力、有结果，从而带来成就感，形成一个较为完整的身心需求与满足链条，是人自身所追求的一种良性循环。

　　包括四层意思：完成任务的意愿、完成任务的能力、完成任务的行动、完成任务的结果。主观意愿是初期的动因，想不想去完成任务，决定于执行主体对任务的重要性和与自己关系紧密程度的理解；目标就是愿望，收益就是动力，挑战就是压力；对于完成这一任务，具备哪些能力、条件、资源包括方法、技能、知识、关系等。同时，在整合资源的基础上应用这些能力，拿出实实在在的行动去一步一步实施、一项一项执行、一点一点落实，最后是按照任务的分解，遵循目标导向的原则，阶段性地划分任务完成的进度，进而累计完成全部任务，最终实现终端目标任务。

四十二

希望·理想·梦想·信仰

通常人们会说:"人总是要有点希望的","人总是要有理想引路和支撑的","梦想一定要有,万一实现了呢",用来表达和说明,希望、理想和梦想之于人活着的精神力量的重要性。在此所要重点表达的是,信仰是人的最高境界、能激发人的最大能量。

这一节我们聊聊这个话题,相信正在看此书此节内容的朋友们,一定是生活在希望中,具有理想、怀揣梦想进而确定自己信仰的人。可以想象,我们每天都是精神饱满、充满活力、乐观勤奋,那么,生活的美好一定多于消极、悲观,还总能发现自己一点一滴的进步,即使是每一天、每一事,具有充实与收获的感觉和满足。

"希望",是心里想着达到某种目的或出现某种情况,或者说是最真切的盼望、期望、愿望。有这么一个故事:说有个盲人因家里穷而出家了,苦念佛经却一直生活在无边无际的黑暗里。20岁时,老方丈将他定为行脚僧,命他云游四海,普度众生,并且送给他一个纸包和一根探路杖,说:"这纸包是我寻来的一个民间秘方,它能让你的双眼复明,但是在打开纸包之前,你必须先做到一件事——因为探路敲断10根探路杖。"从此,他在黑暗中开始燃起了希望,冰冷的黑暗中感觉到了生活的温度。年复一年,他谨遵师命,传播佛经,普度众生,度化亡灵,历经风雨,走过了千山万水,一直靠着那一点希望的光继续往前走着、生活着、云游着,可师父送的探路杖却十分结实,直到第六个年头才敲断了第一根。就这样，他一直走到八十多岁，白发苍苍之际，才终于敲断了 10 根探路杖。当他欣喜若狂地把纸包递给药店的老板时，老板却告诉他：纸上一个字都没有。他顿时呆住了，不一会他却似乎明白了什么，双手合十，满脸面带笑容感激地说："师父，谢谢您以这种方式让我一直活在希望里，我不枉此生了。"活在希望中，是多么美好的一件事情。最终，每个人生命的终极归宿都是坟墓，但有希望和没希望是多么不一样。

其实，希望就是期待明天比今天要好一点或好一些，将来要比现在好一点或好一些，有一种美好、善意的念想，有那么一点不满足感，从而激励、鞭策自己今天要比昨天更勤奋、更努力，为明天比今天好打下更扎实的基础，去等待迎接更好的明天。所以，赋予勤奋、努力一种意志、一种力量。实际上，生活中常有的这种不满足感与"知足常乐"之间不矛盾，说的不是一个层面的意思，一个人本身既要有满足感，也要有不满足感，即跟自己差一点的时候比，跟不如自己的别人比，对于今天的自己要有一种自我安慰、满足于现状的感觉。即使有不如意也没有必要去抱怨、责备自己，更没必要去抱怨、责备他人，要反省的是从自己身上找问题、查原因，从而下一步应该总结哪些经验、吸取什么教训，才是该做的事情。另外，不满足感是对自己应该要求更高、标准更严，自己本可以做的更好却没有做到，需要更加努力，就是要不断丰富、充实、提升自己，达到一个目标又要确立一个新的更高目标，一步一步去实现，使自己始终处于奋斗、充满激情的状态，不是简单地满足或埋怨现状而浑浑噩噩、消极萎靡。这就是一种充满正能量的不满足。由此可以证明，知足常乐与永远不满足，二者是不矛盾的，而是一种人生积极态度的辩证关系。

大家都会在日常生活中有一种感受，即在遇到曲折不顺或病痛折磨时，只要想到曾经顺利、健康和坚信过几天或过些时一定会好转，以及想到自己总会有顺利和治好病痛恢复健康的时候，而且可以让这种画面在脑海里因为想象而浮现，那么，我们会更有信心、更加乐观地去改变不顺、消除病痛。由于精神上的意念作用，一定程度上会影响到实际效果。这并不是唯心论或迷信色彩，至少是由于积极的状态而使事情按照自己意愿进展并达成目标的可能性增大了。

希望就是一剂良药，不苦口却是能治疗许多人生的病痛。

"理想"在这四个层次中处于第二层。就像我们小时候大人问"你长大了想做什么啊？"我们回答：想当兵、想当医生、想当老师、想当艺术家，等等，这就是一种理想。理想是指对未来事物的美好想象和希望，也比喻对某事物臻于完善境界的观念和更高追求的目标，是具有一定期限、有实现可能性、对未来社会和自身发展的向往、憧憬和追求。对现状永不满足、对未来不懈追求，是理想形成的动力源泉。

理想是一种精神现象，也是源于人们的社会实践活动，在人们追求眼前的学习、生活、工作目标的同时，又渴望满足未来的物质和精神需求和目标。它与幻想、空想不同，它是对事物的合理想象或希望，是符合道理且有一定基础条件和依据的，是完全有可能实现的。与希望相比，理想是更加高远、宏大的目标，是定位于人生一个较长期限、阶段的奋斗目标。理想是美好的，能够为人们带来更大动力、更强意志。就像意大利政治家朱塞佩·马志尼所说："热爱理想吧，崇敬理想吧，理想是上帝的语言，高于一切国家和全人类的，是精神的王国，是灵魂的故乡。"我理解，崇高的理想是源于爱，源于爱的理想是最伟大的。归结起来，爱才是人们精神的王国、灵魂的故乡、理想的归宿。

有人说：理想像梦境一样充满色彩，似蝴蝶一样欢舞翩跹，是希望的种子播撒心田。就拿安徒生来说吧，穷孩子的父亲是鞋匠，其父去逝后，母亲不得不带着他改嫁。有一天他得到一个晋见王子的机会，他充满理想、富有激情地在王子面前唱诗歌、诵剧本。王子问他要求什么赏赐，这个穷孩子大胆地说："我想写诗剧，而且在皇家剧院演出。"王子把这个长着小丑般大鼻子的笨拙男孩从头到脚打量了一遍说："能背不等于能写，劝你还是去学一门有用的手艺吧。"然而，他回家后打破自己的储钱罐，向母亲和从不关心自己的继父道别，离家去追寻自己的理想。那一年他才14岁。但他相信，只要有理想、有抱负，肯付出、愿努力，安徒生这个名字一定会流传千古。他在哥本哈根几乎按遍所有达官贵人家的门铃，却没有人赏识他，只得衣衫褴褛地落魄街头，心中热情却从未消减。终于在1835年他发表的童话故事吸引了儿童的目光，开启了安徒生童话时代，《安徒生童话》被译为多国文字，算是发行量最大的一本书了。这时，距离他离开家已经16年了。追求理想，过程艰辛而痛苦，果实却充盈而甜美。就像安徒生说的："只要你是天鹅蛋，那么即使你是在鸭栏里孵出来的也没有关系。"

类似的故事还有很多，也许我们自己的故事充满同样的传奇和能量。

理想是完全有可能实现的，同时又是远大的，要实现也不是很容易的。所以，一方面确定自己的理想要根据自身的已有条件、优势、特长、未来趋势、努力方向、勤奋程度等综合因素来考虑，经过一个较长时期的过程才有可能实现，既要符合个人的具体实际情况，又要积蓄足够的能量跃到一个相应的高度才能摘到"桃子"；另一方面要制定实现理想的切实可行的规划、步骤、措施等行动方案，踏踏实实一步步实施，并确定多个阶段性目标，用阶段性目标的实现来激励并累积人生理想的实现；另外，对于未实现的理想也不要气馁，追求理想的过程本身也是充实的，也一定是有实实在在收获的，学到的知识、总结的经验、吸取的教训、美好的回忆、丰富的人生以及为下一段生命旅程打下的基础，都是难得的体验和财富。如果能把它记录总结、成文成书并予以传播，那也是为他人、为社会做出的另一种贡献，也是极富意义的事情。有人说"理想很丰满，现实很骨感"，只能说还没有架起一座坚固的桥梁，让现实通向和达到理想的彼岸，尽管这个过程有太多的艰难曲折。

过去已有成功的案例，应该说没有不受理想激发意志和毅力的。理想始终伴随着芸芸众生行走在这个伟大的时代、包容的世界，并给人以无穷的力量去应对挑战、去克服困难、去战胜曲折，让人生变得如此光彩，让世界变得那么美好，让普通人的平凡生活充满生机与活力。理想永远都年轻，只要你不抛弃她，她会永远温柔地陪伴你并永远顽强地抗争着命运。所以，这个世界和我们的人生不能没有理想。

"梦想"处于这四个层次中的第三层，在理想与信仰之间，它们是近义词，但又有程度上的区别。比起理想，梦想更加长远、宏大，与现实相距更遥远，实现起来难度也更大、所需时期也更长，把理想再上升一个高度就可能成为梦想。也有形容梦中所思所想之意，表达一种更具有朦胧色彩、更具有丰富想象、更具有吸引激发的目标情怀。

梦想本意就是梦中怀想。展开来说，如果梦是期待，那么，梦想就是渴望、是向往；如果梦是境界，那么，梦想就是坚强、是力量。人生中有些理想不一定都能实现，有的人可能就开始消沉甚至颓废，但是，如果心怀梦想那盏不灭的明灯，那么，就会重新燃起希望之火，就会激发出在哪里跌倒就在哪里爬起的勇气，以此用来深刻诠释坚忍不拔的真正含义。这就是对梦想最好的解读。

曾经是 20 世纪美国十大英雄偶像之一的海伦·凯勒，因在十九个月大的时候患急性胃、脑充血被夺去视力和听力，在 87 年的生命中有近 86 年生活在无光无声的世界里，她却以特殊方式考入哈佛大学拉德克利夫女子学院并顺利毕业，还先后学会了英、法、德、拉丁、希腊五种语言并完成了《假如给我三天光明》等 14 本著作，成为著名的女作家、教育家、慈善家、社会活动家。她的梦想就是成为一个对社会、对国家有用的人，靠着这样的信念，她每天坚持学习 10 个小时以上，练就出超常的记忆力，掌握了大量比常人都要多得多的知识。正是这样一位海伦·凯勒用她的一生证明了梦想的光辉是怎样闪耀在人间、温暖在心间的。还比如，如果不用梦想之光，我们怎么能窥探贝多芬失聪时的心境有多么的低沉，他又有多么顽强的毅力；病魔束缚了霍金的躯体，宇宙中却弥漫着他那睿智的思维；智障阻碍舟舟的发育，而音乐王国里却飘洒着他那灵动的音符；当年马丁·路德·金的著名演说《我有一个梦想》，不知激励了多少人的梦想；中国人的"两个百年梦想"也凝聚了全中国人民的心、激发了全中国人民的力量，一路向前，不曾犹豫，不会回头。

如果现实是一道高墙，有了梦想，就有了翻越的勇气；如果现实是一座险山，有了梦想，就有了攀登的魄力；如果现实是无边的海洋，有了梦想，就有了破浪的雄心。梦想，就像一粒种子，总潜伏在我们心扉，施以爱的灌溉、行动的养分，一定会生根、发芽、开花、长大并结出果实。在梦想与现实之间，梦想改变着现实，现实也不断地在改变梦想。就像本章开头写的，"梦想总是要有的，万一实现了呢"，我想进而把它改为，"梦想是一定要有的，努力了就一定能够实现"。

李白曾经写道："俱怀逸兴壮思飞，欲上青天揽明月。"(《宣州谢朓楼饯别校书叔云》)万丈豪情，整个宇宙都盛不下心中激荡的壮志；梦想迷人，在于她离我们那么近，其实又那么远，忽近忽远，同时又忽明忽暗，构成一幅多彩、奇异的图画，美不胜收。

遥远的梦想，正引领和激发着我们正视和面对客观现实的生活与工作中的困难与曲折、风雨与雷电，脚踏实地一步一个脚印，去认真过好每一分钟，对待每一个人，办好每一件事，最终堆积、铺就通往梦想之路，打开梦想之门，享受实现梦想的成功与喜悦。正如"万丈高楼平地起，盘龙卧虎高山顶"，"九层之台起于垒土，千里之行始于足下"，说明梦想能不能实现，关键是从自己做起、从现在做起、从点滴做起，持之以恒，不改初心，每天都能看见太阳从地平线升起，照亮我们行走的世界。即使是阴雨天，那太阳也会在心中升起。

懂得了以上的道理，再看看我们身边普普通通的人，一天一天地为生计奔波、操劳，也许眼下还没有成功，也许未来实现梦想还太遥远，但只要是认真对待生活、生命的人，心中一定是怀揣梦想，给自己力量的。只要有梦想，前方的路就会清晰；只要有梦想，现实的坎就能蹚过。活在梦想里，"咸鱼"也会翻身，宁可梦不再醒来，也要比没有梦想的生活来得充实、丰富且真切，也更加富有激情。反过来，尽管有梦想，也得从吃喝拉撒睡开始，少不了生活中的柴米油盐、买菜做饭、上班下班，学生还要上课下课、语文数学、听记读写，总是要忙忙碌碌的。现实不能好好过，最好不要谈梦想。想想我们的梦想，其实就是用我们全部的爱、倾注我们全部的情、拿出我们的全部能量去完成好每件日常琐事，为自己为他人带去哪怕是那么一点点帮助，我们就能够心满意足。这就是梦想的起点，只要我们一直坚守，即使很难，也不能退缩。这种意志本身也来自梦想的给予。

"信仰"是处于这一组合的最高层次，是指对某种主张、主义、宗教或对某人、某物的信奉与尊敬，是对某种理论、思想、学说的心悦诚服，并把它奉为自己的灵魂指南和行动准则。其意义表现为一种强烈的信念，通常是一个理性人对事物的固执信任和对道德的高度坚定。信仰带有浓厚的主观和情感体验色彩，是心灵的主观产物，是个人的意识行为，也可以说是一种灵魂式的爱与关爱，是人类的一种最高级情绪，或者说是人们对生活所持的某些长期和必须捍卫的根本信念。说到底，就是人的信任之所在，同时也是人的价值之所在。

信仰分为盲目信仰和科学信仰。盲目信仰与科学知识相对立，古希腊就发生过宗教信仰和知识之间的冲突，因为知识是以实验和观察为基础的，而不是某个宗教包括圣经的某个词句。科学信仰来自对自然界和人类社会发展规律的正确认识，是科学的成就和实践的成功，能给人以最大的鼓舞和可靠的力量，是坚定意志的最重要源泉。

我们一起来了解一下西汉时期的《史记》著述者司马迁，因替李陵败降之事辩解而受宫刑这样的凌辱，在欲证清白和免受此辱而准备撞墙而死时，他想起父亲要他继续编纂史书、完整记录民族国家历史文献的临终遗嘱，他埋下了痛苦和忍受住屈辱，花了十年时间，完成了上下三千年《史记》的编写，创造了"史家之绝唱，无韵之离骚"的伟大壮举。我们不难看出，太史公马迁——一位曾想要自绝的人，靠什么力量支撑着他改变主意，拖着不男不女、身心压力极大的身躯，过着艰难困苦且备受煎熬的日子在龙门山洞里用竹简完成《史记》的？答案只有一个，靠的是为了国家为了民族的历史记载和传承这种信仰，这种信仰超越了他自己的生命（包括尊严地死），超越了所有的一切（包括"苟且"地活）！

信仰的对象一般是指崇拜的对象，是人生日常关切最具深度的精神自觉。信仰能给人以无穷的动力，人有信仰与没有信仰，其生活状态和精神力量是完全不同的，信仰与前面所谈的希望、理想、梦想还不一样，人可以为了信仰而不惜一切代价包括生命，即把信仰作为生命的归宿而无怨无悔，是人精神世界的最高价值追求和日常工作生活最大的直接动力来源，即活着的意义就是为信仰而活，信仰体现和指明了人活着的真正意义，并且为此而坚定执着、奋斗不止。

从个人对宗教信仰的选择来看，与地域特点、传统习惯、心灵感应、个人意识和机缘巧合都有一定关联。有人说，宗教是"行悟"出来的信仰，说明信这个教而不是信另外的教还是有一些本来因缘关系的。"行悟"就是通过行走、行动而开悟的道理，不是简单的喜好选择。

除了宗教信仰，还有政治信仰、道德信仰、哲学信仰、科学信仰、价值观信仰、社会信仰、财富观信仰等。这里再谈谈政治信仰，曾经有三民主义、自由主义、天赋人权、平等博爱、共产主义等。中国共产党的信仰就是共产主义，我的理解是，中国共产党信仰共产主义自有其道理，也可以说是历史的选择、客观的选择和全体中国共产党党员自觉的选择，这一现实也不曾改变、不能改变、不会改变。理由如下：

一是共产党的最高信仰就是实现共产主义。

二是中国共产党从1921年组建到1949年建立中华人民共和国是中国共产党靠共产主义信仰的支撑一步一步实现的。

三是至今为止尽管中国共产党走过一些弯路、犯过这样那样的错，但靠自己纠正并把中国发展成为世界第二大经济体，安全稳定指数高，人民现有物质文化生活不断提高且较快，人民对未来前景充满乐观，国际地位不断提升等综合方面来看，创造了一个国家发展的伟大奇迹。

四是为了共产主义信仰，在抗日战争、解放战争中先后有数以百万的共产党人牺牲了生命，前仆后继，死而无悔，在所不辞，没有信仰无以支撑；

五是在实行了两千多年封建王朝统治的国土上建立社会主义新中国已是客观事实，与以协议民主为基础实行三权分立联邦政体的美国有太多的不同，照学照搬一定失败。

六是中国共产党治党从严取得越来越好的效果。从中共十八大开始以反腐为标志的各种党建措施、规定出台并实施，取得令世人瞩目的成就，其执政地位更加稳固，执政能力更加增强，执政成绩更加显著，使中华民族和中国人民更加充满信心，也将对世界带来支持、帮助与福音。

也只有中国共产党能做到这些，如换个别的什么党执政或采用另一种体制，恐怕中国呈现在世人面前的就不可能是现在这个模样，或者不可能达到这样卓越的成就。何况中国的民主与法治建设正在有序地推进与发展中。这是通过历史验证了的，也是中国人民自己的选择。

　　这些都因有共产主义信仰提供强大的意志、精神和动力支撑，未来还将一直持续下去，始终把实现共产主义作为中国共产党不变和永恒的最高价值目标，把中国建设得更好，让人民体会和享受实实在在、越来越多的好处，也为世界共同发展作出贡献！尽管实现共产主义是很遥远的目标，但需要一点一滴的积累，我们现在做的正是这样添砖加瓦、垒石筑坝的积累。我们相信只要一代一代的共产党人坚持不懈、永不放弃，共产主义终归是会实现的。

　　每一个人都需要一份真挚的信仰，作为自己的灵魂指南和行动准则，让精神世界更充实、更丰富，让人们更充满力量去面对和迎接人生道路上的一切，追求心灵的纯粹、灵魂的高贵、心理的强大、生活的快乐和生命的幸福！

四十三

大爱·中爱·小爱·自爱

关于爱，谈论起来要么极具简单，要么极其复杂。今天，我们既不简单地谈，也不复杂地谈，只是让亲爱的朋友们从爱的四个层次辩证地领悟关于爱的真谛。人们一说起爱，要么简单地说"我爱你"，要么高境界地说"要有大爱"，或博爱。实际上，真正的爱贯穿于人生、根植于心灵、播撒于人类、归结于永恒，既实在又空灵，既具体又抽象，既主动又被动，既纯粹又深刻，主宰着人世的流转、文明的传承。

爱是什么？爱是对人或事物深厚真挚的感情。真爱是奉献、是付出，是无私的、纯粹的、没有条件的，更不是对等交易。爱是需要用心的，正如繁体字"愛"中间有一个"心"字，心是爱的载体，没用心的爱是虚幻的、虚假的或不存在的，有爱必用心。

标题的顺序是从"大爱"开头，而我们具体探讨时先从"自爱"开始。

"自爱"是指爱护自己的身体、纯净自己的心灵、关心自己的权益、提升自己的能力、珍惜自己的名誉。自爱是人之初一种本能的反映，如吃奶、喝水、排泄等，如果不舒服则哭闹，都是自然需求；进入懂事、成年之后，慢慢知道自己的需求不可能随时随地都能得到满足，要对自己有所控制、约束，作为一个社会人必须是约束前提下的自我需求满足，我们可将它称之为有限需求满足，这里关键词是"有限"，从某个角度说明自爱是有条件的，是有一定规范要求的，不能随心所欲，不能不顾或影响他人和社会的普遍、正当需求，即不能把满足自己的需求凌驾于别人的利益、社会的基本秩序之上。从另一面讲，人的自爱修炼到一定程度则自爱就会自觉地服从、让位于小爱、中爱甚至大爱，更高的境界则是放弃一定的自我需求、牺牲一定的自我利益去成就对别人、对社会的爱。以上这两个方面，实际就是自爱的自然属性和道德属性两个层面，体现为被动到主动的自爱心理和行为的两个层面。

从爱护自己的身体来说，就是维持健康身体的基本需求，饿了要吃、渴了要喝、消化了要排、困了要睡、病了要治，还需要夏热降温、冬冷取暖等，都是必需的生活条件，让身体维系正常的运转。从关心自己的利益来说，包括自己的劳动所得、工作报酬、应有权利、合理收益等，关心维护好自己的正当利益。从提升自己的能力来说，就是要不断学习，持续提升为他人为社会服务的能力。从珍惜自己的名誉来说，主要是自己的品行、道德、思想、才干、作用等方面的社会评价，名誉体现了人格尊严和自我价值，反映精神和心理上的满足，以获得更多尊重。

说起自爱，不得不提到自尊自警、自醒自励、自重自强，共同唤起强大的自我意识，它们都是"自爱"的表现形式和自然延伸，都来源于自爱；自爱又是这"六个自"的原始动力和基础保障，都取决于自爱。只有自爱才是维系人类生存和发展的前提，确保了生命的延续传承和人类的繁衍秩序。

我们每一个人要让自己从自爱做起，有其自然属性和本能反应，因而自爱有一种被迫或被动的存在。但我们讲的自爱，是体现为一种对爱的修炼达到一定程度之后的高境界自爱，是为了更好地爱他人、爱社会而坚守的自觉自爱，并且把自爱自然地融入、融合到爱他人、爱社会的言行当中，让自爱与自私绝缘，让自爱散发光明，让自爱充满正能量。

所以，真正的自爱是自己知识的积累、修养的提高、道德的升华、智慧的增强和身体的强健，不断地锤炼自己的品格和意志，让自己强大起来，逐步具备去实施小爱、中爱和大爱的能力、水平、实力和资格。像陶渊明"不为五斗米而折腰"的故事明喻他的骨气与清高，充分体现了他的自尊与人格，也是一种为了更好地实施小爱、中爱或大爱之前的自爱。

自爱还体现在对他人的关爱，因为关爱别人就是在关爱自己，按照一般回报规则和爱的反射原理，关爱别人最终都会反射与回报自己（对于主动施爱者而言）。似乎说明自爱与小爱、中爱、大爱的彼此切入和相互融合，是由爱本身所具有的本性特征和固有规律决定的。

自爱绝不是自恋、自负、自狂、自大，更不是自私。如果是这样的人不仅少有朋友，恐怕连自己都不会真的对自己认可，处于自我纠结矛盾之中，更不能够自己（本我）和自己（旁我）成为朋友、自己（本我）和自己（旁我）理智地交流对话，很容易导致自怨自艾、自暴自弃，狭隘自私地走向自爱的反面而失信于自己，也失信于他人。

聊过了"自爱"，再说说"小爱"。这里，我们可把"小爱"定义为较小范围的爱，大致划分在对于家族家人、亲朋好友、同事同学、交往熟人等范围内的爱，是除了自爱之外对于亲近和熟知的人的爱。这种爱基本上是给予日常生活、工作中常遇到或交往的人的，也包括将来可能打交道但还不认识的潜在熟人和擦肩的陌生人。下面来作个大致梳理。

（一）对父母和兄弟姐妹的爱。父母给了自己生命，人出生应该说第一个打交道的人是母亲，因为是第一时间脱离母体而出世，才来到这个世界。也许这也解释了凡是人为什么最亲近的人是母亲。不只是人，动物界也基本如此。世界上最真挚、最诚心、最温暖、最纯洁、最令人感动的情是母爱，她也被人类称为最伟大的爱，也是对最伟大的母爱的一种最好诠释。另外，对父亲的情也是最真实、温情的，更多的表述是人生的靠山、力量、导师、主心骨，且是将它们融为一体的特别亲情，父爱如山，父爱如海，大概表述的就是这样一种爱吧。对父母之爱和相对应的父爱、母爱都是一种骨肉之爱。

接下来是兄弟姐妹之间的爱。兄弟姐妹之间是一种手足之情、血脉之爱，因一起生活和血缘关系而决定，并且可能因长相相像、生活习惯相同、性格特征相近、兴趣爱好相似等而富有先天的亲情，叫作一种天然的亲近之情。

自爱小爱之间怎么定位呢？出于爱是人的原动力，加之我们提倡的是本能的爱、无私的爱，那么，在自爱与小爱之间发生矛盾和冲突时，自爱应服从小爱，即舍弃自爱而优先小爱，把小爱看得比自爱更重，这本来也是爱的真谛所在，爱要有大局观、整体观、他人优先观，只要是具备一定条件和资格，自己能做得到，就应毫不犹豫去做到。当然，这种爱的优先观在日常生活中如果要去做自己做不到的事，那么，这种爱也是有缺陷的，是不现实的。因为这样所付出小爱的对象也会有内疚感，不会要求自己用这种方式去爱，理由是他们也爱自己嘛！何况一般平常生活更多的也不会每天都有什么惊天动地、生死相依之大事，真爱就够，真爱就好。

（二）对亲朋好友的爱。按爱的一般原理来论，爱不只是依据与对象之间亲近疏远来决定爱的程度的，而生活、工作在一起打交道时间的长短除了与感情深浅有关联之外，还有与相互给予爱的表达机会多少不同而不一样。所以，按照对于兄弟姐妹的爱，类比、类推到对于亲朋好友的爱，有一个层次或程度递减的区别，个别特殊情况除外。这与命运相连的紧密程度即是不是命运共同体和命运攸关方相关，这个关联程度越紧、越近、越大，则爱的就越深。对亲朋好友的爱多体现为在自己力所能及的前提下尽量去关心、爱护、支持、帮助。至于关心、爱护到什么程度，支持、帮助有多大，视自身能力而定，用心尽力就好。

（三）对同事同学的爱。单位同事是除了家人之外在一起时间最长的一类人了，不管是上层、下级还是同级同事，对于爱的用心、爱的出发点、爱的动机来说都是一样的，只是表达的方式、方法、途径、尺度不一样而已，即"度"不一样。对待这种关系，我认为用"两真两实"概括和掌握是最好的，即真心实意、真情实感，这样，与真爱才是真的吻合，交往过程也就不会出现明显失误，更不会轻易说出后悔的话、做出遗憾的事。与单位同事更多的是工作关系、合作关系，不能因为相互的爱而放弃、丢掉工作原则、制度和规定，且与爱本身不矛盾。否则，工作不好，害的不仅是自己，也包括大家以及所在工作单位的利益和前景，就有可能动摇工作的基础，进而影响大家的工作与生活。依此类推的关系也包括在内。

（四）对交往熟人的爱。尽管与交往的熟人打交道不像前几种那么多，关系也不是很紧密，但同样应该怀有一份爱心。因为爱是源于内心的，是心灵的自觉和生活的习惯，爱是不必选择对象的，要选择的不是爱本身，而是爱的方式、程度等。说一个比较极端的情况，交往的熟人中，也许哪一天会进而成为你的同事甚至你的上司，也有可能成为亲朋好友甚至家里人，如通过缔结姻亲。尽管这种情况发生的可能性不是太常见，那也不能排除其可能性，现实生活中真有这样的例子，也许曾经遇到过或今后能遇到。这种情况虽然与爱没什么直接关系，但可以反过来证明，在任何时候任何地方对任何人，爱本身是没有错的，爱是永远正确的，导致不正确的是爱的度没把握好。爱可以让我们少犯差错，还可以让我们洗涤心灵、修身养性、提升格局、增加快乐。

这里需要补充解释的是，父母与儿女之间的关系，有一个老的说法叫"养儿防老"，我觉得错误地理解了二者之间原有的本质关系特征，容易导致他们之间关系的不协调、不和谐甚至分歧、矛盾，因为本来最亲的两代血缘关系之间是无私的、不带有任何条件的爱，无论是父母对待儿女，还是儿女对待父母，暂且排除法律规定的抚养与赡养关系不谈（不是本书要谈的内容），这种爱就不应该有交换条件的嫌疑，即粘上交易的边，一旦有此种想法，又不可能签订协议明确双方的"责任、义务"，则亲情关系就变了味，为日后分歧与矛盾埋下隐患。

父母抚养了儿女，正常情况下，有爱的儿女自然会把爱反射或回报给父母而尽心尽力去赡养父母；极少数不正常的情况，即儿女不尽孝道、不赡养父母，可能是父母在引导、教育儿女成长的过程中，"度"未掌握好而造成。即使有此类情况，相信付出了真爱的父母也会得到他人或社会的帮助来度过晚年，而不必通过"养儿"来"防老"。所以，我们应该摒弃"养儿防老"的旧观念。爱不需要理由，爱也不讲对等，有能力爱的人就尽力去爱，不问回报，只求付出。这也包含了父母对儿女的爱。最终世上万人万事万物之间的爱一定是循环的、平衡的。对爱来说，借用一句话讲就是"不是不报，时候未到"；不是一人一事一报，而是一生一世相报。这就是爱的原理。现实中绝大多数父母与儿女的关系都是按此原理形成并处理的，都不会出现明显矛盾和问题。按此原理，相信未来处理得会更好。

我们把对恋人和夫妻之间的爱单独拿出来说，这是属于小爱的范畴，它既有其共性又有其特殊性，也是困扰和延续了几千年的情爱哲学，让人欢喜让人忧。

就恋爱中的人来说，爱是神圣纯粹的，也是情感多于理智的。男女之爱，如果有原因，就不是真爱；如果有目的，那不叫爱而叫利用；如果有合理性解释，爱就没有完美的基础。看似不合乎逻辑的爱，就是爱的逻辑；爱让人忘乎一切，无法自制；而且不只是为了接受爱，更是为了去爱；爱不讲正确与否，只讲爱与不爱；爱不仅在被爱的人眼中，更在爱的人心里；爱在意的不是人做了什么事，而是做事的是什么人；爱不一定动口，却一定要用心；爱了就不会后悔，尽管受了伤害和委屈；爱的不仅是优点、成功，也包括缺点、失败；爱的检验标准不是嫉妒和任性，而是包容和放下；爱不只有欢笑，也有泪水；爱情就是付出、奉献所有，不在乎对等回报与否；爱不会在乎谁比谁爱得多，只在乎自己爱对方比对方爱自己多；爱情不是强加和占有，而是给对方自由和温柔；真爱就是等他（她）回头，回不回头同样祝福和承受；爱绝对不是纠缠与吵架，而是默默宽容得让对方习惯不了别人，当然自己也要越来越优秀；爱尽管期待但不强求天长和地久，却在乎曾经的不朽；爱不必说抱歉，说抱歉的只证明爱得还不够；爱不是被动等待和沉默，而是主动表达和施予；爱情没有因果不谈道理也无所谓规则，只有美丽如花永不褪色，只有纯洁如水清澈见底；爱情更不是改变和征服，而是适应与接纳、互帮而提升；爱的人在或者不在，爱都在那里守望！

如果说爱情有负作用、产生负能量，都是由对爱的错误理解、缺乏爱的能力引起的。即使这样，还不认清自己的缺点和不足，还不充实和提升自己，结果是时间的无聊、心理的空虚、目标的模糊、价值的否定，更主要的是理想的缺失、信念的虚无。任何时候面对任何情势的爱，唯一对爱可以做的是，永远不断地充实、丰富、提升、壮大自己来把更好更高境界的爱付予自己所爱的人，才能越来越可靠地吸引、俘获你所爱的人的心。即使不幸分开了，那么也要感谢他（她）让自己在这段时间变得更好，为下一段更优秀的自己去迎接更美好的生活包括爱情做好更充分的准备。"坏事"就变成了好事。

走进婚姻建立家庭的男女，与恋爱又不一样，彼此多了一个角色，也多了一份责任。夫妻不是谁比谁正确、精明，而是谁比谁更负有责任；夫妻不是互相指责、挑剔，而是彼此搀扶、鼓励；夫妻不是直来直去说重话撒气，而是设身处地彼此温柔如水；夫妻之间不用讲清道理，只说"我爱你"；夫妻不是吵骂之后闹分手，而是分手找不到真的理由和借口；夫妻不是激情减了就冷淡，而是依赖日增的亲情一起陪着走过困苦和艰难；夫妻不是事情不如意就抱怨和不耐烦，而是一起面对、彼此鼓励、永远相伴；夫妻也不是谁强谁弱谁主导，而是因爱让步为爱努力也不觉委屈……一起奋斗的夫妻一定志同道合，共创未来的夫妻一定深情守望，奋斗过程比享受生活更能让夫妻沉迷于其中、钟爱于彼此。

关于小爱，有人会问，假如同事中有人一直将自己视为对手，处处设障为难你，背后伺机诋毁自己，那该怎么办？我们以为，德的最高境界是以德报怨，只要没动摇自己生存的根基，常有的人和事也包括小人小事都有可能存在，而真情容纳却不会因此而远弃，何况高德之人也很难被小人轻易撼动，犹如蚍蜉撼不动大树，这是常理。所以不用理会，但要小心防备；也可利用机会、诚心真意对他（她）人好，目的是引导、告诫、感化、转变他（她）人，希望其变善变好。如果经历数次不得好转，则可冷静观察，但也没必要针锋相对，与小人计较则自己也会成为小人，何况他（她）人也可能不是一无是处，要多看其优点、长处；但是也没必要继续主动去感化、帮助，因为他（她）可能会误会他（她）自己以前是对的，不管他（她）对别人怎么样，别人都会对他（她）不计较、都会那么善意，那自己这种善意或爱心就起了反作用，其实是对他（她）帮了倒忙，导致了误解。生活中类似问题比较多，比如遇到街边可能是欺骗性的乞丐是否应该报以同情伸出援手，是否会重演新的农夫与蛇、东郭先生和狼的故事，等等，到底应该怎么对待才符合爱与度的原理，就不一一作答，请大家一起来思考。应该记住的是，爱是原动力，爱与度要有机融合，才是完整的、系统的、有效的，爱的方法、尺度同样影响爱的能量释放和作用发挥。当然，世上总有极少数恶人行恶，违反善道，背离爱心，必然会以道德的名义谴责并依规依法处理，严处严惩极少数是为了更好地爱大多数，严处严惩恶人恶行本身也是一种挽救，至少不会让其出更大错、犯更多法。一切爱心使然！

小爱还包括用爱去对待路遇的陌生人、擦肩而过的一面之缘的人，或打交道还没熟识的人等，也许下一次就因某个动因或机缘变成了相互认识而熟悉的人，甚至成为朋友和其他关系的可能。正如俗话说的，一回生，二回熟，三回再见是朋友。

"中爱"，可划定为对一定地域、社会、同胞、国家、民族的爱。大致是除了自爱、小爱之外，国家民族之内这一范围的爱，包括对一座城市、一个省域（家乡）的爱等。有人会觉得，那应该是大爱的范畴吧。但是，一个人应该胸怀全球、放眼世界、心系人类、遥想宇宙，相对于这些大爱，则就不难理解"中爱"为什么要划定在这一范围了。

首先，谈谈对一定地域和社会范围的爱。社会是共同生活个体通过各种各样社会关系、联合起来的集合，是个外延范围较大、内涵也较丰富的概念。一定地域和社会是把它用来特指一个人的出生家乡、生活地域，诸如城市、乡村、省域等范围，便于理解、感受"中爱"的内涵。每个人都会对出生所在地即家乡怀有一定的特殊感情，一生都不会忘记，即使离开也会想念、思恋，这也是人类共有的一种怀旧情感，以至留下了许多赞美家乡、思念家乡的古今艺术作品并传承下来，体现了对家乡的爱之情结，爱家乡的那山、那水、那天、那地、那情，尤其是那儿时的记忆。爱家乡与爱父母有相关联之处，是父母生下自己的特殊之地、初始之地，同样怀有特殊之爱、初始之情。而于生活地域即生活所在的城市乡村省域，也应怀有一份真爱，希望这个地方山清水秀、环境优美、空气清新、经济发展、社会安定、民众富裕，大家快乐幸福生活。即使有令人不满意的地方，也都在改进、完善之中。作为其中的一员，因爱家乡和生活所在地而积极地投入其中，付出自己的爱与力量，贡献自己全部的努力和智慧。因为爱不能仅仅停留在意愿和表达上，而是应该体现在行动和结果上。

其次，谈谈对同胞的爱。广义的同胞是指同一民族并且同一种语言文化的人民，具体可以指同一个国家的人民，比如中国同胞。对于同胞的实际含义，往大的说，是同宗同族的兄弟姐妹。摘录一首描写同胞相亲相爱之情的部分歌词，来表达同胞之间爱的意境："天下相亲与相爱，动身千里外，心自成一脉，今夜万家灯火时，或许隔窗望，梦中佳境在。"（《相亲相爱》）这种爱或许寻常不会引以太多关注、深思，尽管它一直存于心里，但在异国他乡就不同了，会格外充满温情，给同胞带来一丝暖意。同胞之爱还体现在就像一个大家庭，这个大家庭里的成员之间礼貌友善、通情达理、换位思考、互相帮助、和谐相处。同胞情，真心待，国昌盛，永相爱。

最后，谈谈对国家民族的爱。把国家民族放在一起，是因为对中国而言二者重合度极高，无论是作为治理领土范围内社会权力机构的国家，还是经过悠久历史与人文磨合成长传承的民众而形成的民族，在中国也有深度的融合。中国有 56 个民族，我们统称为中华民族，都共同生活在广袤、富饶的中国国土，是一个不可分割的整体。分属于不同民族的人们，既爱自己的民族，也爱自己的国家，完全可以统一起来。国家也为各民族提供独特发展的机遇与环境，也为各民族大团结与国家一起共同发展与进步，提供坚强的后盾与保障。一个人对国家民族的爱体现为心怀祖国心系民族，为了国家民族，通过日常学习、生活、工作中一点一滴的行为奉献出自己的正能量，做出自己的正贡献，目标是国家富强、民族振兴、人民幸福。

在小爱与中爱之间，也有产生矛盾和冲突的时候。按照爱的原理，在可能的情况下或力所能及的前提下，小爱应该服从中爱，即"小我"服从"大我"，为实践爱国主义精神，去付出个人利益，最终个人会得到的更多，包括精神世界的升华和自我价值的实现。当然，真爱的个人在付出的那一刻并没有要求补偿与回报，但爱是具有反射性的，这种反射是爱的自然法则，是爱的固有规律。如 2008 年 5 月 12 日发生汶川地震这样的国家大灾难，靠四面八方、全国人民的团结抗灾、全力支援，创造了恢复重建的奇迹，展现了民族的力量与国家的气魄。到了今天，我们的国家快速进步与发展，成为世界第二大经济体，屹立于世界民族之林，由每一个个体的人组成的人民享受着更加快乐幸福的生活，就是最有力的证明。

"大爱"，如同前述，可把它定义为对世界、人类、地球、宇宙的爱，包括万事万物万人。我国古代墨家的兼爱精神，很纯洁、很高尚，与基督教"天下之内皆兄弟姊妹"的教义很接近，即具有宗教的博爱精神；儒家讲仁爱，而仁爱是以秩序和规则为前提，即是以三纲为原则的爱：君为臣纲、父为子纲、夫为妻纲，是有明显局限性的。真正的大爱是心中原本就拥有对这个世界、我们人类、整个地球、宇宙空间的爱，只是许多人看不见、还没意识到和做到、没真切感受到这种爱。实际上，具体到日常生活，我们所做的微不足道的那一点节约、一件环保之事都体现了大爱，小中见大，知微见著，不能低估。因为不仅为了自己为了国家，也为了地球和人类而节约资源、珍惜环境、保护地球。如果我们每一个人坚持不断去做、一点一滴去做、时时刻刻去做，就会累积叠加成无以计数的巨大效果，正是大爱精神的具体体现。

大爱也可解释为宽广博大的爱、施与众人的爱，即博爱。有人说，唯有佛祖和圣人的爱才是大爱，像基督的爱、佛祖的爱就是大爱，是惠及普罗大众的。也有人说，只有大爱才是不讲条件的、是义无反顾的。我们以为，普通民众亦有大爱。同时，不管大爱、中爱，还是小爱、自爱，严格意义上说所有爱都是不讲条件、不求回报的，前面已专门论述过。

先聊聊普通民众亦有大爱。普通大众有大爱，即胸怀全球、放眼世界、心系人类、遥想宇宙，有博大的心胸、圣贤的宽容、强大的意志，是一种崇高的爱。有大爱并且力所能及做到大爱的普通民众，一定是经历修炼、感悟、提升过程的转折与蜕变，也许能达到圣贤境界。大爱也改变着普通民众，先有大爱再有提升，然后再促大爱，良性互动循环而已。霍金在几乎只有大脑和几个手指的情况下，好像就拥抱、拥有整个宇宙，能写出《时间简史》，探求宇宙奥秘，不可想象，如果他心中没有大爱、不胸怀宇宙而仅靠他的宇宙科学知识与想象，他不可能做得到这些。霍金不是普通人，这是个特例，但对于我们普通大众来说也很有意义。我们心里装着世界，才能去真正周游世界、了解世界、关注世界、研究世界，从而参与改造世界，多数人都去这样想这样做，就会让世界变得更美好。同时，从精神、心灵层面也会变得更加充实、丰富而多一份快乐。

再聊聊大爱无界、不讲条件的话题。是的，人间有大爱，大爱无疆界，所有爱都不讲条件，大爱更是如此。提到大爱无界，是包括爱世界、宇宙间的万事、万物、万人。

世界上万事、万物、万人都是互相联系、可以贯通的。对事来说，要靠人去做、去处理。人是有情感的，用爱对待事情就是用心去处理事情，目的是把事情办妥办好，让处理事情的过程充满平和、处于舒适的状态中，在很大程度上有助于事情的处理。只有认真对待事，才有可能有效解决事，二者关联度非常大。一件事，无论意识到或者没意识到，准备处理还是没准备处理，它都在那里，除非处理完毕了。重视并按照轻重缓急处理每一件事，就有了端正的态度和意识，再要有正确的方法和措施，最后拿出具体的行动去实施，取得事情处理的圆满结果。这样就是一个处理事情的必经程序和完整过程。

对物来说，包括这个自然界存在的动植物和人类赖以生存的其他所有物类，都应该用一颗爱心去对待，即用心爱惜、用心呵护、珍爱它们，尤其对于有生命的动植物，要投入更多的爱去呵护、去栽培、去浇灌、去哺育、去滋养，让它们无忧无虑地自然生长，从而来反哺、保护地球和人类。从本质上来讲，所有的物既然存在于世，都有它存在的合理性，我们都应具有先入为主去爱它们的理念，只是需要把它们分清对人类是有利还是有害，对有害物加以改造、遏制、转化，让它们变成对人类有利至少无害的物，那也是一种爱的表现，只是爱的方式不同而已。美丽的大自然处处都有生命的火花在闪烁、浪花在激荡。

对人来说，具有更为广泛的爱的意义。人与人之间最理想的关系境界是爱，最真实的关系也是爱。每个人都有爱的基因，只是程度不同，性本多善嘛，爱别人的意愿和冲动一直不曾熄灭过，爱与不爱或爱多少，除基因影响外，与成长的过程、外在的环境、教育的导向、生活的氛围等有关系；另外，每个人都有被爱的渴望、动机，需要别人的理解、尊重与善待，希望自己是那个爱的受予者。真正懂得爱的人，一定是爱别人在先，后才是享受别人的爱，即先舍后取。只要爱的氛围主导着生活的时时处处，享受爱的阳光雨露，即使因某种原因而导致相互争论、责怪、批评，包括提不同意见、建议也是完全能够理解并予以接受的，且让自己较容易进入自我冷静的反思中，并不会明显影响到心理情绪、产生负面效应。这也是因为爱的力量所导致的强大传导作用和功能。即使是这种情况，只要是出于爱的动机，再加上一个好的结果，尽管过程曲折一些，也只是表明爱的度有所不同，那全然也是爱度融合的真实展现。

爱与被爱，同卵而生；施予爱与享受爱，人所共之。人间充满爱的气息，拥有爱的磁力，播散爱的阳光，世界将变成人类生存、生活、生命的理想国度，真正成为人类的伊甸园。

人类之爱，不分男女老少、种族国别、地位差别、穷富程度、理想信仰等等，都没有相互爱的栅栏隔离、沟壑阻碍，爱没有限制、没有边界。我们提倡世界各国人民之间建立一种友好、和谐的真爱关系，并一起去面对人类共同的挑战，如自然灾害、人为战争、贫穷病魔、宇宙未知等，为人类更美好的生活着而增添爱的力量、奠定爱的基础，去努力构建一个真正理想的人类命运共同体。

可能有朋友会问，一个普通百姓，还在为生活而奔波，自己的许多事都还未处理好，哪有心思去想"大爱"的事呢？哪有时间、空间去装着世界、人类、地球还有宇宙呢？是的，提出这样的问题完全可以理解。不过，面对生活，头绪繁多，必须思索，认真对待，但也不能完全陷于其中，问题要想清楚，事情要认真处理，做完就要有所放下，就可以分一定时间精力去跳出来想一点其他问题、做一点其他事情！这样，可以释放一下紧张、发散一下思维、提升一下境界，有助于帮助日常生活打理和事情处理。待自己意识到，确实能起到相应的作用、提升境界有助于处理具体事情之后，再提高至更高的层次去学习、去思考，逐步上升、进步，总会达到胸怀世界之境界的。那时，生活的范围和处事的对象也会不一样，同样会随之提升、扩展，反过来会更好地丰富生存、创意生活、提高品质，从而形成一种螺旋式上升的循环态势。这是我们所追求的人生真理和生活现实应有的状态，何乐而不为呢！

在中爱与大爱之间，也存在冲突与矛盾的较大可能性。人们大多以国家民族为思维单元来界定爱的外延，但实际上随着地球村概念的出现和国际交往的日益频繁，没有世界眼光已不能适应时代发展的要求。当国家民族利益与别国或国际利益存在一定冲突时，一般来说，国家民族利益为重。但是，当别国或国际利益、全球利益与本国和民族利益绑在一起时，要尽自己之力包括付出一定代价去维护。对于与人类为敌、残害人类、倒行逆施的战争主犯、犯罪狂人必须以爱的名义实施严惩，如"二战"希特勒的命运就是如此，应验了爱的反射、反之务除的原理和规律。

当然还有一个当前利益与长远利益、局部利益与整体利益通盘考虑权衡的问题。比如2015年12月世界各国对于应对地球气候变化而缔结的《巴黎协定》，为2020年后所要采取的行动作出了安排，这是功在当代全球、利在千秋子孙的世界性大事，为此而做出较大努力付出一定代价，实际对于各国都是值得的，也体现了大爱的精神。这里要说明的是，在当前国际局势下，"大爱"在理论上是没有问题的，但在实际关系处理中还存在一定障碍和偏差，毕竟国际形势比较零乱繁杂、多元分裂、矛盾交织。所以，只有心怀"大爱"，行有所止，掌控好"度"，择势而动，才能一步一步迎接真正世界范围内"大爱"的到来，从而实现"大爱"的美好愿望并为之不懈努力。

人类伟大的爱心，可以超越时空。只要有爱，这个世界就是有希望的，人与天地万物是能够和谐相处的。我们坚信，爱能化解一切灾难和不幸，存留一切善良与真诚。世界因爱而存在，世界因爱而美丽。

正如古人所说："天地与我同根，万物与我一体。"

世界如此美好，大爱成就人类！这就是中国人的真爱与大爱情怀！

写到这里，感觉似乎还有什么内容要向大家作个交代。虽然此前内容涉及人生与爱的方方面面，但是，无论大爱、中爱，还是小爱、自爱，都分别与它们所对应的度相融合。按佛教的说法，爱与度其实就是慈悲与智慧。这样才具有爱度的完整性、系统性、实践性和效用性。爱都一样，而针对不同范围、具体事情、某一场景所采取的度却是有区别的。

要掌控好度，实际还是一个对事物本质特征、内部规律、相互关系、发展趋势了解掌握的程度问题，这也是能不能准确掌控度的基础和前提。比如对于自爱，就应该了解自己的身体状况，具备基本的健康医疗常识，自己所在的社会、集体或工作单位拥有哪些正当的权益，自己处于一个什么位置，应该具备什么样形象、争取什么样名誉、达成什么样成果等。而后才思考、确定什么样的对应方式、方法和尺度；对于小爱，要尽可能熟悉相关范围内的人、环境、场景、事务等；对于中爱更要对所在地域、国内同胞、国家现状、民族文化做一定深度的了解，包括历史、现状、发展和未来；对于大爱，则应尽可能关心世界、国际大事，了解人类、宇宙的相关知识、最新动态和未来发展走势。

没有这些作为基础，很难想象能够确定、掌握好所对应的爱的"度"。有了这些，还要作分析、研究、加工，对可能采取的几种度会产生什么影响、导致什么利弊、引起什么后果，理应有一个比较，选取其中相对更有利或者最好的那个"度"付诸实施，爱与度融合的效果才能更好地体现出来。所以，关于爱的方式、方法、途径、尺度、分寸即"度"，虽然它是一个现象、一种行为、一个条件、一种选择，但也显得尤为重要，与爱的动机共同组成为爱的两翼、爱的双轮，让爱飞翔、让爱驰行，让爱的光芒照耀人间、铺洒大地。

另外，爱的能力体现一个人到底有多强能量、有多大力量实施爱的行为、影响，达到什么样爱的结果。增强爱的能力是我们毕生追求，从学习知识开始，在人生漫长的过程中，一直坚持思考、感悟、修炼、打磨、提升、总结、提炼，形成一套完全属于自己的本事本领、能力水准，并且要时刻准备或提前预备好，防止"力到用时方恨弱"的遗憾和窘境发生。活到老、修到老、爱到老，终身无悔。

我思，故我在；多一个维度，多几份力量。这个世界因爱产生了生命，而且生命的过程本身从未离开过爱的伴随、失去过爱的呵护，生命的最终目标是为了爱、归于爱。简单说，生命因爱而起，生命因爱而生，生命因爱而止，生命从来就不曾失去过爱，爱与生命共通共成、相融相生。回到现实，生命无常，唯爱为要，一切因为爱，一切源于爱。"美人眼中皆人美，爱人心中皆人爱。"人生之因为爱，不仅仅是为了获得幸福，更是为了避免不幸。真爱有度，一定能达到从避免不幸到获得幸福的人生目标。

我们相信，总有一天，这个世界的绝大多数人会认可——爱将成为人类的共有价值和同一信仰。再具体说，爱将成为人类的共有人生价值和同一哲学信仰。超越地域、民族、宗教和国界。人类因此而变得更加平安、宁静、和谐、繁荣而美好！

让充满爱和拥有度的我们用无限宽大的心去拥抱和包容世界的万事万物万人！

祝福所有与此书结缘的朋友们，快乐相随，不幸远离，幸福永在！

后记

也许，生命本身不存在任何意义；也许，生命过程就是要创造出这个意义；也许，生命延续就是在享受她的意义。

回忆这段时间里，把半生"库存""储蓄"都清出来、取出来，全部作为积累抽空写成了这些文字，心情依然那么淡然，却又充满了激情；有那么一点看上去似乎矛盾的地方，但又那么充实、舒畅，可能这就叫心情辩证法吧！可以用来聊以自慰、心安爱得。

提笔的过程是一个提升的过程。提笔前虽然知道大致要怎么写、写哪些内容，但真正写的时候，还是有较大空间去把许多的东西升华和深化，一方面是进一步思考所得，更重要的方面，是来源于过程中不失时机地与别人勤于沟通、交流所产生的灵感和思想火花，为防止忘记，哪怕是一点一滴，都用纸笔或借用手机功能或用心把它们记录下来，帮助自己真正理解相关的观点、见解甚至新的概念，丰富了书稿的内容。这也正验证了"爱度融合"核心观点，出于爱的动机，去把一切源于爱的观点写出来给朋友们看，真心希望能有所启迪、有所收获，哪怕是一两句话、一两个观点、一两个案例，能从中悟出点什么，用来引导、改变、激励人生奔向更好的方向和高度，那么作为写作者就心满意足了。

有人会问：写这样的东西到底是为了什么？难道没有想过有什么好处吗？比如名利。坦率地说，如果说没有想过那是假的，但把这个放在什么位置来想，恐怕许多人不一定知道。本人历来的观点，书中也描述过，写此书首要、第一目的完全是出于"爱"，爱大家、爱世界，否则，写起来就缺乏动力、欠缺能力、没有毅力。即使写，更多的恐怕也是照搬照抄、无病呻吟、堆砌辞藻，虽然也不能说这本书写得如何管用，但起码本人是投入全身心去写的，想把自己满满的爱表达出来、传递出去，想在帮助别人上起到一点点哪怕是微不足道的作用。那么好处呢，是放在次要的、靠后的位置考虑的，而且即使不讲或没有好处，本人也会照样写，丝毫不影响写作热情和激情。好处只是写成此书这件事情可能带来的伴生物和附属品，有，或者没有，都无所谓。

  由此，本人感叹人生，感叹人生的时限。人生最需要抓紧的是什么？是时间，因为时间溜得太快，总是经历得忙忙碌碌，领悟得却太晚；对时间珍惜得不够，等到失去再追悔莫及，包括所有对于身边人们和情感的珍惜，一切不能再等，就是现在，能快则快。但更重要的是，人生最需要抓紧的是爱，毫无疑问，爱更不能等待。人生太短，爱却很长；一生所遇很繁杂，爱却那么简单；一生总觉得能力有限，爱却能为你充填；天地之间是人，而天地之间的人生而为爱，死亦为爱，所以，作为时间横轴从生到死之间的爱，与作为空间纵轴从天到地之间的人，二者的交叉点就是"爱人""人爱"，几乎包含了人与世界关系的全部。爱伴随人生从起点到终点、从盲目到清醒、从世俗到高尚、从普通到特别、从失败到成功，等等，这个成功不是简单地用地位和财富来衡量的，尽管地位和财富在较大程度上也能直接影响他人和社会，但是，仅有地位和财富而没有爱的理念，这种影响是不能持续或者说影响是很有限的，也可以说是不健全的。真正的成功是用心灵、思想的高度，或者说精神、意识的状态以及由此影响生活及他人的程度来决定的。这，就是爱的能量。

亲爱的朋友们，您是否从这些文字能够感受到一点本人心中真诚的爱呢？

我们将发挥大众的智慧和力量逐步研究、推进、分享这一设想的进展与成果，后续将在"爱你多一度"公众平台上讨论互动。这里，附上一首歌词，一并征求大家的意见，也求得大家对设立爱度节的关心与支持！

爱度快乐

（爱度节歌词）

（童声）爱度快乐！爱度快乐！

爱度快乐！爱度快乐！

（成人）爱的人生，度的旅程！
不记初心，哪得始终？
（童声）不经风雨，哪见彩虹？
不吃苦来，哪有成功？

（成人）度的人生，爱的灵魂！
不爱别人，怎度人生？
（童声）不爱世界，哪里容身？
不吃亏来，怎有收成？

（成人）唯有真爱，那么深爱！
度量人生，爱是永恒！
（合）爱度融合，快乐生活！
爱度美好，真情快乐！

（童声）爱你爱我爱他，
风浪再大都不怕；
（成人）爱天爱地爱人，

心怀世界闯征程。

　　（合）只有爱才最真，

　　用心爱幸福就会来！

　　（成人）幸福就会来！

　　（合）幸福就会来！

　　（童声）爱度快乐！爱度快乐！

　　爱度快乐！爱度快乐！

　　最后，还要感谢这期间，与我就此书稿观点、内容进行过多次深入讨论的学者、教授以及所有朋友，帮我指出不足，启发我的灵感、思维，才有了呈现给大家目前的模样。由于本人水平所限，书中不少内容、语言表达的错误在所难免，敬请您批评指正！

　　同时请求您在阅读此书后有什么感受、给了您具体哪些帮助、发挥了哪些作用，与我们分享，如果您还有什么困惑、问题、难处需要帮助、回答或协助解决的，一并作为互动的内容与我们联系沟通，也许能更多地帮助到自己和他人。

真诚谢谢您的参与！

最后，要感谢线装书局和所有为此书出版发行辛勤工作、默默奉献的人们！

所有这一切，都是因为爱！